微服务运维实战

（第一卷）

[西] Viktor Farcic　著

任发科　何腾欢　汪　欣　袁诗瑶　译

华中科技大学出版社

中国·武汉

内 容 简 介

本书详细介绍了微服务和容器在软件持续集成和部署中的应用。将微服务打包成不可变的容器,通过配置管理工具实现自动化测试和持续部署,同时保证零停机且随时能回滚。采用集中日志对集群进行记录和监控,轻松实现服务器扩展。作者通过介绍相关工具(Docker、Kubernetes、Ansible、Consul 等)的用法,分享自己的工作经验,帮助读者构建高效、可靠、可快速恢复的软件系统。

Copyright © Packt Publishing 2016. First published in the English language under the title "The DevOps 2.0 Toolkit — (9781785289194)".

Chinese Translation Copyright © by HUST Press.

湖北省版权局著作权合同登记 图字:17-2018-119 号

图书在版编目(CIP)数据

微服务运维实战. 第一卷 / (西)维克托·法西克著;任发科等译. —武汉:华中科技大学出版社,2018.6
　ISBN 978-7-5680-4161-4

Ⅰ.①微… Ⅱ.①维… ②任… Ⅲ.①互联网络-网络服务器-程序设计 Ⅳ.①TP368.5

中国版本图书馆 CIP 数据核字(2018)第 101100 号

微服务运维实战(第一卷) Wei Fuwu Yun-wei Shizhan	〔西〕Viktor Farcic　著 任发科 何腾欢 汪欣 袁诗瑶　译

策划编辑:徐定翔
责任编辑:陈元玉
责任监印:周治超
出版发行:华中科技大学出版社(中国·武汉)　　电话:(027)81321913
　　　　　武汉市东湖新技术开发区华工科技园　　邮编:430223
录　排:华中科技大学惠友文印中心
印　刷:湖北新华印务有限公司
开　本:787mm×960mm　1/16
印　张:27.25
字　数:655 千字
版　次:2018 年 6 月第 1 版第 1 次印刷
定　价:115.00 元

推荐序

马克思的辩证唯物主义观点告诉我们,为了解决某个社会问题而诞生的新生事物,在流行并占据统治地位后,必然会出现它的反面,也就是负面的影响。然后又会出现新生事物来消除前者造成的负面影响。这样循环往复,推动人类社会向着更高级的方向发展。

软件开发也遵循辩证唯物主义的规律。早期的软件应用都是单片应用,随着流量的增大,单片应用无法支持,而且复杂的单片应用也难以维护和测试,最终开发团队只好将单片应用化整为零,变成分布式应用。分布式应用的设计和开发很复杂,所以出现了一些新的开发方法,如面向服务架构(SOA)和微服务架构(MSA)。千万不要以为 MSA 就是软件开发最终的理想国。MSA 仍然有很多令人头疼的地方,其中最主要的一个方面是运维。

在 MSA 流行之前,一个软件应用即使是分布式的,服务数量通常也不多(不超过 10 个),运维工程师的工作量不算很大。MSA 流行之后,分布式应用常常会有二三十个服务甚至上百个服务。运维工程师的工作量不是随服务数量线性增加,而是按照服务数量的平方增加。可想而知,如果不想办法尽量降低运维工作的成本,建造理想的 MSA 就是不切实际的空中楼阁。

聪明的运维工程师和聪明的程序员都懂得 DRY(don't repeat yourself)原则。解决方案只写一次,尽量重用,能自动化完成的工作尽量自动化完成。这个思维和工作方法叫 DevOps，它已经在运维领域流行了很多年。近 5 年来涌现出了大量的 DevOps 工具，以及以 Docker 为代表的轻量级容器，这些新生事物极大地提高了运维工作的自动化程度，使得运维工作的效率有了 10 倍以上的提升。

《微服务运维实战》这套书探讨如何把设计开发 MSA 和 DevOps 两方面的最佳实践结合在一起，它的出版可以说是恰逢其时，因为有很多想要尝试 MSA 的软件开发团队，由于不知道如何做好运维工作，而最终无奈放弃。实施好 MSA 项目不可能一蹴而就，它需要长期的演化迭代。有了《微服务运维实战》这套书的帮助，开发团队可以少踩很多坑，更加顺利地实施 MSA，少走回头路。我向大家强烈推荐这本书，它非常实用，也应该成为正在实施 MSA 项目的所有技术人员的案头书。

李　锟

上海霓风网络科技有限公司 CEO

前言

Preface

我的职业生涯是从程序员开始的。那段日子，我所知道的只是编写代码。我以为出色的软件设计师就是精通编码的人，而精通就是对所选的一种编程语言做到了如指掌。后来，我的想法变了，我开始对不同的编程语言产生兴趣：从 Pascal 换到 Basic，而后换到 ASP。Java 和 .NET 让我了解到面向对象编程的好处。Python、Perl、Bash、HTML、JavaScript、Scala，每种编程语言都带来了一些新东西，并教给了我如何以不同的方式思考。我学会了为手头的任务挑选正确的工具。每学会一种新语言，我就感觉距离成为专家又近了一点。我只想成为一名资深程序员，这个想法随着时间的推移而发生了变化。我认识到，如果要把自己的工作做好，我得成为一名**软件艺匠**（software craftsman）。我学习的东西远不止输入代码。有一段时间我痴迷于测试，现在我认为测试是开发不可或缺的一部分。除非有特殊原因，否则我编写的每行代码都是通过测试驱动开发（test-driven development，TDD）来完成的。测试驱动开发已成为我手上必不可少的工具。另外我还认识到，在确定应该做什么时，我必须接近客户并与他们肩并肩地工作。所有这些事情都将我引向软件架构领域。

我在软件行业工作的这些年，没有哪个工具、框架或者实践能像持续集成（continuous integration，CI）以及之后的持续交付（continuous delivery，CD）那样让我着迷。起初，我以为学会 CI/CD 意味着了解 Jenkins 并且能够书写脚本。随着时间的推移，我认识到 CI/CD 几乎涉及软件开发的方方面面。而我是在付出一定代价后才有了这样的认识。

我不止一次尝试为我开发的应用创建 CI 管道，但都失败了，因为我采用的方法是错误的。不考虑架构问题，CI/CD 是无法实现的。类似的道理亦适用于测试、配置、环境、容错等方面。要成功实施CI/CD，我们需要做出很多改变，这些改变第一眼看上去似乎没有直接的关联。我们需要从一开始就应用一些模式和实践。我们还得考虑架构、测试、耦合、打包、容错，以及其他许多事情。通过实践 CI/CD，我们正在影响和改善软件开发生命周期的方方面面。

要真正精通 CI/CD，我们需要对运维更加熟悉。DevOps 运动将开发所能带来的优势与传统运维相结合，这是一个显著的改善。但我认为这还不够。如果想要获得 CI/CD 所能带来的全部好处，还需要深入理解架构、测试、开发、运维，甚至客户洽谈，并做出相应的改变。使用 DevOps 这个名字来概括 CI/CD 其实是不合适的，因为 DevOps 不仅关系到开发和运维，还关系到软件开发的所有方面，需要架构师、测试人员，甚至管理者的共同参与。DevOps 将传统运维与开发相结合是一个巨大的进步。就当前的业务需求而言，手工运维几乎是行不通的，而自动化需要开发工作。因此，我认为应该扩展 DevOps 的定义。我本打算将它重新命名为 DevOpsArchTestManageAndEverythingElse，但这个名字过于烦琐而且几乎不可能读出来，因此我使用 DevOps 2.0 来代替。DevOps 2.0 不但要实现运维自动化，而且要让整个系统变得自动化、快速、可扩展、容错、零停机、易于监控。这无法通过某个单一的工具实现，只能通过深入技术层面和流程层面重构整个系统来实现。

概述
Overview

本书介绍快速构建现代软件系统的方法，我们将微服务打包成不可变的容器，通过配置管理工具实现自动化测试和持续部署，同时保证零停机且随时能回滚。设计能够从硬件和软件故障中恢复的自愈系统，采用集中日志对集群进行记录和监控，轻松实现服务器扩展。

换言之，本书采用业界最新的工具和方法开展微服务开发与部署。我们将用到 Docker、Kubernetes、Ansible、Ubuntu、Docker Swarm、Docker Compose、Consul、etcd、Registrator、confd、Jenkins。

最后，本书虽然介绍了很多理论，但仍然需要上手实践。仅仅在上班的地铁上阅读本书是不够的，还得在计算机上亲自实践。如果你需要帮助，或者想就书中内容发表评论，请把你的想法发到 Disqus 的 DevOps 2.0 Toolkit 频道。如果你喜欢一对一地讨论，请发邮件给我（viktor@farcic.com），或者在 HangOuts 上联系我，我会尽全力帮助你。

读者对象
Audience

本书是写给那些对持续部署和微服务感兴趣的专业人士看的，涉及的内容非常宽泛，目标读者包括想了解如何围绕微服务设计系统的架构师、想了解如何应用现代配置管理实践和持续部署容器化应用的 DevOps 人员、希望将整个流程掌控在自己手中的开发人员，以及想要更好地理解软件交付流程的管理人员。我们会谈及系统的扩展和监控，甚至会设计（并实现）能够从（硬件或软件）故障中自愈的系统。

　　本书内容涉及从设计、开发、测试、部署到运维的所有阶段。我们介绍的流程是业界最新的最佳实践。

目录

Contents

第 1 章

DevOps 的理想
The DevOps Ideal

能参与小而新的项目确实很棒。我上一次参与这样的项目是在 2015 年的夏天，尽管这个项目有它自己的问题，但它真的充满乐趣。开发小而相对新的产品让我们可以选择自己喜欢的技术、实践和框架。我们可以使用微服务吗？当然，为什么不用呢？我们可以尝试 Polymer 和 GoLang 吗？当然！没有负担拖累，这感觉非常美妙。即使我们做出错误的决策，也最多白干一周而已，绝不会将别人数年的工作置于险境。简言之，没有遗留系统需要考虑和担心。

可惜我大部分的职业生涯并非如此。我有幸，或者说不幸，一直在处理大型遗留系统。我就职的企业在我加入前已存在很长时间，而且不论好坏，它们的系统早已就位。我不得不在创新和改进间进行权衡，同时确保当前业务持续不断地运转。我这些年一直尝试发现改进这类系统的新方法。我也必须承认，多数尝试都以失败告终。

我要谈谈我是如何失败的，以便更好地理解动机，也正是这种动机催生了本书。

1.1　持续集成、交付和部署
Continuous Integration, Delivery, and Deployment

　　发现 CI 和 CD 时我非常兴奋。以前的集成要花数天到数周不等，甚至是几个月，这是我们都害怕的阶段。不同的团队在不同的服务或应用上开发数月之后，集成的第一天简直就是人间地狱。要不是我知道真相，没准我会认为但丁是一个开发人员，而他写《地狱》时正在做集成的工作。

　　集成的第一天，我们愁眉苦脸地来到办公室。当集成工程师宣布整个系统已经搭建起来时，底下都在窃窃私语。系统开启后，很可能显示的是白屏——几个月来各自为政的工作被证明是一场灾难。服务与应用无法集成，修复问题的慢慢长路开始了，我们又得再干几周。大家对提前定义的需求一如既往地提出了不同的意见，这种争论在集成阶段变得尤为明显。

　　后来，极限编程（eXtreme Programming，XP）的各种实践应运而生，持续集成（CI）就是其中之一。集成应当持续不断地进行，这个想法今天听起来似乎显而易见。当然，你不能等到最后时刻才集成。但那时还是瀑布开发的时代，有些事情还不像现在这么明了。我们实现了持续集成流水线，开始检查每次提交，运行静态分析、单元测试和功能测试，打包，部署，开展集成测试。任何一个阶段失败，我们都会放下正在做的事情马上去修复流水线上出现的问题。流水线本身非常快，在某人提交到代码库后的几分钟内，我们就能获得是否失败的通知。后来，持续交付（CD）又出现了，我们以为这下每次提交都能轻易部署到生产环境了。不仅如此，每次构建完毕，再也无需等待任何人的（手工）确认就能完成部署。最妙的是，所有这一切是完全自动化的。

　　这真是美梦。真的！它就是梦。我们没能现实。为什么会这样？因为我们犯了错。我们以为 CI/CD 是运维部门的任务（今天，我们称之为 DevOps）。我们以为自己能创建一个将应用和服务封装在内的流程，我们以为 CI 工具和框架已经准备好了，我们以为架构、测试、业务洽谈和其他工作是别人的任务。我们错了。我错了。

今天，我知道成功的 CI/CD 意味着要从全局出发。我们通盘考虑，从架构到测试、开发、运维，直到管理和商业计划。接下来让我们回顾一下我究竟错在哪里。

架构
Architecture

尝试将许多人使用过时技术开发了若干年的、未经测试的、紧密耦合的单体应用整合起来，就像尝试让 80 岁的女士变年轻一样不现实。虽然可以改善她的外貌，但最多只能让她看起来稍微不那么老，而没法让她变年轻。换言之，有些系统太老了，不值得现代化。有很多次，我尝试这样做，但结果从未达到预期。让系统再次变年轻的工作并不划算，可是我又不能到客户那里（比如银行）说我们要重写你们的整个系统。这样做风险太大，不能重写所有东西。尽管如此，由于系统紧密耦合、老化和技术过时，修改部分系统也很困难。唯一的办法是在构建新系统的同时维护旧系统。这样做可能也是一场灾难，可能要数年才能完成，我们都清楚如此长时间的计划会有什么结果。即使像更新 JDK 这样的小事，也会让人焦头烂额。我自认为还算是幸运的，总算没有遇到使用 Fortran 或 Cobol 编写的系统。

后来我听说了微服务，它简直太美妙了。构建许多小且独立的服务，这些服务由小团队来维护，它们有着随时可以被理解的代码库，能够在不影响系统其他部分的情况下更换框架、编程语言和数据库，还能独立于系统的其他部分进行部署，这个想法好的都不像真的。我们可以将单体应用的各个部分取出来而不会影响整个系统，这听起来妙得令人难以置信。可凡事有利就有弊，部署和维护大量服务成为我们沉重的负担。我们不得不妥协并开始标准化服务（扼杀创新），创建共享库（再次耦合），成批地部署它们（所有事情又慢了下来），等等。也就是说，我们不得不消除微服务应该带来的好处。这还不包括配置微服务在服务器内部造成的混乱，真希望我从来没有遇到这样的事。我们在单体应用上遇到了很多这样的问题，微服务让它们成倍地增加了。我失败了，但我不打算放弃。谁叫我是受虐狂呢？

下一步首先要解决的是部署问题。

部署
Deployments

你对部署流程一定不陌生：组装一些工件（JAR、WAR、DLL 或其他编程语言），将它们部署到早已被……污染的服务器。这里只能用省略号，因为大多数情况下我们都不知道服务器上有什么。只要使用时间够长，手工维护的服务器上就会塞满东西：库、可执行程序、配置、莫明其妙的玩意。它甚至可以展现出自己的人格：老而暴躁、快但不可靠、耗费资源。这类服务器唯一的共同之处在于它们全都不同，而且没人知道把测试过的软件部署上去后它会有什么表现。这就像抽奖，只能凭运气，而且大多数情况下你的运气都很糟糕。

你也许想知道我们那时为什么不使用虚拟机。好的，这个问题有两个答案。一个答案是当时还没有虚拟机，或者说虚拟机是非常新的技术以至于管理层不同意使用。另一个答案是我们后来确实使用了虚拟机，它可以让我们拷贝生产环境并把它当成测试环境使用，但仍然要做大量的更新网络和配置的工作。

问题是我们依然不知道经过数年后那些机器上到底积累了什么，我们只知道如何复制它们。这依然没有解决一个虚拟机与另一个虚拟机之间配置不同的问题，以及副本只在很短时间内与初始虚拟机相同的问题。做部署、修改配置文件，搞去搞来，你还是绕不开测试好的东西在生产环境中会有不同表现的问题。除非用可重复且可靠的自动化流程代替人工操作，否则差异永远都会出现，而且会越来越大。如果存在这样的自动化流程，就能够创建不可变服务器。与其将应用部署到现有服务器上并继续走积累差异的老路，还不如将创建新虚拟机作为

CI/CD 流水线的一部分。于是，我们不再创建 JAR、WAR、DLL 等工件，转而开始创建虚拟机。每一次新发布都从头构建完整的服务器。这样我们就能确定经过测试的版本就是进入生产的版本。创建包含要部署软件的新虚拟机，测试，然后将生产路由从旧服务器指向新服务器。这听起来不错，问题是这样做很慢而且耗费资源。给每个服务配置单独的虚拟机是用宰牛刀杀鸡。如果你有耐心的话，不可变服务器倒是一个好主意，可惜当初我们采用的方法和工具都不够好。

编排
Orchestration

别人说编排是关键，一定要使用 Puppet 和 Chef。编程处理与服务器搭建和部署相关的所有工作的确是一个巨大的进步。不仅搭建服务器和部署软件所需的时间会大幅减少，而且终于实现了一个更可靠的流程。让运维部门手工运行那些任务是导致灾难的根源。可是 Puppet 和 Chef 脚本一样会出问题。某种改进实现后往往会伴随很大的代价。如果时间够长，Puppet 和 Chef 的脚本和配置终会变成一大坨那啥（我被告知不能使用某些词，请自行想象），维护它们，本身就会变成噩梦。尽管如此，使用编排工具可以极大地缩减创建不可变虚拟机所要耗费的时间。聊胜于无。

1.2 部署流水线的曙光
The Light at the End of the Deployment pipeline

我可以持续不断地描述我们遇到的各种问题。不要误会，这些方法都是一种进步，它们在软件历史上都有一席之地。我提到的许多问题现在已经得到解决。Ansible 证明编排搭建并不复杂，维护起来也不难。随着 Docker 的出现，容器慢慢替代了虚拟机而成为创建不可变部署的首选方法。新操作系统正在涌现并全面支持将容器作为基本元素。用于服务发现的工具向我们展示了新的视野。Swarm、Kubernetes 和 Mesos/DCOS 正在打开通往新领域的大门，这些领域在仅仅数年前还是难以想象的。

由于像 Docker、CoreOS、etcd、Consul、Fleet、Mesos、Rocket 和其他类似工具的出现，微服务正逐渐成为构建大型、易维护和高可扩展性系统的首选方法。这个想法以前就有，但过去没有工具让它正常运作。现在有了。可这并不意味着我以前遇到的问题都烟消云散了，而是意味着解决问题的难度越来越高，而且还伴随着新问题的出现。

我对过去的抱怨到此为止。本书是写给那些想活在当下（而不是过去）的读者看的，它将带你进入一个新领域，为未来做好准备。

> 这是你最后的机会，之后就没有回头路。选蓝药丸——故事到此结束，你会在你的床上醒来并相信你想相信的一切。选红药丸——你会进入仙境，而我会向你展示兔子洞有多深。
>
> ——墨菲斯（黑客帝国）

如果你选择蓝药丸，请关上本书。别误会，我没有恶意，只是我们有着不同的志向和目标。如果你选择红药丸，你将和我一起开启一段新的旅程（像过山车一样），而且尚不清楚在终点等待我们的会是什么。

第 2 章

实现突破——持续部署、微服务和容器
The Implementation Breakthrough – Continuous Deployment, Microservices, and Containers

初看，持续部署（continuous deployment，CD）、微服务（microservices，MS）和容器似乎是三个不相关的主题。毕竟，DevOps 运动没有规定微服务是持续部署所必需的，也没有规定微服务需要打包到容器中。然而，当这三种技术结合时，一扇新的大门就打开了。一方面，容器领域和不可变部署概念的最新发展让我们能够克服微服务之前的许多问题。另一方面，这些技术能够让我们获得灵活性和速度，没有它们，就没有办法做到持续部署，或者很不划算。

在继续这条思路之前，下面先尝试正确定义每个概念。

2.1 持续集成
Continuous Integration

要理解持续部署，就要先定义它的前辈：持续集成和持续交付。

在软件开发生命周期中，项目开发的集成阶段是最痛苦的阶段之一。我们要不同的团队在单独的应用和服务上投入几周、几个月甚至几年的时间。每个团队

有他们的需求。虽然定期独立地验证每个应用和服务并不困难，但当团队领导决定将它们集成到一个独立的发布中时，我们都会心生恐惧。以前的项目经验告诉我们，集成会出问题。在这个阶段，耗费数周甚至数月并不罕见。更糟糕的是，集成阶段发现的问题可能要返工几天或几周才能解决。如果有人问我对集成的感觉，我会说自己几乎因此患上抑郁症。但是，当时我们以为这就是"正确"的开发方法。

后来，情况有了变化。极限编程（XP）和其他敏捷方法论变得人尽皆知，自动化测试日益频繁，而持续集成开始落地。今天，我们已经知道以前使用的方法是不对的。

持续集成（CI）通常是指在开发环境中进行集成、构建和测试代码。它要求开发人员频繁地向共享代码库中集成代码。具体频率取决于团队的大小、项目的规模以及我们用于编码的小时数。多数情况下，程序员要么直接将代码推送到代码库中，要么将他们的代码与代码库进行合并。无论是推送还是合并，大多数时候，这样的操作一天至少要进行几次。只是将代码放到代码库中是不够的，还需要一个流水线，流水线会检出代码并运行所有与代码库中这些代码相关的测试。流水线执行的结果要么红（失败了），要么绿（一切运行顺利）。遇到前一种情况，至少要通知提交代码的人。

持续集成流水线应该在每次提交或推送时运行。与持续交付不同，持续集成流水线没有清晰定义的目标。即使一次集成成功了，我们也不清楚离正式交付还有多久。我们只知道这次提交通过了测试。尽管如此，CI 也是巨大的进步。一旦大家学会了使用它，效果就会非常好。

集成测试需要与实现代码一起提交。为了获得最好的效果，应该采用测试驱动开发（TDD）的方式来编写测试。这样，不但测试已经准备好与实现一并提交，而且我们知道它们没有错误。TDD 还有其他很多好处，如果你还没有使用过，我强烈建议你采用。详情请看这里：`https://technologyconversations.com/category/test-driven-development/blog`。

测试不是 CI 唯一的先决条件。最重要的规则之一是，当流水线失败时，修复问题比其他任何任务的优先级都高。如果迟迟不修复，流水线接下来执行的任务还是会失败。人们会开始忽视失败通知，慢慢地，CI 流程将失去意义。越快修复CI 流水线，执行过程中发现的问题越好解决。立即采取行动更容易发现导致问题的原因（毕竟，提交和失败通知之间的间隔只有几分钟），修复起来也更简单。

那么持续集成如何工作呢？具体的实现细节依赖于工具、编程语言、项目和其他因素。以下是最常见的流程。

- 推送到代码库。

- 静态分析。

- 部署前测试。

- 打包并部署到测试环境。

- 部署后测试。

推送到代码库
Pushing to the Code repository

以往开发人员会在独立的分支上进行开发，一旦他们觉得自己做的东西稳定了，就会将自己开发用的分支与 mainline（或 trunk）进行合并。更先进的团队会完全跳过分支并直接向 mainline 提交。关键在于，mainline 分支（或 trunk）需要频繁地接收提交（要么通过合并，要么直接推送）。如果不采用持续集成，就无法获得快速反馈，几天或几周时间过去后，变更逐渐累积起来，想要再发现问题就很难了。而 CI 工具会监视代码库，每当检测到代码提交时，代码就会被检出（或clone），CI 流水线就开始运行。流水线本身是由一组并行或串行执行的自动化任务组成的。流水线的结果要么成功，要么失败。如果失败，就通知相应的提交者。提交者有责任修复问题（毕竟他最清楚如何修复自己几分钟前造成的问题），并再次提交给代码库，从而再次触发流水线的执行。这个开发人员应该将修复问题作为自己最高优先级的任务，以便流水线持续保持"绿色"并避免其他开发人员提交失败。要尽量减少收到失败通知的开发人员的人数。发现问题到修复问题的过程越快越好。一方面,牵涉的人越多,管理成本就越高,修复时间也就越长。另一方面,如果流水线的所有任务都运行成功,这个过程所生成的包就会提升到下一个阶段,通常会交付给测试人员进行手工验证。由于流水线周期(几分钟)和手工测试周期(几个小时或几天)之间的差异,因此,并非每次流水线的执行都由 QA 实施,如图 2-1 所示。

持续集成流水线的第一步通常是静态分析。

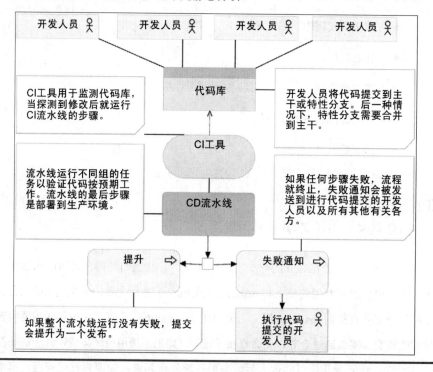

图 2-1 持续集成过程

静态分析
Static analysis

静态分析是在不实际运行程序的情况下对计算机软件进行的分析。相应地,程序运行时进行的分析称为动态分析。

静态分析的目的是发现可能的编码错误并确保代码遵循约定的格式。静态分析的成本很低，因此没有理由不采用。

　　不同的编程语言使用的工具不同，举几个例子，CheckStyle 和 FindBug 适合 Java 语言，JSLint 和 JSHint 适合 JavaScript 语言，PMD 适合大多数语言。

　　静态分析常常作为流水线的第一步，理由很简单，它的执行速度非常快，大多数情况下比流水线中的其他步骤的速度都快。我们要做的只是选择工具，以及花一点点时间来设置规则。做完这些工作后，维护的成本几乎为零。运行它只花几秒钟，时间成本几乎可以忽略，如图 2-2 所示。

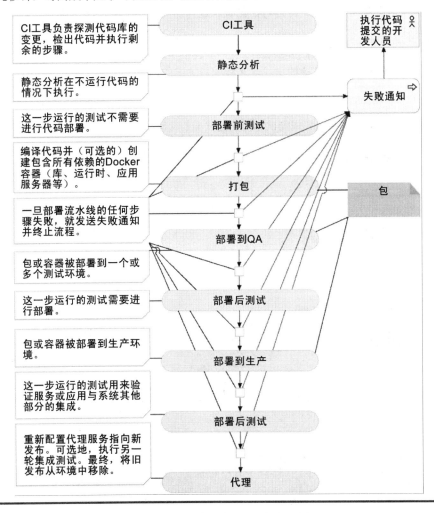

图 2-2　持续集成流水线：静态分析

静态分析设置好后，流水线就可以起步了，接下来进入部署前测试。

部署前测试
Pre-Deployment testing

如果说静态分析是可选的，那么部署前测试就应该是强制性的。一般而言，所有无需将代码部署到服务器的测试都应该在这个阶段执行，比如单元测试，以及那些不需要其他东西也能运行的测试，还有那些在不部署代码的情况下也能运行的功能测试。

部署前测试大概是持续集成流水线中最关键的环节。虽然它既不能确保集成成功，又不能替代部署后测试，但它的编写相对容易，执行速度快，而且往往比其他类型的测试（例如集成测试和性能测试）的代码覆盖率高（见图 2-3）。

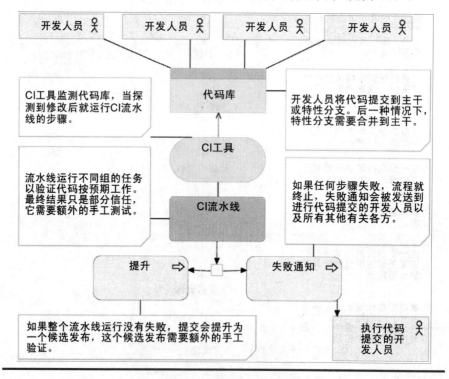

图 2-3 持续集成流水线：部署前测试

打包并部署到测试环境
Packaging and Deployment to the Test environment

执行完各种不需要实际部署的测试，就可以打包了。不同的编程语言的情况不同，Java 语言会创建 JAR 或 WAR 文件；JavaScript 语言会压缩代码，还可能将其发送到 CDN 服务器，等等。有些编程语言在这个阶段不需要我们做任何事情，可能只是将所有文件压缩成一个 ZIP 文件或 TAR 文件。一个可选步骤——但本书中是强制性的，即创建容器，这些容器不仅包含已创建的包，也包含应用可能需要的其他所有依赖，比如库、运行时环境、应用服务器，等等。

打包完成后，就可以部署到测试环境。如果服务器的性能不够高，那么你可能需要部署多台机器，比如，其中一台用来进行性能测试，而其他的用来执行其余的部署测试，如图 2-4 所示。

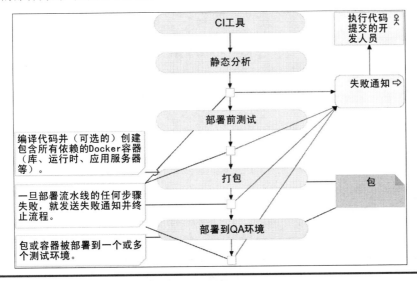

图 2-4　持续集成流水线：打包与部署

部署后测试
Post-Deployment testing

部署到测试环境后，就可以执行测试了，这些测试不部署应用或服务是无法进行的。部署后测试的类型取决于你选用的框架和编程语言，一般情况下包括功能测试、集成测试和性能测试。

用来编写和运行这些测试的工具不少，我个人喜欢用行为驱动开发进行所有功能测试（同时可以作为验收标准），并使用 Gatling 进行性能测试。

成功执行完部署后测试，持续集成流水线通常也就完成了。我们在打包及部署到测试环境这一阶段生成的包就等待进一步验证，通常是手工验证。之后，流水线中的一个构建会被选中并部署到生产环境。每个通过流水线的构建都可认为是已集成的，并且为下一个阶段做好了准备（见图 2-5）。

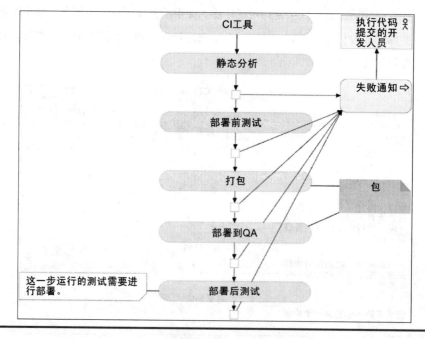

图 2-5 持续集成流水线：部署后测试

流水线还能做许多事情，这里的流水线是最普通的。例如，你可以选择统计代码覆盖率，当覆盖率较低时让流水线失败。

现在只是大致讲解流程，不会谈太多细节，下面进入持续交付和部署。

2.2 持续交付和部署
Continuous Delivery and Deployment

持续交付流水线大多数情况下与我们用于 CI 的流水线是相同的,区别在于 CI 完成后还要进行(主要是手工)验证,而持续交付成功后就准备好部署到生产环境了(见图 2-6)。是否部署到生产环境取决于业务上的考虑,市场部也许想等到某个时间部署,或者让一组特性一起部署上线。从技术角度看,此时的构建已经完善。持续集成和持续交付流程间的唯一差异是:后者在包通过流水线提升后没有执行手工测试的阶段。简言之,持续交付流水线确保了无需额外的手工操作,所有提升后的构建都可以随时部署到生产环境了。只不过具体部署哪个版本的构建要由业务或市场条件决定。

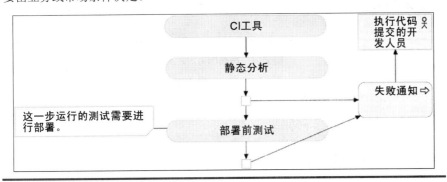

图 2-6 持续交付过程

注意,在持续交付流程图中,我们还在使用 CI 工具。这样做的原因在于 CI 和 CD 工具之间没有本质的不同。市面上有些产品被标榜为 CD 工具,就我的经验而言,这更多的是营销噱头,如果流程的自动化水平足够高,那么它们之间几乎没有区别。

至于流水线流程,持续集成和持续交付之间也没有本质的区别。两者经历相同的阶段。真正的区别在于我们对流程的信心。持续交付流程没有手工 QA 阶段。我们要决定将哪个提升的包部署到生产环境。

持续部署流水线（见图 2-7）更进一步，它会自动部署所有通过验证的构建。从提交代码到应用被部署到生产环境完全是自动化的，无需人工干预。你只需要编写代码，结果就会自动呈现在用户面前，此外什么都不用做。如果包被部署到生产环境前要部署到 QA 服务器，就执行两次部署后测试（部署多少个服务器，就执行多少次）。这种情况下，我们可以选择执行部署后测试的不同子集。例如，可以在软件部署到 QA 服务器之后执行所有测试，而在部署到生产环境后只执行集成测试。根据部署后测试的结果，我们可以选择回滚或发布。

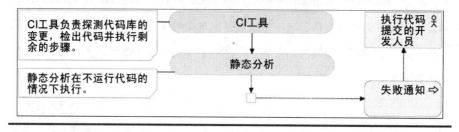

图 2-7 持续部署流水线

要特别注意数据库（尤其是关系型数据库）并确保我们的修改是向后兼容的，能够（至少一段时间内）同时适用于两次发布。

持续集成虽然鼓励但不要求在生产环境中进行测试，而持续交付和持续部署则要求进行生产环境测试，持续部署甚至将其作为自动流水线的一部分。由于没有了手工验证，所以我们要尽可能确保部署到生产环境中的软件按预期工作。这不是说必须再次运行所有的自动化测试，而是说我们需要运行测试以保证部署的软件与系统其他部分能够整合在一起。事实上，由于环境存在差异，在其他环境中运行过的（相同的）集成测试并不能保证部署到生产环境后就不会出现问题。

持续部署的另一个非常有用的技巧是特性开关。由于每个构建都被部署到生产环境，因此，我们可以使用特性开关来暂时禁用某些功能。例如，我们虽然可能已经开发完登录界面，但是还没有实现注册功能，因此可以暂时关闭注册功能。持续交付可以通过手工选择部署哪个构建来解决这个问题，而持续部署无人工干预，因此，特性开关对它来说就显得尤为必要，否则，我们就不得不推迟与主干的合并，直到所有相关特性都完成为止。前面已经介绍过，推迟与主干合并会让 CI/CD 失去意义，这显然不是我们愿意看到的。因此，特性开关对持续部署是不可或缺的。有关特性开关就介绍这么多，想了解更多信息的读者可以看这里：https://technologyconversations.com/2014/08/26/feature-toggles-featureswitches-or-feature-flags-vs-feature-branches/article。

由于持续集成是持续交付和持续部署的前提条件，因此，大多数团队会从持续集成开始，而后慢慢过渡到持续交付和持续部署。本书中，我们将使用持续部署。别担心，我们要做的每件事情都很容易修改，以便可以暂停和手工干预。例如，我们会直接向生产环境部署容器（实际上是模拟生产环境的虚拟机），但是，若采用本书的技巧，你就能更容易在中间添加测试环境。

这里要重点注意的是，我们讨论的流水线阶段是按特定顺序执行的。这里不仅有逻辑先后顺序（比如，不能在编译前进行部署），而且任务也是经过排序的，先做执行时间短的事情。一般而言，部署前测试的速度要比部署后测试的速度快很多，所以部署前测试应该先做。这个规则也适用于所有流水线阶段，如果部署前测试包含多个测试，那么也要先运行那些速度更快的测试。追求速度的原因是我们希望尽快获得反馈意见。越早发现代码中的问题，就越容易解决。理想情况下，我们提交代码后可以喝一杯咖啡，然后检查邮箱，确认没有收到失败的邮件后，再开始开发下一个任务。

本书后面介绍的流水线和现在介绍的有些区别，这是因为我们会引入微服务和容器。例如，打包的结果将是不可变的容器，也许根本不需要部署到测试环境，等等。

介绍完 CI/CD，现在可以讨论微服务了。

微服务
Microservices

我们在介绍持续部署时已经强调了速度。这个速度是指从提出新特性到成功部署到生产环境的速度。我们想尽可能缩短消耗的时间。如果新特性能够在几小时或几天内发布，我们的业务就会更有优势。

加快流水线的执行速度，既能快速获得反馈意见，也能尽早释放资源供后面的任务使用。我们希望几分钟就能完成从提交代码到部署成功的所有工作，而不是花几个小时。不幸的是，巨大的单块应用通过流水线的速度非常慢，测试、打包、部署都要花很长时间。这时，微服务就能派上用场了。微服务通过流水线的速度快很多，原因很简单，它的体量更小。测试的体量更小，打包的体量更小，部署的体量更小。

除此以外，微服务还有其他优点。稍后我会用一整章来探讨微服务。对于目前的目标（灵活性、速度等）而言，微服务大概是我们最好的选择。

容器
Containers

在容器出现之前，微服务的部署是非常痛苦的。相比之下，单块应用的部署相对容易处理。例如，把单独一个 JAR 文件部署到服务器上并确保所有需要的可执行文件和库（如 JDK）各就各位，是比较容易的，要考虑的问题也相对较少。单独一个微服务的情况也是这样，但是，当微服务的数量十倍甚至百倍增加时，事情就复杂了。这些微服务也许使用了不同的框架、不同版本的库、不同的应用服务器。这也是采用微服务的优点之一，大家可以使用自己习惯的语言和工具来开发（你可以使用 GoLang，他可以使用 NodeJS，你可以使用 JDK 7，他可以使用 JDK 8）。但是，安装和维护这些微服务简直让人发疯，要考虑的问题开始呈指数级增长。以前最常见的解决方案是尽可能标准化，让所有人使用 JDK 7 作为后端，所有前端必须使用 JSP 完成，共用代码必须放在代码库中，可是标准化又会扼杀创新。另一个解决方案是使用不可变虚拟机，但这只是把一堆问题变成了另一堆问题。直到容器出现，这个问题才得以解决。

Docker 让容器的使用成为可能而又无需忍受痛苦的过程。它让每个人都可以轻松地访问和使用容器。

容器是什么？字典上容器的定义是用来存放或运送物品的东西。你可以将它想象成航运集装箱。它们足够结实，适合运输和存储。数以千计的集装箱可以叠放在一起，它们大小相同，易于叠放并且很难损坏。此外，航运工人不必知道集装箱里装的是什么，只要清楚在哪里接收它们以及要把它们送往何处就可。这就简化了问题，我们只需要知道如何从外部处理它们，而只有那些装箱的人才知道集装箱里装的是什么东西。

软件世界里的容器与集装箱类似。它们是独立且不可变的镜像，这些镜像提供了设计好的功能，多数情况下只能通过容器的 API 访问。这种解决方案可以让我们的软件可靠地运行在任何环境下。无论是在开发人员的笔记本上，还是在数据中心里，运行结果应该是相同的。容器让下面这样的对话成为了历史。

QA：登录界面有一个问题。

开发人员：在我的机器上没有问题！

无论容器在什么样的环境下运行，其行为都是完全相同的。

容器的特点是自给自足和不可变。传统的部署完成后，我们期望应用服务器、配置文件、各种依赖统统各就其位，而容器包含了软件需要的一切。一个容器中可以堆叠一组镜像，这个容器包含了从二进制文件、应用服务器、配置文件、运行时依赖，甚至操作系统包。有人会问，那么容器与虚拟机的差异在哪里，听起来你的描述对两者都有效。

一个运行着五个虚拟机的物理机上会有五个操作系统外加一个管理程序

（hypervisor），这个管理程序比 lxc 更耗资源。而五个容器只需共享物理服务器的操作系统以及二进制文件和库文件。容器比虚拟机消耗的资源少。就单块应用而言，尤其是当一个应用占据整个服务器的时候，这种区别还不大明显。如果在单个物理机上有几十个或几百个容器，这种区别就非常明显了。换句话说，相比托管虚拟机，单个物理服务器可以托管更多容器，如图 2-8 所示。

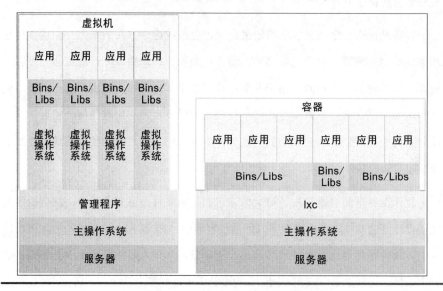

图 2-8 虚拟机和容器资源使用的比较

2.3 三个火枪手——持续部署、微服务和容器的协作

The Three Musketeers – Synergy of Continuous Deployment, Microservices, and Containers

持续部署、微服务和容器是天作之合。它们就像三个火枪手，每个都能干大事，联合起来实力更强。

持续部署可让我们持续获得即时的、自动的反馈信息，从而提高交付的质量并缩短进入市场的时间。

微服务为我们的决策提供了更多的自由，它提升了部署速度，也让服务的扩展变得更容易。

容器解决了微服务的部署问题，它的不变性提高了系统的可靠性。

总之，将三者结合使用，就会实现完全自动化的快速部署，能保证系统零停机且随时回滚，提供跨环境的可靠性，轻松扩展服务，创建能够从故障中恢复的自愈系统。所有这些目标都能够实现吗？是的！只要我们将这些工具正确地组织起来，就能实现。前路漫漫但激动人心，有许多东西需要从头探讨。第 3 章先讲解整个系统的架构。

仅仅知道是不够的，还必须去实践；单纯的希望是不够的，还必须去行动。

——约翰·沃尔夫冈·冯·歌德

第 3 章

系统架构
System Architecture

本书将完成一个大项目。我们将经历从开发一直到生产部署和监控的所有阶段，每个阶段最先开始讨论的是可以采取哪些不同的途径来完成目标。我们会选择最能满足需求的途径。本书的目的是希望你能够学到可以应用于项目的技巧，因此，请随意采纳这些指导以适应你的需求。

与大多数项目相同，这个项目将从高层需求开始。我们的目标是创建一个在线商店，现在还没有完整的计划，但我们知道主要业务是卖书。我们应该使用易于扩展的方式来设计服务和 Web 应用。因为还不知道全部需求，所以需要为未知的需求做好准备。除了书籍，还有可能售卖其他商品，因此需要提供像购物车、注册、登录等类型的功能。我们的工作是开发书店并快速响应未来的需求。既然这是一个新的尝试，开始时可能不会有太多流量，但如果服务取得成功，那么应该为简单快速的扩展做好准备。想在不停机的情况下尽可能快地发布新特性并能够从失败中恢复。

现在从架构开始考虑。很明显，需求太过宽泛并且缺少细节。这意味着既要为未来极有可能的变更做好准备，又要为新特性的需求做好准备。同时，业务要求我们先做些小东西并为增长做好准备。该如何解决这些提给我们的问题？

首先，我们要确定整个应用的架构。哪种架构允许我们转换方向、应对更多的（但此刻尚不可知）需求，以及为扩展做好准备？我们先看看最常见的两种架构方法：单块应用和微服务。

3.1 单块应用
Monolithic Applications

单块应用作为独立的单元进行开发和部署（见图3-1）。就Java语言而言，其结果常常是单独的WAR文件或JAR文件。C++、.NET、Scala和其他语言的情况也是类似的。

通常，我们开发的应用规模会持续增大，应用里包含的东西越来越多，复杂性不断上升，而开发、测试和部署的速度会变得越来越慢。

于是，我们开始将应用分层：持久化层、业务逻辑层、数据访问层。这种分层比物理分层更符合逻辑，每一层都负责一种特定类型的操作。由于这种架构明晰了各层的职责，因此常会带来立竿见影的效果：生产力提升、上市时间缩减且代码库的整体清晰度变得更好。暂时，每个人似乎都很开心。

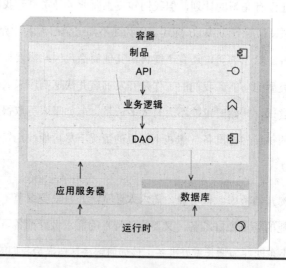

图 3-1 单块应用

随着时间的推移，应用需要支持的特性数量越来越多，伴随而来的是日益增加的复杂度。一个 UI 层面的特性需要访问多个业务规则，而后者又需要多个 DAO 类来访问许多不同的数据库表（见图 3-2）。无论我们如何努力，每一层内部的细分以及它们之间的通信都会变得更复杂。最初的设计往往经不住时间的考验。结果，任何一点修改都会变得很复杂，既耗时又有风险，因为我们无法预见这种修改会给系统的其他部分带来什么影响。

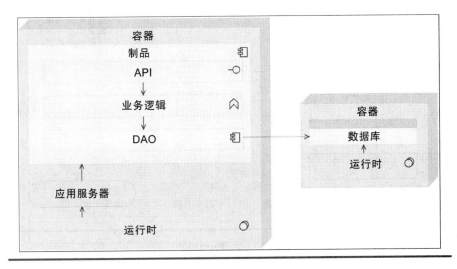

图 3-2 特性增加的单块应用

久而久之，事情会变得更糟糕，层数还会增加，比如增加规则引擎层、API 层，等等。由于层之间的交互通常是强制性的，所以这就导致：实现一个简单特性只需要几行代码，但这几行代码很快会变成数百行甚至数千行代码（因为需要经过所有层）。

开发并非唯一饱受单块架构之苦的领域。每当变更或发布时，我们都需要测试和部署所有东西。在企业环境中，花费几个小时进行测试、构建和部署的应用俯拾皆是。测试，尤其是回归测试，通常是一场噩梦，有时候会持续几个月。随着时间的推移，我们越来越难以让变更只影响一个模块。分层的主要目的是让各层易于替换和升级。这一承诺几乎从未真正兑现。替换大的单块应用中的某些东西从来都不容易，而且有风险。

扩展单块应用通常意味着扩展整个应用（见图 3-3），因此造成了极不均衡的资源利用。如果需要更多资源，就不得不在新服务器上复制所有东西，即便瓶颈只是一个模块。在这种情况下，我们通常被迫将一个单块应用复制到多个节点上，然后设置负载均衡。

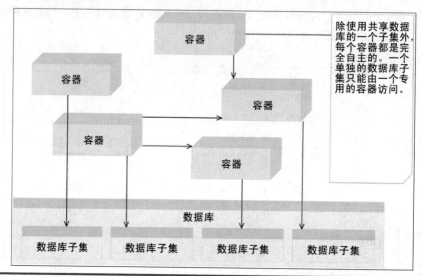

图 3-3　扩展单块应用

服务水平切分
Services Split Horizontally

创建面向服务的架构（service-oriented architecture，SOA）是为了解决由（紧耦合的）单块应用造成的问题。该方法基于应该实现的以下四个主要概念。

- 边界是明确的。

- 服务是自治的。

- 服务共享数据定义和契约，而非类。

- 服务兼容性根据策略来确定。

SOA 大受欢迎，以至于许多软件供应商立即投身其中并创建了帮助我们进行迁移的产品。SOA 运动所诞生的最常用的类型是企业服务总线（Enterprise Service

Bus，ESB）。同时，那些经历过单块应用问题和大型系统问题的企业纷纷上车，开始以 ESB 作为车头向 SOA 迁移。然而，这种迁移的普遍问题是，用来处理迁移的方式会导致刻意将 SOA 应用于现有模型。

继续使用之前相同的分层，但这次从物理上彼此分离。这种方法的明显好处是，至少能够独立地开发和部署每一层，另一个改进是扩展。随着对过去的层进行物理分离，可以更好地扩展。该方法常常要结合一款企业服务总线（ESB）产品来实现。我们在服务之间使用 ESB，ESB 将负责服务间请求的转换和重定向。ESB 及类似产品成为自己的野兽，最终得到另一个单块应用，而它就像我们尝试切分的那个单块应用一样大，甚至更大。我们所需要的是按限界上下文来分解服务，清晰定义它们之间的通信，让每个服务运行在自己的进程中，从而物理地分隔它们。如此一来，微服务就诞生了。

微服务
Microservices

微服务是一种使用小服务组成单个应用的架构方法和开发方法。理解微服务的关键是它们的独立性。每个服务都是分别开发、测试和部署的，每个服务作为单独的进程运行。不同微服务之间的唯一关系是通过它们暴露的 API 完成数据交换。从某种意义上说，它们继承了 UNIX/Linux 中所用的小程序和管道的理念。大多数 Linux 程序都很小，并且可以产生一些输出。这些输出可以作为输入传递给另一个程序。当链接在一起时，这些程序可以执行非常复杂的操作。

在某种意义上，微服务使用了 SOA 定义的概念。那为什么会有不同的称呼？SOA 的实现步入了歧途，尤其是 ESB 产品的出现且其自身成为大而复杂的企业应用。多数情况下，在采用一种 ESB 产品之后，业务照常进行，只是在早前已有的东西上再多出来一层。可以这么说，微服务运动就是为了回到 SOA 的初衷。SOA 与微服务之间的主要区别在于，后者应该是自主的并且彼此独立部署的，而 SOA 则倾向于作为单块应用来实现。

下面让我们看看 Gartner 对微服务的说法。虽然我对其预测不感兴趣，但 Gartner 确实通过吸引大型企业环境来触及市场的重要方面。其市场趋势评估通常意味着我们已通过了新项目的实施，该技术已准备好用于大型企业。以下是 2015 年初 Gary Olliffe 关于微服务的说法。

微服务架构承诺为基于服务的应用开发与部署提供灵活性与扩展性。但这个承诺要如何兑现呢？简言之，是通过采用让单个服务独立和动态地构建与部署的架构，一种包含 DevOps 实践的架构来实现的。

微服务更简单，开发人员的生产效率更高且系统能够快速准确地扩展，而不像一大堆大型单块应用那样。并且我还没有提到多语言编程和数据持久化方面的潜力。

微服务的关键方面如下。

- 它们只做一件事或者只负责一个功能。

- 每个微服务能够由任何工具和语言进行构建，因为每个服务都独立于其他服务。

- 它们是真正松耦合的，因为每个微服务都与其他微服务物理分离。

- 不同团队之间相对独立地开发不同的微服务（假设它们暴露的 API 是提前定义的）。

- 更容易进行测试和持续交付或持续部署。

使用微服务的问题之一是决定何时使用微服务。开始时，应用还很小，微服务要解决的问题还不存在。然而，一旦应用增加，可以使用微服务时，转换到不同架构风格的成本可能也会太高。有经验的团队倾向于从一开始就使用微服务，因为他们知道之后可能要偿还的技术债将会比从最初就应用微服务更昂贵。通常，正如 Netflix、eBay 和 Amazon 的情况，单块应用逐步开始朝微服务演化。新模块作为微服务开发并与系统的其余部分进行集成。一旦它们证明了自身的价值，现存单块应用的各部分也会重构为微服务。

通常最为企业应用开发人员所诟病的事情之一就是分散的数据存储。虽然微服务（经过一些调整）也能使用集中式数据存储，但至少也应该探索分散式数据存储。把与某服务相关的数据单独（分散）存储，并将其与服务打包到相同的容器中，或者将其作为独立的容器并将它们关联在一起，这种选择多数情况下可能比将数据存储在中心数据库中更好。我并非建议始终使用分散存储，而是希望在设计微服务时要考虑这种方案。

最后，我常采用某种轻量级代理服务器，它负责编排所有请求，无论请求来自外部还是从一个微服务到另一个微服务，如图 3-4 所示。

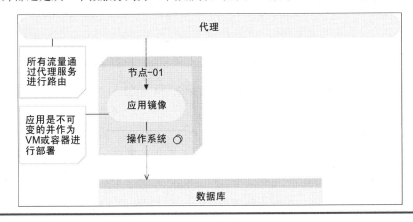

图 3-4 使用代理服务的微服务

掌握了单块应用和微服务的基本知识后，下面对两者进行比较并评估它们的优缺点。

3.2 单块应用与微服务的比较
Monolithic Applications and Microservices Compared

从我们目前所了解到的，相比单块应用，似乎微服务是更好的选择。实际上，多数情况下（但远非全部）的确如此。然而，天下没有免费的午餐。微服务也有其弊端：运维成本高和部署复杂性高，远程过程调用成为最常见的情况。

运维和部署的复杂性
Operational and Deployment Complexity

反对微服务的意见在于其增加了运维的成本和部署的复杂性。这个观点没错，但多亏有了新的工具，这个问题得到了缓解。配置管理（CM）工具能够相对容易搭建和部署环境。利用 Docker 容器能够极大地减轻微服务引起的部署痛苦。CM 工具与容器一起使用可以让我们快速部署和扩展微服务。

在我看来，部署复杂性增加的论调通常是没有考虑最近几年看到的进步，而且过于夸大了。这并不意味着这部分工作没有从开发转移到 DevOps。虽然工作确实转移了，然而多数情况下，与改变产品所带来的不便相比，其好处要大得多。

远程过程调用
Remote Process Calls

支持单块应用的另一个理由是微服务的远程过程调用造成的性能下降。通过类和方法的内部调用速度要更快，而且这个问题无法消除。这样的性能损失对系统有多大影响是依情况而定的。关键因素是如何切分我们的系统。如果用非常小的微服务将系统切分到极致（某些建议这些服务不应该超过 10 行到 100 行代码），其影响可能相当显著。我喜欢围绕用户、购物车、产品等限界上下文或功能来创建微服务。这可以减少远程过程调用的数量，但仍能让服务的组织保持在健康的边界内。另外值得一提的是，如果一个微服务是通过高速的内部局域网调用另一个微服务的，那么负面的影响相对很小。

因此，微服务相较于单块应用的优势是什么？下面的列表并非最终结果，它也不代表只有微服务才能获得这些优势。虽然它们中的大多数也适用于其他类型的架构，但在微服务中，它们则尤为突出。

扩展
Scaling

　　扩展微服务要比扩展单块应用更容易。对于单块应用，我们要将整个应用复制到新机器中。相应地，对于微服务，我们只要复制需要扩展的部分即可。我们不但可以扩展需要扩展的部分，而且能更好地进行分布式处理。例如，可以将一个重度使用 CPU 的服务与另一个大量使用内存的服务放到一起，并将其他需要 CPU 的服务放到不同的硬件上。

创新
Innovation

　　单块应用一旦形成，最初的架构就不再留有太多的创新空间。我甚至要更进一步宣称单块应用是创新杀手。由于其本质，改变需要花费时间，而且试验是危险的，因此它有可能影响所有东西。例如，一个人不能因为 NodeJS 更适合某个特定模块就将 Apache Tomcat 替换为 NodeJS。我并非建议要为每个模块改换编程语言、服务器、持久化和其他架构方面。然而，单块服务器常常走到反面的极致，此时，即使并不排斥变更，变更也有很大风险。使用微服务，可以为每个服务单独选择我们所认为的最好的解决方案。一个服务可能使用 Apache Tomcat，而另一个服务可能使用 NodeJS。一个服务可以使用 Java 语言编写，而另一个服务则可以使用 Scala 语言编写。我不是在鼓吹每个服务要与其他服务不同，而是要说明每个服务都可以采用我们认为最适合当前目标的方式来实现。最重要的是，变更和试验更容易进行。毕竟，只要遵守 API 的要求，那么，无论我们做什么，都只影响多数微服务中的一个系统而不是整个系统。

规模
Size

　　由于微服务很小，所以它们更容易理解。只要查看更少代码就可了解一个微服务正在做什么。这本身就极大地简化了开发，特别是当新人加入项目时。最重要的是，其他一切常常变得更快。与单块应用中使用的大项目相比，IDE 处理小项目的速度要更快。它们的启动速度更快，因为无需加载巨大的服务器，也无需加载为数众多的库。

部署、回滚和故障隔离
Deployment, Rollback, and Fault Isolation

使用微服务，部署的速度会更快，并且更容易。与部署大东西相比，部署小东西的速度总是更快些（如果没有更容易的话）。假如我们意识到有一个问题，这个问题有潜在的有限的影响，而且更容易回滚。直到我们回滚，故障被隔离到系统的一小部分。持续交付或持续部署能够以大应用不可能的速度和频率完成。

承诺期限
Commitment Term

单块应用的常见问题之一是承诺。我们常常被迫从一开始就选择持续很长时间的架构和技术。毕竟，我们正在构建的是会持续很长时间的大家伙。有了微服务，此种长期承诺的需求就更小了。要改变一个微服务的编程语言，而且要证明这是一个好主意，就将其应用到其他微服务上。如果试验失败或者证明不是最优的，那么系统也只有一小部分需要重做。同理，可以应用于框架、库、服务器等，甚至可以使用不同的数据库。如果某个轻量级 NoSQL 看起来最适合特定的微服务，为什么不使用它并把它打包到容器中呢？

让我们退一步从部署的角度审视这个主题。当到了部署应用的时候，这两种架构方法有什么不同呢？

部署策略
Deployment Strategies

上面已经探讨了持续交付和持续部署策略要求我们重新思考应用生命周期的

各个方面。没有什么比最初面对架构选择时更值得关注。我们不会详细叙述面对的每一种可能的部署策略，而是将范围限制在要做的两种主要决策上。第一种涉及单块应用与微服务之间的架构选择。第二种涉及如何打包要部署的制品。更确切地说，我们是要进行可变部署还是进行不可变部署。

可变的怪物服务器
Mutable Monster Server

今天，构建和部署应用最常见的方式是可变的怪物服务器。创建一个包含整个应用的 Web 服务器并且每当有新发布时就更新它。变更可能是配置（属性文件、XML、DB 表等）、代码制品（JAR、WAR、DLL、静态文件等），以及数据库模式和数据。由于每次发布都改变它，所以它是可变的。

使用可变服务器，无法确定开发、测试和生产环境是相同的。即便是生产环境中的不同节点，也可能会有意料不到的差异。代码、配置或者静态文件可能没有在所有实例中进行更新。

这是怪物服务器，因为它以单个实例包含我们需要的所有东西：后端、前端、API 等。此外，它会随时间的推移而增长。一段时间后，谁也不能确定生产环境中所有部分的确切配置，在其他地方（新的生产节点、测试环境等）重新构建它的唯一方法就是拷贝其所在的虚拟机并开始摆弄配置（IP、host 文件、DB 连接等）。我们只是持续不断地往里加东西，我们也搞不清它包含了什么。假以时日，你"完美的"设计和令人印象深刻的架构将会变成不同的东西。新的层会被添加，代码会被耦合在一起，在补丁上创建补丁，代码开始看起来像迷宫，人们也开始在其中迷失自己。美丽的小项目将会变成大怪兽。

你引以为傲的作品会变成人们茶余饭后的谈资。人们开始会说，他们能做得最好的事情就是把它丢进垃圾桶并重新来过。但是，这个怪物已经太大而无法从头再来。投入太多，重写它需要太多时间，有太多的利害关系。单块应用可能会持续存在很长时间，如图 3-5 所示。

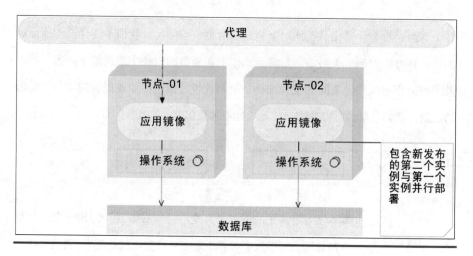

图 3-5 作为最初设计的可变应用服务器

可变部署可能看起来简单，但它们常常并非如此。通过将所有东西耦合在一起，虽然隐藏了其复杂性，但却增加了不同实例间不一致的可能性。

当这样的服务器接收到新发布信息时，重启它所需的时间可能相当可观。在这期间，服务器通常不能运转。新发布引起的停机时间是金钱和信任的损失。今天的业务期望我们 24/7 不停机地运转，而发布到生产环境意味着整个团队要夜间工作且这期间的服务无法使用，这也是少见的。鉴于这样的情况，采用持续部署是遥不可及的梦想。这是一个不可能实现的梦想。

测试也是一个问题。无论在开发环境和测试环境中对发布进行多少次测试，第一次在生产环境中尝试是当部署它并让测试人员以及所有用户可以使用它的时候。

此外，近乎不可能对此种服务器进行快速回滚。由于它是可变的，因此，除非创建整个虚拟机的快照（这带来了一系列新问题），否则就没有前一个版本的"照片"。

采用类似这样的架构，也无法满足之前描述的所有（如果有的话）需求。由于没有能力达成零停机并容易回滚，所以无法经常部署。由于其架构的易变性，完全自动化会充满风险，因而会阻止我们的快速发展。

由于无法经常部署，所以会将发布的变更积累起来，而这种方式也增加了失败的可能性。

要解决这些问题，部署应该是不可变的，并由小的、独立的和自主的应用组成。记住，我们的目标是经常部署、零停机、能够回滚任何发布、自动化和快速化。此外，应该能在用户看到发布之前在生产环境测试它。

不可变服务器和反向代理

每种传统部署都会引入在服务器上进行变更带来的风险。如果将架构变成不可变部署，就可以获得立竿见影的效果。由于无需考虑应用（它们不能改变），所以环境准备变得更加简单。无论是向生产服务器部署镜像还是容器，我们明白这都与构建和测试过的完全相同。不可变部署降低了未知带来的风险。我们知道，每个部署的实例与其他实例完全一致。与可变部署不同，当一个包是不可变的且包含所有东西（应用服务器、配置和制品）时，就可以不再关心所有这些事情。它们已通过部署流水线为我们打包好，我们要做的全部工作只是确保不可变的包被发送到目标服务器。这是在其他环境中已经测试过的相同的包，且可变部署引起的不一致性也会消失。

反向代理能被用来实现零停机。不可变服务器与反向代理结合的简单形式如下。

首先从反向代理开始，这个反向代理指向完全自主的不可变应用包。这个不可变应用包可能是虚拟机或者容器。我们把这个应用称为应用镜像，以便与可变应用进行明确区分。在该应用之上是代理服务，代理服务将所有流量路由到最终目的地，而不是直接暴露给服务器，如图 3-6 所示。

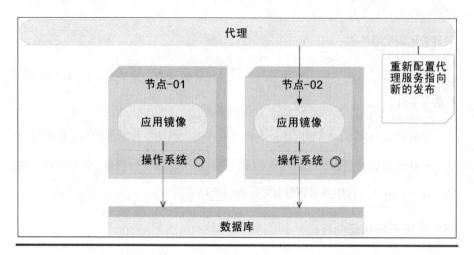

图 3-6 作为镜像（虚拟机或容器）部署的不可变应用服务器

　　一旦决定部署新版本，就可以通过向单独的服务器部署单独的镜像来进行此工作。虽然有些情况下我们会向相同的服务器部署该镜像，但多数情况下不会，因为单块应用非常消耗资源，因此无法在不影响性能的情况下在相同的节点中部署两套。此时有两个实例：一个旧的（前一个发布），一个新的（最新的发布）。所有流量仍旧通过反向代理流入旧服务器，因此应用的用户还不会发现任何改变。就它们而言，我们仍然运行着那个旧的且可靠的软件。这正是执行最终测试集的恰当时机。那些测试最好是自动的，而且是部署过程的一部分，但不排除手工验证。例如，如果变更发生在前端，那么大概想要进行最后一轮用户体验测试。无论执行何种类型的测试，它们应该绕过反向代理全部访问新发布。这些测试的好处在于，我们正在该软件所安装的生产硬件上使用其未来的生产版本。我们在没有影响用户（他们仍被重定向到旧版本）的情况下测试生产软件和硬件，甚至可以使用 A/B 测试让新发布仅对受限数量的用户可用。

　　总结一下，在这个阶段有两个服务器实例，一个（前一个发布）是用户使用的，另一个（最新发布）用于测试，如图 3-7 所示。

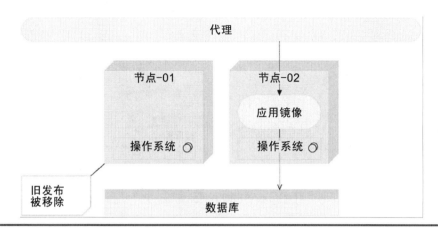

图 3-7 部署到单独节点的不可变应用的新发布

一旦完成测试并确信新发布会按预期的方式运行，我们所要做的就是修改反向代理，并将其指向新发布。旧发布会保留一段时间以防需要回滚修改。然而，对于我们的用户，它是不存在的。所有流量被路由到新发布。既然最新发布已经在修改路由前启动并运行，那么切换本身不会打断我们的服务（比如，不像在可变部署的情况下需要重启服务器）。当路由更改后，还需要重新加载反向代理。例如，nginx 会维护旧连接直到它们全部切换到新路由上，如图 3-8 所示。

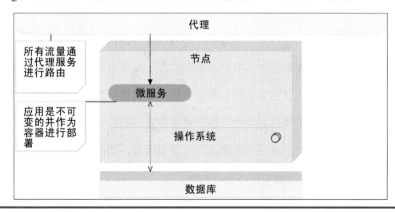

图 3-8 代理被重新路由指向新的发布

最后，当不再需要旧版本时，就可以移除它，甚至可以让下一个发布帮我们移除它。后一种情况下，当部署时，发布过程会移除旧的发布并重新开始整个过程，如图 3-9 所示。

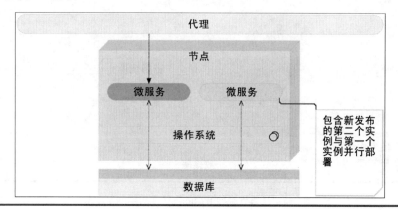

图 3-9　旧发布被移除

上面描述的技术称为蓝绿部署，而且已经使用了很长一段时间。后面接触 Docker 打包和部署示例时将实践它。

不可变的微服务

我们可以比这个做得更好。通过不可变部署，可以轻松实现这个过程的自动化。反向代理为我们提供了零停机，而让两个发布启动和运行使我们可以轻松回滚。然而，由于仍旧在应对一个大应用，所以部署和测试还要花很长时间运行。这本身就会阻碍我们根据需要频繁地部署。此外，将所有东西当成一个大服务器增加了开发、测试和部署的复杂性。如果事情能够被切分到更小的部分，那么可以将复杂性分散到易于管理的块中。作为意外收获，小而独立的服务让我们更容易扩展。它们可以部署到相同的机器上，拓展到网络，或者当它们中的一个性能成为瓶颈时而增加数量。微服务即是良药！

采用怪物应用时，我们倾向于使用解耦的层。前端代码应该与后端代码分离，业务层应与数据访问层分离，等等。对于微服务，应该从不同的方向进行思考。与其让业务层与数据访问层分离，还不如分离服务。例如，用户管理应该与销售服务分离。另一个不同在物理层面。虽然传统架构在包和类的层次上进行了分离，但其仍将所有东西部署在一起，微服务在物理上进行了分离；它们甚至可以不在相同的物理机上。

微服务的部署遵循之前描述的相同模式。我们可以像部署其他软件那样部署微服务的不可变镜像，如图 3-10 所示。

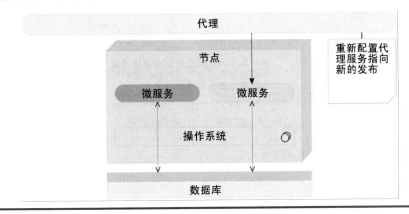

图 3-10　作为镜像部署的不可变微服务（虚拟机或容器）

当要发布某个微服务的新版本时，可以在其旧版本旁部署它，如图 3-11 所示。

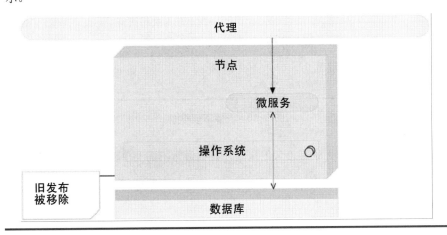

图 3-11　在旧版本旁部署不可变微服务的新发布

当那个微服务的发布经过适当测试后，就修改代理路由，如图 3-12 所示。

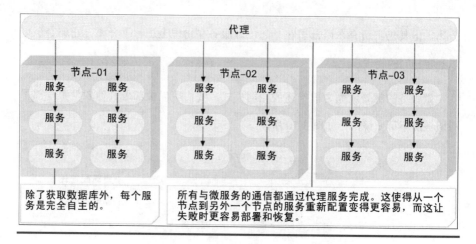

图 3-12　重新配置代理指向新发布

最后，移除旧版本的微服务，如图 3-13 所示。

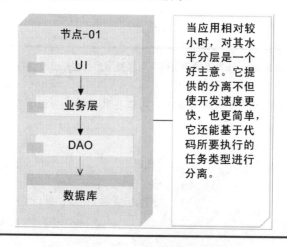

图 3-13　旧版本被移除

唯一的重要区别在于微服务的规模，我们通常不需要单独的服务器来并行地部署新旧版本。现在我们能够真正地进行自动化的频繁部署，在出错时快速实现零停机和回滚。

技术上，这个架构可能会引起特定问题——这将是第 4 章的主题。目前，且让我们说，利用我们手中的工具和过程很容易解决那些问题。

考虑到我们即使在最好的情况下也很差劲的需求，以及微服务超越单块应用所带来的好处，选择是显而易见的。将使用不可变微服务的方式来构建我们的应用，这个决定需要探讨我们应该遵循的最佳实践。

3.3　微服务的最佳实践
Microservices Best Practices

下面的多数最佳实践通常可以应用于面向服务的架构。然而，对于微服务，它们变得更为重要且好处更多。接下来是非常简要的描述，后面在应用它们时会对其进行扩展。

容器
Containers

处理大量微服务很快就会变成非常复杂的工作。每个服务可能使用不同的编程语言实现，可能需要不同的（希望是轻量级的）应用服务器或者可能使用一组不同的库。如果每个服务被打包成容器，这些问题大多数都会消失。我们所要做的就是通过比如 Docker 来运行容器，并相信所需的一切都在其中。

容器是自主的包，其包含我们需要的一切（除了内核），其运行在独立的进程中并且是不可变的（见图 3-14）。自主意味着容器通常拥有下列组件。

- 运行时库（JDK、Python 或应用运行需要的其他库）。

- 应用服务器（Tomcat、nginx，等等）。

- 数据库（最好是轻量级的）。

- 制品（JAR、WAR、静态文件，等等）。

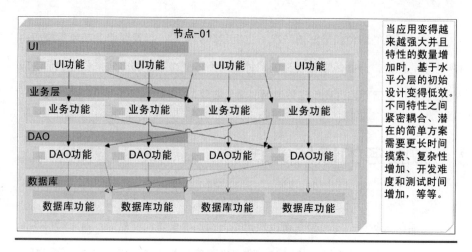

图 3-14　容器内自主的微服务

完全自主的容器虽然是部署服务最简单的方法，但其带来了一些扩展方面的问题。如果在多个节点的集群中扩展这样的容器，则需要确保内嵌在这些容器中的数据库获得同步，或者它们的数据卷位于共享的驱动器上。第一个选择常常引入了不必要的复杂性，但共享卷的方式可能对性能有负面影响。替代方案是将数据库外化到单独的容器中，以便使应用容器近乎自主。这种情况下，每个服务有两个不同的容器：一个用于应用，另一个用于数据库。它们都将被连接起来（最好是通过代理服务）。虽然这种组合稍微增加了部署的复杂性，但它在扩展时提供了更大的自由。可以部署应用容器的多个实例或者数据库的几个实例——取决于性能测试结果或流量的增加。最后，如果这样的需求出现，那么没理由阻止我们对两者进行扩展，如图 3-15 所示。

自主和不可变让我们能够在不同的环境（开发、测试、生产等）之间移动容器并总是预期有相同的结果。相较于其他方法，这些特性与构建小应用的微服务方法相结合，能让我们不费吹灰之力并以更低风险部署和扩展容器。

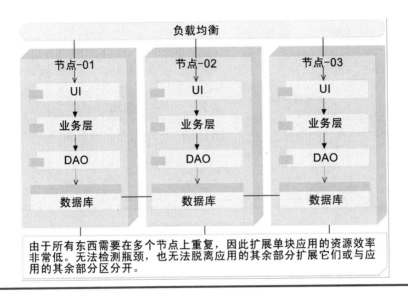

图 3-15　带有独立数据库的容器内的微服务

　　然而，当处理遗留系统时，还有第三种常用的组合。即便我们决定逐步从单块应用迁移到微服务，数据库也往往是系统最后被批准进行重构的部分。虽然这远非进行迁移的最佳方式，但现实是，特别是在大型企业中，数据是最有价值的资产。与我们决定重新组织数据结构时所面对的风险相比，重写应用带来的风险更低。管理层非常怀疑这样的提议，这通常是可以理解的。这种情况下，我们可能选择共享数据库（可能不用容器）。虽然这样的决定在一定程度上与我们试图使用微服务来实现的目标相左，但表现最好的模式就是共享数据库，且要确保每个数据库模式或一组表仅由单个服务访问。其他需要这些数据的服务要通过分配给数据的服务 API。虽然在这样的组合中不能完成清晰的分离（毕竟，没有比物理分离更清晰明了的），但至少可以控制谁访问数据子集，并在它们与数据之间建立清晰的联系。

　　实际上，这与水平分层背后的常见思想类似。在实践中，随着单块应用的增长（以及随之增长的层数），这个方法常被滥用和忽视。垂直分离（即使数据库被共享）可帮助我们让每个服务负责的限界上下文更为清晰，如图 3-16 所示。

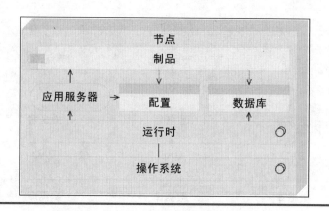

图 3-16 容器中访问共享数据库的微服务

3.4 代理微服务或 API 网关
Proxy Microservices or API Gateway

大型企业的前端需要调用数十个甚至数百个 HTTP 请求（如同 Amazon.com 的情况一样）。发起请求往往比接收响应数据耗费的时间更多。代理微服务在这种情况下可以提供帮助。它们的目的是调用不同的微服务并返回一个聚合的服务。除了将几个响应组织到一起并把聚合后的数据返回给消费者，它们不应该包含任何逻辑。

反向代理
Reverse Proxy

绝对不要直接暴露微服务 API。如果没有编排，消费者和微服务之间的依赖会变得如此之大，以至于它会消除微服务应该带给我们的自由。像 nginx、Apache Tomcat 和 HAProxy 这样的轻量级服务器很擅长执行反向代理任务并且无需多少开销就能很容易运转起来。

极简主义方法
Minimalist Approach

微服务应该只包含它们真正需要的包、库和框架。它们越小越好。这与单块应用所使用的方法截然相反。虽然前面可能已经使用过像 JBoss 这样的 JEE 服务器，它们打包了我们可能需要或者不需要的所有工具，但微服务使用的方案越简单，效果就越好。让数以百计的微服务中的每一个都拥有完整的 JBoss 服务器就过头了。例如，Apache Tomcat 是更好的选择。我往往追求更小的方案，例如，使用 Spray 作为非常轻量的 RESTful API 服务器。不要打包不需要的东西。

相同的方法也应该应用于操作系统层。如果使用 Docker 容器部署微服务，CoreOS 可能是比 Red Hat 或 Ubuntu 更好的方案。从不需要的东西中解放出来，这让我们能够获得更好的资源。然而，如同后面将看到的，选择操作系统并非总是如此简单。

配置管理
Configuration Management

随着微服务数量的增长，配置管理（CM）的需要也增加了。没有像 Puppet、Chef 或 Ansible（只列出一些名字）这样的工具，部署大量微服务很快就变成一场噩梦。实际上，除了最简单的方案，其他情况不使用CM工具就是浪费，不论用没用微服务。

跨职能团队
Cross-Functional Teams

虽然没有规定采用何种类型的团队，但当处理一个微服务的团队是多功能团队时，微服务的实现最好。单个团队应该负责一个微服务从开始设计到完成部署和维护。它们太小了，以至于不能从一个团队移交给另一个团队来处理（架构/设计团队、开发团队、测试团队、部署团队和维护团队）。最好是让一个团队负责一个微服务的全生命周期。大多数情况下，一个团队会负责多个微服务，但多个团队不应该负责一个微服务。

API 版本化
API Versioning

版本化应该应用于所有 API，这对微服务也适用。如果某个变更违反了 API 的格式，它应该被发布为一个单独的版本。就公共 API 和其他内部服务使用的 API 来说，我们无法确定是谁在使用它们，因此必须维护向后的兼容性，或者至少要给消费者足够的时间进行调整。

最后的思考
Final Thoughts

微服务作为一种概念，已经存在很长时间。看看下面这个例子：

```
ps aux | grep jav[a] | awk '{print $2}' | xargs kill
```

上面列出的命令是 UNIX/Linux 中使用管道的例子，它包含四个程序。它们中的每一个程序都期望一个输入（stdin）和/或一个输出（stdout），它们是高度专业化的并且只执行一个或很少的功能。虽然它们本身很简单，但当组合起来时，这些程序能够完成一些非常复杂的操作。这一点同样适用于现今 UNIX/Linux 发行版中的大多数程序。在这个特定的例子中，首先运行 ps aux，它会接收所有运行进程的列表并将输出传递给命令行中的下一个命令。该输出被 grep jav[a]用来将结果限制到仅是 Java 进程。然后，输出被传递给需要它的程序。在这个例子中，命令行接下来是 awk '{print $2}'，它会进一步过滤，只返回第二列，这恰好是进程 ID。最后，xargs kill 将 awk 的输出作为输入，终止与我们之前获取的 ID 相匹配的所有进程。

不习惯 UNIX/Linux 的人也许会认为我们刚刚看过的命令是小题大做。然而，经过一段时间的实践后，使用 Linux 命令的人发现这个方法非常灵活且有用。与其使用那些需要考虑到所有可能用例的"大"程序，还不如使用大量小程序，它们可以通过组合来完成所需的几乎任何任务。这是诞生自极简的力量。每个程序都很小，是为了实现一个非常明确的目标而创建的。更重要的是，它们都接收明确定义的输入信息并产生良好的输出信息。

据我所知，UNIX 是仍在使用的最古老的微服务例子。许多具有良好定义接口的服务，它们小、特定并易于理解。

即便微服务存在了很长时间，但它们最近才流行起来也并非偶然。许多事情需要成熟并且让微服务对所有人有用——而不是精挑细选的几个人。使微服务得以广泛使用的一些概念有领域驱动设计、持续交付、容器、小型自治团队、可扩展系统，等等。仅当所有这些被合并到一个单一的框架中时，微服务才开始真正焕发光彩。

微服务被用来创建由小而自治的服务所组成的复杂系统，这些服务通过它们的 API 交换数据，并将它们的范围限制在非常具体的限界上下文中。从某种意义上说，微服务就是面向对象编程最初设计要成为的东西。当你了解到行业的一些领导者的思想，特别是面向对象编程的思想和逻辑时，你会发现，他们对最佳实践的描述与今天的微服务几乎一致。接下来的引用正确地描述了微服务的一些方面：

> 核心想法是"消息"。创建大型可增长系统的关键在于，设计它的模块如何通信而不是模块的内部属性和行为应该是什么。

—— Alan Kay

> 将那些因为相同原因而变化的东西聚集在一起，并把那些因不同原因而变化的东西分开。

—— Robert C. Martin

当实现微服务时，我们倾向于把它们组织起来只做一件事或者只执行一个功能，这让我们能为每项工作挑选最好的工具。例如，可以使用最适合其目标的语言来实现它们。由于微服务的物理分离及其为不同团队间提供的巨大独立性——只要 API 已经预先定义清晰，因此微服务是真正的松耦合。此外，通过微服务，我们拥有更为简单快速的测试和持续交付，或者由于微服务的分散特性所带来的更为简单快速的部署。当我们讨论的概念与新工具——特别是 Docker——结合在一起时，就能够以新的眼光审视微服务并移除之前微服务的开发和部署造成的部分问题。

尽管如此，万不可把从本书获取的一些建议当成放之四海而皆准的金科玉律。微服务并非全部问题的解决方法。没什么是。它们不是所有应用都应该使用的创建方式，而且并没有单一方案适合所有情况。使用微服务，我们是在尝试解决非常具体的问题，而且不改变所有应用的设计方式。

在决定围绕微服务开发我们的应用后，是时候做些实际的事情了。没有开发环境就没有代码，因此，这将是我们的第一个目标。下面将为我们想象的图书存储服务建立开发环境。

我们已有充足的理论，将本书放在计算机前的时机已经成熟了。从现在开始，本书大部分会是动手实践。

第 4 章

使用 Vagrant 和 Docker 搭建开发环境
Setting Up the Development Environment with Vagrant and Docker

开发环境常是项目新人最先需要面对的东西。既然每个项目都不同，那么花一整天时间来搭建开发环境并花更多时间尝试理解应用如何工作就一点也不稀奇。

比如，安装 JDK、搭建本地 JBoss 服务器实例、进行所有配置以及处理应用后端部分需要的所有其他（常常是复杂的）事情需要花费很多时间。此外，当前端与后端分离时，还要增加时间为前端做同样的事情。再如，理解某些单块应用的内部工作原理要花多少时间，这些单块应用拥有分离到多个层中的成千上万行甚至数百万行代码——这些最初都被认为是好主意，但随着时间的推移，最终带来的复杂性多于收益。

开发环境的搭建和简化也是容器和微服务能够一展拳脚的区域。根据定义，微服务很小。理解一千行（或更少）代码要花多少时间？一方面，即便面前的微服务使用了你从未使用过的语言编写，理解它做了什么应该花不了多少时间。另一方面，容器——特别是与 Vagrant 结合使用——能让开发环境搭建化成一缕微风。不仅搭建过程轻松、快速，而且结果可以尽可能接近生产环境。实际上，除了硬件，还可以完全一致。

在开始着手处理这种环境之前，让我们先探讨正在构建的服务背后的技术。

请注意，本书所使用的代码可能会发生变化，因此其可能无法完全反映本书的片段。虽然这可能会造成偶然的混乱，但我认为你也会从修复缺陷（所有代码都有缺陷）和更新代码中获得好处。我们将要使用的技术栈是如此之新，以至于每天都在发生变化和改进，所以，甚至在本书出版之后，我还会把这些变化和改进包含进代码中。

4.1 结合微服务架构和容器技术
Combining Microservice Architecture and Container Technology

本书使用的图书微服务（`books-ms`）的创建方式与多数微服务支持者所建议的方式稍有不同。

除已经探讨过的——需要服务小、限定在定义明确的限界上下文中等，还要重点注意的一点是，大多数微服务仅为系统的后端部分创建。微服务支持者会把单块后端分割成许多小的微服务，但常常保持前端不变。这种情况的结果是总体架构包含单块前端和分割成微服务后端。为什么会是这样？我想答案在于我们所使用的技术。开发前端的方式并未被设计成将前端切成更小的部分。

服务器端渲染渐成历史。虽然企业可能不认同这个说法并继续推动那些能将，比如 Java 对象"神奇地"转换为 HTML 和 JavaScript 的服务器端框架，客户端框架将越来越流行，并让服务器端页面渲染慢慢被遗忘。这留给我们的是客户端框架。今天倾向于使用单页应用。AngularJS、React、ExtJS、ember.js 和其他框架证明是前端开发演进的下一步。然而，无论单页应用与否，它们大多数都在推进单块方案在前端架构中的运用。

随着后端被分割成微服务而前端作为单块，我们构建的服务并没有真正遵循每个服务应该提供完整功能这一想法。我们应该采用垂直分解并创建小的松耦合的应用。然而，多数情况下，我们在这些服务中漏掉了视觉部分。

所有前端功能（认证、库存、购物车等）是单个应用的一部分，并且与分割成微服务的后端进行通信（大多数情况是通过 HTTP 进行通信）。与单个单块应用相比，这种方法是一个大的进步。通过让后端服务保持小、松耦合、为单一目的的设计以及易于扩展，在单块应用上的一些问题得到了缓解。虽然没什么是十全十美的，而且微服务有其自身的问题，但查找生产故障、测试、理解代码、变更框架甚或变更语言、隔离、职责以及其他事项都变得更易于处理。部署是我们必须付出的代价，但通过容器（Docker）以及不可变服务器的概念，得到了极大提升。

看到微服务为后端提供的好处，如果能够将这些好处应用到前端，并且不仅设计微服务完成后端逻辑，还设计微服务完成应用的可见部分，这难道不是一个进步吗？如果开发人员或团队能够全权负责开发一个功能并让其他人只需把它导入应用中，这难道不是很有益处吗？如果能够以这种方式工作，前端（无论 SPA 与否）也会简化为脚手架，那么它只负责路由并决定引入哪个服务。

我并不是说没有人以这种既包含前端也包含后端的方式来开发微服务。我知道有项目会这样做。然而，我不相信将前端分成若干部分并将它们与后端打包到一起的好处会超过这种方式的坏处。更确切地说，直到 Web 组件出现。

由于本书的目标之一是（尽可能）与语言无关，因此，我不会深入讨论 Web 组件的工作细节。如果你想了解这个主题的更多信息，那么可以访问 https://technologyconversations.com/2015/08/09/including-front-end-web-components-into-microservices/。

现在，务必注意，我们即将开始使用的 books-ms 会把前端 web 组件和后端 API 打包成单一的微服务。这让我们将完整的功能保存在一个地方并按我们认为合适的方式使用它。有些人可能调用服务 API，而其他一些人可能决定将 web 组件导入其 Web 网站中。作为服务的作者，我们不应关注谁在使用它，而应关注它是否提供了潜在用户可能需要的所有功能。

服务自身使用 Scala 语言编写并使用 Spray 处理 API 请求和静态前端文件。web 组件使用 Ploymer 完成。所有东西采用测试驱动开发方法编写，这既生成了单元测试也生成了功能或集成测试。源代码位于 https://github.com/vfarcic/books-ms 的 GitHub 库中。

如果你从未使用过 Scalar 或 Polymer，也不必担心。我们不会涉及更多细节，也不会进一步开发这个应用。我们将用它演示概念并进行实践。现在，我们会用这个服务来搭建开发环境。在此之前，先简单了解这个任务会用到的工具。

Vagrant 与 Docker
Vagrant and Docker

我们将使用 Vagrant 和 Docker 搭建开发环境。

Vagrant 是一个命令行工具，它通过像 VirtualBox 或 VMWare 这样的管理程序（hypervisor）来创建和管理虚拟机。Vagrant 不是管理程序，它只是一个提供了统一接口的驱动程序。通过单个 Vagrantfile，可以为 Vagrant 指定使用 VirtualBox 或 VMWare 批量创建 VM 所需知道的全部东西。既然所需要的只是一个配置文件，那它可以与应用代码一起保存在代码库中。它非常轻量且可移植，并允许创建可重建的环境，无论底层操作系统是什么。虽然容器让 VM 的使用有点过时，但当需要开发环境时，Vagrant 仍旧出众。它已经被使用了很多年，并且久经考验。

请确保你的 Vagrant 版本至少是 1.8。有些读者在旧版本上遇到过问题。

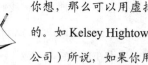

请注意，容器并不能完全取代虚拟机。虚拟机提供了额外的隔离（安全）。相较于容器，虚拟机还允许更多变换。如果你想，那么可以用虚拟机运行 Android。虚拟机和容器是互补的。如 Kelsey Hightower（之前在 CoreOS 公司，现在在 Google 公司）所说，如果你用容器替换了所有虚拟机，那么我会期待在 HackerNews 首页上看到你的网站是如何被黑的。话虽如此，但容器减少了虚拟机的使用。虽然我们仍在争论应该是在"裸机"上还是在虚拟机里运行容器，但无需再浪费资源为每个应用或服务创建虚拟机了。

　　Docker 容器能让我们用一个完整的文件系统将某些软件包起来。它们包含软件完全自主运行所需的全部东西：代码，运行时库，数据库，应用服务器，等等。既然所有东西都打包在一起，因此，无论环境如何，容器都将以相同的方式运行。容器共享宿主机操作系统的内核，这使它们比虚拟机更为轻量，因为虚拟机需要完整的操作系统。一台宿主机可以支撑比虚拟机多得多的容器。另一个值得关注的特性是，容器提供了进程隔离，这种隔离不像虚拟机提供的隔离那样坚实可靠。然而，虚拟机比容器重得多，将每个微服务打包到单独的虚拟机中将是无比低效的。另一方面，容器却很胜任这项任务。可以将每个微服务打包到单独的容器中，直接在操作系统上部署它们（中间没有虚拟机）并仍能维护它们之间的隔离。除了内核，没有什么会共享（除非我们选择），每个容器本身就是一个世界。不过，与虚拟机不同的是，容器是不可变的。每个容器是一组不可改变的镜像，部署新版本的唯一方法是构建新容器并替换旧版本正在运行的实例。稍后会探讨蓝绿部署策略，蓝绿部署会同时运行两个版本，但这是接下来章节的主题。你很快就会发现，容器有比运行生产软件更为广泛的用途。

　　如同 Vagrantfile 定义了 Vagrant 创建虚拟机所需的全部东西，Docker 的 Dockerfile 包含了如何构建容器的指令。

　　此时此刻，你也许会问，如果 Docker 可以做同样的事情，甚至可以做得更多，那为什么我们还需要 Vagrant？我们将使用 Vagrant 创建一个运行 Ubuntu 操作系统的虚拟机。我不知道你在使用哪种操作系统，你可能是 Windows 的用户或者 OS X 的爱好者，你也许更钟爱某个 Linux 的发行版。例如，本书是在 Ubuntu 上创作的，而这是我对操作系统的选择。我决定使用虚拟机来确保贯穿本书的所有命令和工具可以在你的计算机上工作，无论底层的操作系统如何。现在，我们要开始创建一个虚拟机作为搭建开发环境的示例。稍后会创建更多，它们将模拟测试、准生产、生产，以及其他类型的环境。我们将会使用 Ubuntu 和另外一些操作系统。这并非意味着当尝试应用你所学到的东西时，你要按照本书给出的方式来使用 Vagrant 虚拟机。虽然它们对于开发场景和尝试新东西很有用处，但你应该考虑将容器直接部署在物理机的操作系统上，或者部署到应用于生产环境的虚拟机上。

是时候停止谈论并转向更为实际的部分了。本书的剩余部分将假定你的计算机上安装了 Git 和 Vagrant。此外，没有其他要求了，你可能需要的其他一切将通过指令和脚本提供。

> 如果你使用的是 Windows，请确保使用 Checkout as-is 来配置 Git。如图 4-1 所示的屏幕截图，可以在安装过程中选择第二个或第三个选项来完成该设置。此外，如果你没有安装 SSH，请确保将[PATH_TO_GIT]\bin 添加到你的 PATH 环境变量中。

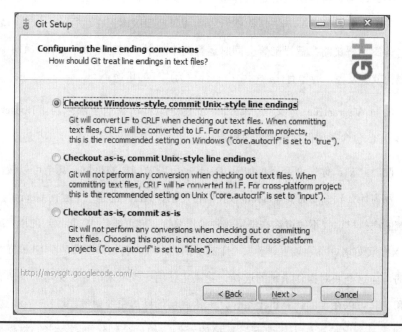

图 4-1　在 Windows 上，在 Git 的安装过程中应该选择 Checkout as-is 选项

4.2 开发环境搭建
Development Environment Setup

让我们先从 books-ms 的 GitHub 库上克隆代码开始：

```
git clone https://github.com/vfarcic/books-ms.git
cd books-ms
```

随着代码的下载，能够继续并创建开发环境。

Vagrant

创建 Vagrant 虚拟机很容易：

```
vagrant plugin install vagrant-cachier
vagrant up dev
```

第一条命令不是强制性的，但它会帮助加快新虚拟机的创建，用于缓存所有正被使用的软件包，因此，当下一次需要它们的时候，就会从本地硬盘获取它们而不是下载。第二条命令做了"实际"的工作，它启动了称为 dev 的虚拟机。由于是从基础 box 开始的，所有东西都需要下载，因此首次尝试也许要花些时间。接下来，每次启动该虚拟机的速度会更快。启动任何其他基于相同 box 的 Vagrant 虚拟机（这个例子中是 ubuntu/trusty64）的速度将会更快。

请注意，本书中将要执行的一些命令需要相当长的时间才能完成。一般情况下，当命令运行时，请随意继续阅读（至少直到被要求运行新命令）。让我们利用启动这个虚拟机的时间来浏览位于刚刚克隆的代码的根目录的 Vagrantfile 文件，这个文件包含 Vagrant 创建开发环境虚拟机需要的所有信息。内容如下：

```
Vagrant.configure(VAGRANTFILE_API_VERSION) do |config|
  config.vm.box = "ubuntu/trusty64"
  config.vm.synced_folder ".", "/vagrant"
  config.vm.provider "virtualbox" do |v|
    v.memory = 2048
  end
  config.vm.define :dev do |dev|
    dev.vm.network "private_network", ip: "10.100.199.200"
    dev.vm.provision :shell, path: "bootstrap.sh"
    dev.vm.provision :shell,
```

```
        inline: 'PYTHONUNBUFFERED=1 ansible-playbook \
          /vagrant/ansible/dev.yml -c local'
    end
    if Vagrant.has_plugin?("vagrant-cachier")
      config.cache.scope = :box
    end
end
```

对于那些不熟悉 Ruby 语言的读者而言，该语法也许看起来有点神秘，但经过很短时间的实际使用后，你会注意到用 Vagrant 定义一个或多个虚拟机是非常简单且直接的。在我们的例子中，首先指定 box 是 ubuntu/trusty64。

Vagrant 的 box 用于 Vagrant 环境的包格式。在 Vagrant 支持的任何平台上，任何人都能够使用 box 来启动一个一致的工作环境。

换言之，box 是（一种）虚拟机，我们在其上可以添加需要的东西。你可以在 Atlas 上浏览可用的 box 或者创建自己的 box。

box 之后，指定本地目录应该与虚拟机同步。我们的例子中，设置当前目录（.）应该与虚拟机中的/vagrant 目录同步。如此，当前目录中的所有文件将在虚拟机中自由使用。

继续前进，指定虚拟机应该有 2 GB 的 RAM 并定义一个叫 dev 的虚拟机。更进一步，在本书中将看到如何在同一个 Vagrantfile 中指定多个虚拟机。

在 dev 虚拟机的定义中，我们设定了 Vagrant 要暴露的 IP 以及虚拟机应该运行 Ansible 的 playbook dev.yml。这里不会深入介绍 Ansible 的更多细节，因为这将预留给接下来的一章讨论。可以说，Ansible 将确保 Docker 和 Docker Compose 运行起来。

我们将在本书的很多场合中使用 Vagrant，因此你将有大量机会更多地了解它。然而，本书不会提供详细的指导和文档。要了解更多的信息和完整的文档，请浏览 https://www.vagrantup.com/。

非常希望你拥有快速的互联网连接，此时，vagrant up 的执行可能已经结束。如果没有，请拿上一杯咖啡，短暂地休息一下。

让我们进入刚刚创建的虚拟机并看看内部的情况:

```
vagrant ssh dev
ansible --version
docker --version
docker-compose --version
cd /vagrant
ll
```

第一条命令让我们进入 dev 虚拟机内部,迎接你的是 Ubuntu 的欢迎信息。接下来的三条命令只是证实已经安装了 Ansible、Docker 和 Docker Compose。最后进入/vagrant 目录并显示其内容。你会注意到这与我们克隆 GitHub 库的宿主机目录完全一样,它们俩是同步的。

现在已经让包含所有软件的虚拟机启动并运行起来,下面看看本章的第二个明星。

Docker

我们已经对 Docker 和容器进行了简短的讨论。现在,想要更为深入地探索这个主题。几乎没有技术能像 Docker 和容器这样被如此快速采用的。是什么让 Docker 如此流行呢?

虚拟机 hypervisor 的实现都基于模拟虚拟硬件。虚拟机使用的资源中,很大一部分被用在这种模拟上。具体占比取决于每个虚拟机的具体配置,但是在硬件虚拟化上花费 50%甚至更多的硬件资源一点也不罕见。这实际上表明:它们对资源的要求极高。

另一方面,Docker 会使用共享的操作系统,这个特性会使其更有效率。与将应用部署到独立的虚拟机相比,使用定义良好的容器,就能很容易运行 5 倍的应用。通过使用宿主机的内核,容器在没有硬件虚拟化的情况下设法做到了几乎相同的进程间隔离。即使 Docker 没有提供其他东西,这也足以使很多人开始使用它。

奇怪的是,很多人以为容器是随着 Docker 而来的新鲜事物,而现实是容器至少从 2000 年就开始使用了,Oracle Solaris Zones、LXC 和 OpenVZ 是几个例子。

Google 是在 Docker 出现之前的很长一段时间就开始使用容器的公司之一。你可能会问,如果容器已经在 Docker 首次发布之前存在了很长时间,那为什么 Docker 如此特别? Docker 让我们很容易使用容器,而且它建立在 LXC 之上。Docker 会让有用的技术变得易用且围绕它能建立起一个强大的生态。

Docker 公司很快成为几乎所有软件工业领导者的合作伙伴(Canonical、RedHat、Google、Microsoft 等公司)。在创作本书时,Windows Server 2016 技术预览版发布了本地运行的 Docker 引擎。

开发者和 DevOps 喜爱 Docker,是因为它为其提供了一种非常简单且可靠的方法来打包、传输和运行自给自足的应用——它们几乎可以在任何地方部署。另一个重要的 Docker 工具是 Hub,它包含官方、非官方和私有容器。无论你需要什么——应用、服务器、数据库或者它们之间的任何东西,你都有机会在 Docker Hub 里找到它,并通过一条命令在几分钟内将其启动运行。

Docker(以及容器)比我们所讨论的要多得多,贯穿本书,你将会看到许多不同的用法和测试用例。现在,让我们看看如何利用 Docker 来帮助处理开发环境。

开发环境使用
Development Environment Usage

现在,我们不会详细叙述如何编写 Dockerfile、构建容器和将它们推送到公共或私有的库中。这些将是接下来章节的主题。下面将重点关注运行预制的容器。具体而言,就是容器 `vfarcic/books-ms-tests`。该容器包含开发人员处理已克隆的 `books-ms` 服务所需的一切。

容器本身包含 MongoDB、NodeJS、NPM、Git、Java、Scala、SBT、Firefox、Chrome 和 Gulp。它还包括项目所需的全部 Java 和 JavaScript 库,已正确进行了配置,诸如此类。如果你恰巧使用过所有这些语言和框架,那么也许已经在你的计算机上安装了它们。然而,十有八九你只是用过其中一些。即便你已经安装了所有东西,还是要下载 Scala 和 JavaScript 的依赖,调整某些配置,运行 MongoDB 实例，等等。单单用于这一个微服务的指示说明就已令人印象深刻。现在，你的企业可能需要数以十计、数以百计，甚至数以千计的微服务。即便只是与一个或几个微服务打交道，也有可能需要运行一些由其他人完成的微服务。例如，你的微服务可能需要与其他团队完成的微服务打交道。虽然我坚信这些情况应该用定义良好的 mock 来解决，但你迟早会遇到 mock 不足以应付的情况。

books-ms 服务需要执行不同类型的开发任务。记住，该服务既包括后端（使用 Scala 的 Spray 框架）也包括前端（使用 JavaScript/HTML/CSS 的 PolymerJS 框架）。

例如可以执行 Gulp 的 watcher，这会在每次客户端源码发生变更时运行所有前端测试。如果你正在实践测试驱动开发，那么持续获得代码正确性的反馈是至关重要的。要了解更多有关前端开发方式的信息，请查阅 https://technologyconversations. com/2015/08/09/developing-front-end-microservices-with-polymer-web-components- andtest-driven-development-part-15-the-first-component/ 系列文章。

下面的命令运行了 watcher：

```
sudodocker run -it --rm \
    -v $PWD/client/components:/source/client/components \
    -v $PWD/client/test:/source/client/test \
    -v $PWD/src:/source/src \
    -v $PWD/target:/source/target \
    -p 8080:8080 \
    --env TEST_TYPE=watch-front \
    vfarcic/books-ms-tests
```

一些读者反馈，在极个别的情况下测试会失败（可能是由于并发）。如果你遇到了这种情况，请重新运行测试。

在容器运行前要下载很多层。容器占用大约 2.5 GB 的虚拟空间（实际的物理空间会小得多）。与用于生产的容器不同（它们要尽可能小），用于开发的容器往往要大得多。例如，仅 NodeJS 的模块就占用了几乎 500 MB，而这些只是前端开发的依赖。加上 Scala 库、运行时可执行程序、浏览器等，东西很快就会堆积如山。

希望你有快速的互联网连接，这样所有层被拉取下来时就不会花很长时间。请继续随意阅读直到下载完成，或者当遇到指示让你运行另一条命令。

部分输出如下（为简洁起见，移除了时间戳）：

```
...
MongoDB starting :pid=6 port=27017 dbpath=/data/db/ 64-bit
host=072ec2400bf0
...
allocating new datafile /data/db/local.ns, filling with zeroes...
creating directory /data/db/_tmp
done allocating datafile /data/db/local.ns, size: 16MB, took 0 secs
allocating new datafile /data/db/local.0, filling with zeroes...
done allocating datafile /data/db/local.0, size: 64MB, took 0 secs
waiting for connections on port 27017
...
firefox 43                Tests passed
Test run ended with great success
firefox 43 (93/0/0)
...
connection accepted from 127.0.0.1:46599 #1 (1 connection now open)
[akka://routingSystem/user/IO-HTTP/listener-0] Bound to /0.0.0.0:8080
...
```

我们用 Firefox 执行了 93 个测试，运行了 MongoDB，启动了 Scala 和 Spray 的 Web 服务器。所有 Java 和 JavaScript 依赖、运行时可执行程序、浏览器、MongoDB、JDK、Scala、sbt、npm、bower、gulp 和其他可能需要的一切都包含在这个容器内。所有这些都通过一条命令完成。前往 client/components 目录并修改其中的客户端源码或者 client/test 目录的测试。你会发现，只要一保存，测试就会再次执行。就个人而言，我会让屏幕一分为二，一半用于展示代码而另一半用于展示测试运行的终端窗口。我们使用一条命令获得了持续反馈且没有进行任何安装或设置。

如同上面提到的，我们不仅用这个命令执行了前端测试，还启动了 Web 服务器和 MongoDB。对于这两者，可以在浏览器中打开 http://10.100.199.200:8080/components/tcbooks/demo/index.html 来查看执行结果。你看到的将是我们随后使用的一个 Web 组件的演示。

　　我们无意深究刚刚运行命令中每个参数的意义，是想留到后续章节更深入地探索 Docker CLI。最值得留意的是，我们运行了从 Docker Hub 下载的容器。之后将安装自己的 registry 并用其保存我们的容器。另一个重要的事情是，一些本地目录被挂载为容器的卷以便我们在本地修改源代码文件并在容器内使用它们。

　　以上命令的主要问题是长度。就我而言，我记不住这么长的命令，而且也不能指望所有开发人员都了解它。尽管现在搭建开发环境的方法比其他方法简单很多，但这个命令本身与我们正设法达到的简单性相左。通过 Docker Compose 来运行 Docker 命令是更好的办法。再次，我们将深入介绍留待接下来的一章。现在，让我们只是浅尝辄止。请按 Ctrl+C 停止当前正在运行的容器，并运行下面的命令：

```
sudodocker-compose -f docker-compose-dev.yml run feTestsLocal
```

　　如你所见，结果相同，但这一次命令要短很多。这个容器运行所需的全部参数保存在文件docker-composedev.yml 中的 feTestsLocal 目标下。这个配置文件使用了 YAML（Yet Another Markup Language）格式，对于那些熟悉 Docker 的人来说，这个文件格式非常易于编写和阅读。

　　这只是这个容器的诸多用法之一。此外，它还可以一次性运行所有测试（既包括后端也包括前端测试），编译 Scala，对 JavaScript 和 HTML 文件进行压缩，为发布做好准备。

　　在继续之前，请先按 Ctrl+C 停止当前正在运行的容器并运行下面的命令。

```
sudodocker-compose -f docker-compose-dev.yml run testsLocal
```

　　这一次，我们会做得更多。我们启动了 MongoDB、执行后端功能和单元测试、停止 DB、运行所有前端测试，最后创建 JAR 文件，之后要用来创建发布，该发布最终被部署到生产节点上（在我们的例子中是仿生产环境）。随后，当开始持续部署流水线方面的工作时，则会使用相同的容器。

现在不需要这个开发环境了，让我们停止虚拟机：

```
exit
vagrant halt dev
```

这是 Vagrant 的另一个优势。可以用一条命令来启动、停止或删除虚拟机。然而，即便你选择删除虚拟机，也很容易从头再创建一个新的虚拟机出来。现在，虚拟机已停止。之后可能会需要它，下一次启动它时不会花很长时间。使用 `vagrant up dev`，它将在几秒钟内启动并运行起来。

本章有两个目的：其一是向你展示，通过 Vagrant 和 Docker，可以比传统方法更为简单、快速地搭建开发环境；其二是让你尝试接下来的东西。很快，我们将更深入地探索 Docker 和 Docker Compose 并开始构建、测试和运行容器。我们的目标是开始部署流水线方面的工作，并从手动执行命令开始。第 5 章将讲解基本知识，从那里开始将慢慢进入更高级的技术。

部署流水线的实现——初始阶段
Implementation of the Deployment Pipeline – Initial Stages

下面从持续部署流水线的一些基本步骤开始吧！我们将检出代码，运行预部署测试，成功的话将构建一个容器并将其推送到 Docker 镜像库中。当容器在镜像库中安全可用后，就切换到另一台作为模拟生产服务器的虚拟机，运行容器并执行部署后测试，以确保一切正常。

这些步骤将涵盖被认为是持续部署过程的最基本流程。在接下来的章节中，一旦适应上面的流程，就会走得更远。我们将探索让微服务以零停机时间允许轻松扩展并以具有回滚能力的方式安全可靠地部署到生产服务器所需要的所有步骤。

5.1 启动持续部署虚拟机
Spinning Up the Continuous Deployment Virtual Machine

下面从创建持续交付服务器开始，并通过使用 Vagrant 创建一个虚拟机来实现这一点。虽然在虚拟机中跟着做简单的后续练习很有用，但是在现实世界中，你应该完全跳过虚拟机，并将所有东西直接安装到服务器上。请记住，大多数情况下容器都会是一个更好的替代品。在大多数情况下，本书中那样的做法只会浪费资源。既然这样，那就让我们创建 cd 和 prod 虚拟机。下面把第一个作为持续部署服务器，第二个作为模拟生产环境。

```
cd ..
git clone https://github.com/vfarcic/ms-lifecycle.git
cd ms-lifecycle
vagrant up cd
vagrant ssh cd
```

克隆 GitHub 仓库代码，启动 cd 虚拟机并进入。

本书中有几个基本的 Vagrant 操作你可能需要了解。具体来说，是如何停止和再次启动虚拟机的。你永远不会知道什么时候可能会耗尽你笔记本电脑电池的电量，或者需要释放资源用于其他任务。我可不希望你碰到不能继续跟随本书读下去的情况，仅仅因为你关了笔记本电脑却无法回到之前的状态。所以让我们学习两个基本的操作，停止虚拟机并利用 provisioners 重新启动。

如果你想停止这个虚拟机，要做的就是运行 vagrant halt 命令。

```
exit
vagrant halt
```

这么做之后，虚拟机将会停止，资源可以用于做别的事情。稍后可以使用 vagrant up 命令再次启动虚拟机。

```
vagrant up cd --provision
vagrant ssh cd
```

除此之外，--provision 标志位也会确保我们需要的所有容器确实在正常运行。与 cd 虚拟机不同，prod 虚拟机不使用任何配置，因此不需要--provision 参数。

5.2　部署流水线步骤
Deployment Pipeline Steps

随着虚拟机的启动和运行（或者马上），让我们快速过一遍整个流程，并执行以下步骤（见图 5-1）。

(1) 检出代码。

(2) 运行预部署测试。

(3) 编译并打包代码。

(4) 构建容器。

(5) 将容器推送到镜像库。

(6) 将容器部署到生产服务器。

(7) 集成容器。

(8) 运行后集成测试。

(9) 将测试容器推送到镜像库。

图 5-1　Docker 部署流水线流程

目前我们限制自己只做手动执行，一旦适应这样的工作方式，就把学到的知识迁移到 CI/CD 工具之一上去。

检出代码

克隆代码很简单，我们已经做过好几次：

```
git clone https://github.com/vfarcic/books-ms.git cd books-ms
```

运行预部署测试、编译并打包代码
Running Pre – Deployment Tests, Compiling, and Packaging the Code

克隆好代码之后，应该运行所有不需要部署服务即可完成的测试。当在开发环境中不断尝试时，已经执行了这个流程。

```
docker build \
    -f Dockerfile.test \
    -t 10.100.198.200:5000/books-ms-tests \
    .
docker-compose \
    -f docker-compose-dev.yml \
    run --rm tests
ll target/scala-2.10/
```

首先，构建了在 Dockerfile.test 文件中定义的测试容器，并使用-t 参数对其进行了标记。容器的名称（或标签）是 **10.100.198.200:5000/books-ms-tests**。这是特殊的语法，第一部分是本地镜像库的地址，第二部分是容器的实际名称。稍后将讨论和使用镜像库。现在，重要的是了解我们使用它来存储和检索正在构建的容器。

第二个命令运行所有的预部署测试，并将 Scala 代码编译为一个用于分发的 JAR 文件。第三个命令仅用于展示目的，以便你可以确认 JAR 文件确实已创建并驻留在 **scala-2.10** 目录中。

请记住构建这个容器需要很长时间，因为很多东西需要首次下载，后续的每次构建会快很多。

到目前为止，所做的只是运行不同的命令，并没有去理解它们背后的含义。请注意，构建 Docker 容器的命令可以在出现故障时重新执行。例如，你可能会失去互联网连接，这种情况下，构建容器将会失败。如果重新执行构建命令，Docker 将从失败的镜像中继续构建。

我希望你从使用预制容器或由其他人创建的 Dockerfile 定义的角度来理解 Docker 是如何工作的。让我们换个节奏，并深入用于定义容器的 Dockerfile 中去。

构建 Docker 容器
Building Docker Containers

在所有测试通过并创建了 JAR 文件之后，就可以构建稍后部署到生产环境的容器。在这之前，让我们检查包含构建 Docker 容器所需的所有信息的 Dockerfile。

Dockerfile 的内容如下：

```
FROM debian:jessie
MAINTAINER Viktor Farcic "viktor@farcic.com"
RUN apt-get update && \
    apt-get install -y --force-yes --no-install-recommends openjdk-7- jdk && \
    apt-get clean && \
    rm -rf /var/lib/apt/lists/
ENV DB_DBNAME books
ENV DB_COLLECTION books
COPY run.sh /run.sh
RUN chmod +x /run.sh
COPY target/scala-2.10/books-ms-assembly-1.0.jar /bs.jar
COPY client/components /client/components
CMD ["/run.sh"] EXPOSE 8080
```

在 https://github.com/vfarcic/books-ms GitHub 仓库中，你可以找到 Dockerfile 文件以及其余的 books-ms 代码。

让我们逐行来看：

FROM debian:jessie

第一行指定应该将哪个镜像用作我们正在构建的容器的基础。在我们的例子中，使用的是 Debian（Jessie 版本）。这意味着我们会拥有 Debian 操作系统的大部分功能。但是，这并不是说当拉取这个容器时，整个操作系统都被下载下来。请记住，Docker 使用主机内核，因此，当指定容器要使用如 Debian 作为它的基础时，只下载由我们指定的操作系统特定东西的镜像，例如包管理机制（Debian 例子中的 apt）。各种基础镜像之间有什么区别？为什么我们唯独选择了 Debian 镜像？

大多数情况下，官方 Docker 镜像是基础镜像的首选。由于 Docker 公司本身维护这些镜像，所以它们往往比社区创建的镜像管理得更好。具体镜像的选择取决于需求。很多情况下，Debian 是我的首选。除了我对基于 Debian 的 Linux 发行版的喜爱外，它的体积也相对很小（约 125 MB），但仍是一个完整的发行版，包含了 Debian OS 可能需要的所有东西。另外，你可能熟悉 RPM 安装包管理，比如 CentOS，它的大小约为 175 MB（比 Debian 大约大 50%）。当然，还有一些其他情况，其大小是最重要的，对于可以作为实用程序运行一段时间来执行某些特定操作的镜像而言，情况尤其如此。这种情况下，Alpine 可能是一个好的开始，它 5 MB 的大小使其显得微不足道。但是请记住，由于其极简约的方式，当在它上面运行更复杂命令的时候，该镜像可能会难以理解。最后，在大多数情况下，你可能想要使用更加特定的镜像作为容器的基础。例如，如果你需要带有 MongoDB 的容器，但是在初始化时需要执行少量特定操作，则应该使用 Mongo 镜像。

在容纳有多个容器的系统中，使用多少个不同的基本镜像比基本镜像本身的大小更重要。要知道，每个镜像都缓存在服务器上，并被使用它的所有容器重复使用。举个例子，如果所有的容器都是从 Debian 镜像中扩展而来的，那么所有的容器都会使用相同的缓存副本，这意味着它只会被下载一次。

用作基本镜像的容器跟其他任何容器一样，这意味着可以使用你的容器作为其他容器的基础。例如，你可能会遇到许多应用程序需要将 NodeJS 与 Gulp 以及特定的一些脚本结合起来使用。这种场景下，你可以（通过 FROM 指令）创建一个基本容器。

让我们转到下一条指令：

```
MAINTAINER Viktor Farcic "viktor@farcic.com"
```

维护者纯粹是提供作者的信息——维护容器的人，这里无须赘言，下面继续：

```
RUN apt-get update && \
    apt-get install -y --force-yes --no-install-recommends openjdk-7- jdk && \
    apt-get clean && \
    rm -rf /var/lib/apt/lists/*
```

RUN 执行任何一组命令的运行方式与在命令提示符下的完全相同。你可能已经注意到，在我们的例子中，除了最后一行，每一行都以&&\结尾。我们是将几个单独的命令组合在一起，而不是将每个命令作为单独的指令来执行。（从操作角度）可以通过以下方式达到相同的效果：

```
RUN apt-get update
RUN apt-get install -y --force-yes --no-install-recommends openjdk-7- jdk
RUN apt-get clean
RUN rm -rf /var/lib/apt/lists/*
```

当然，这样看起来更清爽，更容易维护。但是这么做有一系列问题，其中之一就是 Dockerfile 中的每条指令都会生成一个单独的镜像。一个容器是一层层镜像叠在一起的集合。知道了最后两条 RUN 指令（clean 和 rm）没有提供任何值，下面通过展示（杜撰的数字）每个镜像的大小来说明这一点。前两个指令（apt-get update 和 apt-get install）用于添加软件包（比如 100 MB），接下来的两个指令（apt-get clean 和 rm）用于删除文件（比如 10 MB）。虽然删除普通系统上的文件确实可以节省硬盘容量，但在 Docker 容器的世界里，我们只能从当前镜像中删除内容。由于每个镜像都是不可变的，因此前两个镜像的大小还是 100 MB，即使稍后移除的文件在容器中不可访问，也不会整体移除容器。这四个镜像的大小仍然是 100 MB。如果回到第一个例子中，所有的命令在同一条指令中执行从而只创建一个镜像，那么它的大小就会变得更小（100 MB − 10 MB = 90 MB）。

需要注意的是，大小并不是要考虑的唯一要素，我们应该尽量在大小和可维护性之间找到平衡。Dockerfile 要易读、易维护，同时要意图明确。这意味着在某些情况下，如果以后很难维护，那么拥有一个巨大的 RUN 指令也许并不是最好的选择。

说了这么多，在我们的例子中，RUN 命令的目的就是用最新的软件包（apt-get update）更新系统，安装 JDK 7（apt-get install），并删除这个过程中创建的不必要文件（apt-get clean 和 rm）。

下一组指令为容器提供了可在运行时更改的环境变量：

```
ENV DB_DBNAME books
ENV DB_COLLECTION books
```

在这个特定的例子里，我们使用默认值来声明变量 DB_DBNAME 和 DB_COLLECTION。服务的代码使用这些变量来创建到 MongoDB 的连接。如果出于某种原因想改变这些值，则可以在执行 docker run 命令时设置它们（我后面会介绍到）。

在容器的世界里，我们不鼓励把特定于环境的文件传递到运行在不同服务器上的容器。理想情况下，应该运行一个不依赖于任何其他外部文件的容器。在某些情况下，虽然这是不切实际的（例如，随后将使用 nginx 作为反向代理），但环境变量是在运行时将特定于环境的信息传递到容器的首选方法。

在我们的例子里，接下来是几条 COPY 指令：

```
COPY run.sh /run.sh
RUN chmod +x /run.sh
COPY target/scala-2.10/books-ms-assembly-1.0.jar /bs.jar
COPY client/components /client/components
```

COPY 指令，顾名思义，它是将文件从主机文件系统复制到我们正在构建的容器中，应该写成 COPY <source>... <destination> 的格式。源地址是相对于 Dockerfile 的位置，并且必须位于构建的上下文中，这意味着你只能复制 Dockerfile 所在的目录或其子目录之内的文件，比如 COPY ../something/something 是不允许的。源地址可以是文件或整个目录，并且接受与 Go 的 filepath.Match 规则匹配的通配符。目标地址也可以是文件或目录。目标与源的类型匹配，如果源地址是个文件，则目标地址也是一个文件，当源地址是一个目录时也如此。要强制目标地址为目录，请以斜线（/）结尾。

虽然没有在例子中使用 ADD，但是要注意它和 COPY 非常相似。大多数情况下，我鼓励你使用 COPY，除非需要 ADD 提供的其他功能（最显著的是 TAR 提取和 URL 支持）。

在我们的例子中，复制 run.sh 并通过 chmod RUN 指令使其变得可执行，然后复制其余文件（后端 JAR 包和前端组件）。

让我们看看 Dockerfile 里的最后两条指令。

```
CMD ["/run.sh"]
EXPOSE 8080
```

CMD 指令用于指定容器启动时要执行的命令。指令格式是[executable, parameter1,parameter2 等]。在我们的例子中，/run.sh 不带任何参数运行。目前，脚本包含命令 java-jar bs.jar，它将启动 Scala/Spray 服务器。请记住，CMD 只提供默认的执行程序，当容器运行时，可以很容易把它覆盖掉。

EXPOSE 指令用于指定容器内的哪个端口在运行时可用。

我们解释的示例 Dockerfile 没有包含所有可用的指令。在本书中，我们将通过学习其他指令来熟悉这种格式。与此同时，请访问 Dockerfile 参考文档了解更多信息。

配备了这些知识后，让我们来构建容器，命令如下：

```
docker build -t 10.100.198.200:5000/books-ms .
```

下面趁这个命令运行所花的时间（第一次构建所花费的时间总是比其他构建要花费的时间更长）来看看我们使用的参数。第一个参数用于构建容器，参数-t 允许我们用特定的名字来标记容器。如果你想将此容器推送到公共 Hub，那么标签将使用/格式。如果你在 Docker Hub 上拥有该账户，那么用户名将用于标识你的身份，并且稍后会用于推送容器以便连接到 Internet 的任何服务器上都可以拉取它。由于不想分享密码，这里采取了不同的方法，使用镜像库 IP 和端口，而不是 Docker Hub 用户名。这允许我们将容器推送到私人镜像库。通常这种方式更好，因为它提供了对容器的全面控制，比本地网络的速度更快，并且不会因为你把应用推送到云端而把你公司的 CEO 吓出心脏病来。最后，末尾的参数是一个点(.)，用于指定 Dockerfile 位于当前目录中。

还有一件要讨论的重要事情是 Dockerfile 中指令的顺序。一方面要合乎逻辑，比如不能在安装之前运行可执行文件，或者在我们的例子中，在复制之前更改 run.sh 文件的权限。另一方面要考虑 Docker 缓存。当 docker build 命令运行时，

Docker 将一条一条地执行指令，并检查其他某个构建过程是否已经创建了该镜像。一旦找到构建新镜像的指令，Docker 将不仅构建该指令，还将构建所有后续的指令。这意味着，在大多数情况下，COPY 指令和 ADD 指令应放置在 Dockerfile 中靠近底部的位置。即使在一组全是 COPY 和 ADD 的指令中，也应该确保把那些不太可能改变的文件放在更高的位置。在我们的例子中，在 JAR 文件和前端组件之前添加了 run.sh，因为后者可能随着每个构建的改变而改变。如果你第二次执行 docker build 命令，就会注意到 Docker 输出--->在所有步骤中使用缓存。之后，当更改源代码时，Docker 将继续输出--->使用缓存直到最后两个 COPY 指令之一（到底是哪个指令，取决于我们是更改了 JAR 文件还是前端组件）。

下面将会频繁使用 Docker 命令，你将有很多机会去熟悉它们。同时请访问 using the command 页面获取更多信息。

希望这时容器已经构建完成。如果没有，请稍事休息，下面即将运行新构建的容器。

运行容器

运行容器很容易，只要你知道使用哪个参数即可。刚刚构建的容器可以使用以下命令运行：

```
docker run -d --name books-db mongo
docker run -d --name books-ms \
    -p 8080:8080 \
    --link books-db:db \
    10.100.198.200:5000/books-ms
```

第一个命令启动了服务所需的数据库容器。参数-d 允许我们以分离模式运行容器，这意味着它将在后台运行。第二个参数--name books-db 用于给容器指定一个名字。如果没有指定，Docker 就会分配一个随机的名字。最后，末尾的参数是我们想要使用的镜像的名称。在我们的例子中，使用官方的 Docker MongoDB 镜像 Mongo。

该命令展示了 Docker 非常有用的一个功能。就像 GitHub 彻底改变了我们在不同开发人员和项目之间共享代码的方式一样，Docker Hub 不仅改变了我们部署正在构建的应用程序的方式，也改变了我们部署其他人构建的应用程序的方式。请随时访问 https://hub.docker.com/ 并搜索你最喜爱的应用程序、服务或数据库。可能你会发现不止一个（通常是官方的 docker 容器），还有很多其他由社区完成的镜像。Docker 的高效使用通常是由自己和其他人构建的运行镜像的组合。即使没有适合目标的镜像，通常使用现有镜像作为基础镜像也是一个好主意。例如，你可能希望启用 replication set 的 MongoDB。获得这样镜像的最好方法是使用 mongo 作为 Dockerfile 中的 FROM 指令，并在下面添加副本指令。

第二个 docker run 命令更复杂一些。除了在分离模式下运行并给它一个名字外，它还暴露了端口 8080，并与 books-ms-db 容器链接。暴露端口很容易，可以提供一个单一的端口，例如 -p 8080。这种情况下，Docker 会将其内部端口 8080 暴露为随机端口。

稍后将在开始学习服务发现工具时使用这种方法。

在这个例子中，我们使用了两个用冒号分隔的端口（-p 8080：8080）。有了这样的参数，Docker 会将其内部端口 8080 暴露给外部端口 8080。使用的下一个参数是 --link books-db: db，这样允许我们链接两个容器。在这个例子中，我们要链接到的容器的名称是 books-ms-db。在容器内部，这个链接将被转换成环境变量。下面看看这些变量是什么样子的。

可以使用 exec 命令进入正在执行的容器里：

```
docker exec -it books-ms bash
env | grep DB
exit
```

参数 -it 告诉 Docker 希望这次执行是通过终端交互式进行的，接着是正在运行的容器的名称，最后使用 bash 覆盖 Dockerfile 中指定为 CMD 指令的默认命令。换句话说，通过运行 bash 进入正在运行的容器。进入容器后就可列出所有的环境变量，并过滤出那些包含数据库的输出。当运行容器时，应该指定它把 books-ms-db 链接为 db。由于所有的环境变量都是大写的，所以 Docker 创建了不少以 DB 开头的名字。env 的输出如下：

```
DB_NAME=/books-ms/db
```

```
DB_PORT_27017_TCP=tcp://172.17.0.5:27017
DB_PORT=tcp://172.17.0.5:27017
DB_ENV_MONGO_VERSION=3.0.5
DB_PORT_27017_TCP_PORT=27017
DB_ENV_MONGO_MAJOR=3.0
DB_PORT_27017_TCP_PROTO=tcp
DB_PORT_27017_TCP_ADDR=172.17.0.5
DB_COLLECTION=books
DB_DBNAME=books
```

除了最后两个变量外，所有变量都是与其他容器链接的结果。我们得到了链接的名字、TCP、端口等。最后两个（DB_COLLECTION 和 DB_DBNAME）不是链接的结果，而是在 Dockerfile 中定义的变量。

最后退出容器。

现在可以做更多的事情来确保一切正常运行：

```
docker ps -a
docker logs books-ms
```

ps -a 命令列出了所有（-a）容器。这个命令应该输出 books-ms 和 books-ms-db。logs 命令，如名称所示，输出容器 books-ms 的日志。

尽管运行 Mongo DB 和 books-ms 容器非常简单，但仍然要记住所有的参数。完成相同结果更简单的方式是使用 Docker Compose。在查看其实际行为之前，让我们先删除正在运行的容器：

```
docker rm -f books-ms books-db docker ps -a
```

第一个命令（rm）用于删除所有列出的容器。参数-f用于强制删除，没有这个参数，则只有停止的容器可以被删除。rm 命令与-f 参数相结合，相当于先用 stop 命令停止容器，然后用 rm 删除它们。

下面用 Docker Compose 运行与之前相同的两个容器（mongo 和 books-ms）：

```
docker-compose -f docker-compose-dev.yml up -d app
```

命令的输出如下：

```
Creating booksms_db_1
Creating booksms_app_1
```

这次使用 docker-compose 命令运行这两个容器。-f 参数用于指定我们要使用的规范文件。我倾向于在 docker-compose-dev.yml 中定义所有的开发配置，并在默认的 docker-compose.yml 中定义生产环境配置。当使用默认文件名时，不需要 -f 参数。接下来是以分离模式启动 app 容器的启动命令（-d）。

下面来看看 docker-compose-dev.yml 文件的内容：

```
app:
  image: 10.100.198.200:5000/books-ms
  ports:- 8080:8080
  links:- db:db
db: image: mongo
...
```

上面的输出只显示了目前感兴趣的目标。还有一些主要用于测试和编译的目标。之前在建立开发环境时使用过它们，稍后会再次使用。现在，让我们讨论 app 和 db 目标。它们的定义与我们已经使用的 Docker 命令和参数相似，应该很容易理解。有趣的是链接，与我们在手动命令链接中需要首先启动源容器（在我们的例子中是 mongo）、然后启动链接到它的那个（books-ms）容器不同，docker-compose 将自动启动所有相关的容器。运行 app 目标，Docker Compose 意识到 app 依赖 db 目标，因此会首先启动 db。

与之前一样，可以验证这两个容器是否正常运行，这次使用 Docker Compose 来做这件事：

```
docker-compose ps
```

输出应该和下面的内容类似：

```
Name                  Command                  State    Ports
----------------------------------------------------------------------
booksms_app_1         /run.sh                  Up       0.0.0.0:8080->8080/tcp
booksms_db_1          /entrypoint.sh mongod    Up       27017/tcp
```

默认情况下，Docker Compose 使用项目名称（默认为目录名称）、目标名称（app）和实例号（1）的组合来命名运行容器。稍后将运行分布在多个服务器上的同一个容器的多个实例，你将有机会看到这个数字在不断地增加。

在两个容器都启动并运行的情况下，可以通过 Docker Compose 来检查运行容器的日志。

```
docker-compose logs
```

请注意，Docker Compose logs 命令处于跟随模式，你需要按 Ctrl+C 来停止它。

我更喜欢把测试尽可能地自动化，但这个主题会留给后面的章节，现在要做一个简单的手动验证。

```
curl -H 'Content-Type: application/json' -X PUT -d \
  '{"_id": 1,
  "title": "My First Book", "author": "John Doe",
  "description": "Not a very good book"}' \
  http://localhost:8080/api/v1/books | jq '.'
curl -H 'Content-Type: application/json' -X PUT -d \
  '{"_id": 2,
  "title": "My Second Book", "author": "John Doe",
  "description": "Not a bad as the first book"}' \
  http://localhost:8080/api/v1/books | jq '.'
curl -H 'Content-Type: application/json' -X PUT -d \
  '{"_id": 3,
  "title": "My Third Book",
  "author": "John Doe",
  "description": "Failed writers club"}' \
  http://localhost:8080/api/v1/books | jq '.'
curl http://localhost:8080/api/v1/books | jq '.'
curl http://localhost:8080/api/v1/books/_id/1 | jq '.'
```

对于那些不熟悉 curl 的人来说，它是一个使用 URL 语法传输数据的命令行工具和库。在我们的例子中，使用它向服务发送三个 PUT 请求，然后将数据存储到 MongoDB 中。最后两个命令调用服务 API 来检索所有书籍的列表，以及与 ID 为 1 的特定书籍有关的数据。通过这些手动验证，确认服务可以正常工作，并且可以与数据库通信。请注意，使用 jq 格式化 JSON 输出。

请记住，服务还包含前端 Web 组件，但目前并不会尝试它们。当将这个服务与导入它们的 Web 站点一起部署到生产环境中时，我们会尝试这些内容。

正在运行的容器放错了位置，正在使用的 VM 应该专门用于持续部署，而构建的容器应该运行在单独的生产服务器上（或者在我们的例子中，应该使用一个单独的虚拟机来模拟这样的服务器）。在开始部署到生产环境之前，应该仔细检查配置管理，它不仅可以让我们简化部署，还可以设置服务器。虽然我们已经使用 Ansible 来创建 CD 虚拟机，但还没有时间来解释它是如何工作的。甚至最糟糕的是，还没有选择使用哪种工具。

现在，让我们停止并删除 books-ms 容器及其依赖项，从而让 cd 服务器做它本来应该做的事情：启用持续部署流水线。

```
docker-compose stop
docker-compose rm -f
```

将容器推入镜像库

Docker 镜像库可以用来存储和检索容器，我们已经使用在本章开头创建的 cd 虚拟机来运行镜像库。当 books-ms 容器构建好时，就可以把它推送到镜像库，并允许我们从任何可以访问 cd 服务器的地方拉取容器。请运行以下命令：

```
docker push 10.100.198.200:5000/books-ms
```

前面我们使用 10.100.198.200:5000/books-ms 标签构建了容器。这是向私有镜像库推送的一种特殊格式 ;:/。容器被标记之后，可以将其推送到运行在 IP 为 10.100.198.200 和端口为 5000 上的镜像库。10.100.198.200 是 cd 虚拟机的 IP。

随着容器安全地存储到镜像库中，可以在任何服务器上运行它。很快，一旦学习了配置管理，就有额外的服务器来运行存储在这个镜像库中的容器。

让我们通过销毁所有的虚拟机来结束这一章。第 7 章将创建我们需要的那些虚拟机。这样，你可以在继续冒险之前休息一下，或者跳入任何一章，不用担心由于我们之前做的任务而导致失败。每章都是完全自治的。虽然你将从以前章节获得的知识中受益，但从技术上讲，它们都是独立运作的。在摧毁所做的一切之前，我们把测试容器推送到镜像库，这样下次就不必从头开始重新构建。镜像库容器具有将主机目录映射到存储镜像的内部路径的卷。这样，所有推送的镜像都存储在主机（目录镜像库）上，而不依赖正在运行的虚拟机：

```
docker push 10.100.198.200:5000/books-ms-tests
exit
vagrant destroy -f
```

检查表

我们仍然缺少几个基本实现部署流水线的步骤。作为提醒，步骤如下。

（1）检出代码——完成。

（2）运行预部署测试——完成。

（3）编译并打包代码——完成。

（4）构建容器——完成。

（5）将容器推送到镜像库——完成。

（6）将容器部署到生产服务器——待完成。

（7）集成容器——待完成。

（8）运行部署后测试——待完成。

（9）将测试容器推送到镜像库——待完成。

请注意，现在运行的所有步骤都是在 cd 虚拟机上执行的。我们希望尽可能减少对生产环境的影响，因此将尽可能地继续在目标服务器之外运行步骤（或其中的一部分），如图 5-2 所示。

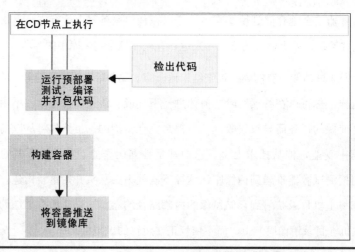

图 5-2　利用 Docker 部署流水线的初始阶段

现在完成了开始五个步骤，或者至少这些步骤的手动版本，剩下的步骤将等到把生产环境搭建起来再介绍。第 6 章将会讨论完成这项任务的所必需的选项。

第 6 章

Docker 世界中的配置管理
Configuration Management the Docker World

任何管理过多台服务器的人都会承认，手动完成这样的任务既浪费时间又充满风险。配置管理（configuration management，CM）已经存在很长一段时间，我找不到任何理由不去使用它们。现在的问题不是用不用，而是用哪个。那些已经尝试过一个又一个、又投入了大量时间和金钱的人可能会争辩说，他们选择的工具就是最好的。就像往常一样，选择会随着时间的推移而变化，今天的选择可能跟昨天的也不一样。大多数情况下的决策并不是基于可选项，而是基于承诺要维护的遗留系统的架构。如果这样的遗留系统能被忽略，或者有人有足够的勇气和金钱愿意将它们现代化，那么今天的现实会被容器和微服务所统治。在这种情况下，昨天做出的选择也与今天的不同。

6.1 CFEngine
CFEngine

CFEngine 可以说是配置管理之父。它创建于 1993 年并革新了设置和配置服务器的方式，它最初是一个开源项目并在 2008 年第一个企业版本发布时商业化。

CFEngine 使用 C 语言编写，只有很少的依赖关系而且快如闪电。实际上，据我所知，没有别的工具的速度能超过 CFEngine 的速度。这也是并且仍然是它最强大的地方。但是，CFEngine 也有它的弱点，对编码技能的要求可能是最主要的。大多数情况下，一般水平的维护者没有能力使用 CFEngine，它需要一个 C 开发人员来管理，但这并不妨碍它在一些大型企业中被广泛采用。然而，正如新人胜旧人，新的工具创造出来后，如果不是出于公司对其中的投资而被迫这样做，那么现在很少会有人选择 CFEngine。

Puppet

Puppet

后来，Puppet 应运而生，它也从一个开源项目开始，接着是企业版本。与 CFEngine 相比，由于其模型驱动的方法和平滑的学习曲线，它被认为更加"操作友好"，结果我们就看到一个可以被运维部门使用的配置管理工具。与 CFEngine 使用 C 语言编写的不同，Ruby 语言被证明更容易理解也更容易被运维人员所接受。CFEngine 的学习曲线可能是 Puppet 进入配置管理市场的主要原因，并慢慢将 CFEngine 变成历史。这并不意味着 CFEngine 不再被使用，而是像 Cobol 在许多银行和其他金融相关业务中仍然存在一样，它似乎也不会立刻销声匿迹。然而，它已然失去了作为被选武器的声誉。

Chef

Chef

接着 Chef 出现了，目的是要解决 Puppet 出现的一些小问题，在一段时间内，它也确实做到了。后来，随着 Puppet 和 Chef 的流行程度而不断上升，它们进入了零和游戏。只要其中一个提出创新或者改进，另外一个就会很快采纳。两者添加的工具越来越多，这也增加了其学习曲线和复杂性。Chef 对开发者更加友好，而 Puppet 则被认为是更多地面向运维和系统管理。两者都没有足够明显的优势压倒对方，选择它们也通常是基于个人经验而不是别的。Puppet 和 Chef 都很成熟并被广泛采用（特别是在企业环境中），也都有大量的开源贡献。唯一的问题是，它们对于所要完成的事情来说太复杂。它们在设计的时候都没有考虑容器，也不知道这个游戏会随着 Docker 的变化而变化，因为设计它们的时候 Docker 还不存在。

到目前为止，我们提到的所有配置管理工具都在试图解决没有采用容器和不可变部署时候的问题。之前遇到的服务器混乱已经不复存在，目前我们面临的问题不是成百上千的软件包、配置文件、用户、日志等，而是大量容器的处理。这并不意味着我们不需要配置管理，我们需要！但是，被选工具应该做的事情的范围小得多。大多数情况下，我们需要一个或两个用户，启动并运行 Docker 服务以及其他一些事情，剩下的都是容器。部署正在成为一套不同工具的主题，并且重新定义了配置管理应该做的事情的范围。Docker Compose、Mesos、Kubernetes 和 Docker Swarm 只是今天可能使用的迅速增长的部署工具中的一小部分。在这样的环境下，配置管理的选择应该更加看中简单性和不可变性，而不是其他方面。语法应该简单易读，即使对于那些从未使用过该工具的人也是如此。不可变性可以通过强制执行一个不需要在目标服务器上安装任何东西的推送模型来完成。

Ansible

Ansible 试图以一种完全不同的方式来解决其他配置管理工具遇到的相同问题。一个明显的区别是它通过 SSH 执行所有的操作。CFEngine 和 Puppet 要求客户端安装在它们要管理的所有服务器上，虽然 Chef 声称它并不是这样，但它支持的无代理运行功能有限。与 Ansible 相比，这本身就是一个巨大的差别，因为 SSH（几乎）总是存在，所以不需要服务器有什么特别的地方。Ansible 利用定义良好的且广泛使用的协议来运行任何需要的命令，以确保目标服务器符合我们的规定。唯一的要求是已经预装在大多数 Linux 发行版上的 Python。换句话说，与那些试图迫使你以某种方式设置服务器的竞争者不同，Ansible 充分利用了现有的实际情况而不需要任何东西。Ansible 的体系架构使得你只需要在 Linux 或 OS X 计算机上运行单个实例。例如，可以通过笔记本电脑管理所有的服务器。虽然这并不可取，Ansible 应该可以运行在真正的服务器上（最好是安装其他持续集成和部署工具的服务器），但笔记本电脑的例子说明了它的简单性。根据我的经验，像 Ansible 这样的基于推送的系统，比我们之前讨论过的基于拉取的工具更容易理解、上手。

与掌握其他工具所需的所有错综复杂情况相比，学习 Ansible 只要花费很少的时间。它的语法基于 YAML，只要看一遍 playbook，即使是从未使用过这个工具的人，也能明白是怎么回事。与开发人员为开发人员编写的 Chef、Puppet，特别是 CFEngine 不同，开发人员编写 Ansible 的目的是让使用者更加容易上手，而不是学习另一种语言和/或 DSL。

有人会指出，Ansible 的主要缺点是对 Windows 支持有限。客户端甚至不能在 Windows 上运行，可以在 playbooks 中使用并且在其上运行的模块数量非常有限。如果使用容器，这个缺点在我看来是一个优势。Ansible 开发人员并没有浪费时间去创建一个全能的工具，而是集中在它最擅长的事情上（通过 Linux 上的 SSH 命令）。无论如何，Docker 还没有准备好在 Windows 中运行容器。也许将来会支持 Windows，但是现在（或者至少在我写这篇文章的时候），这也只是在路线图上。即使在 Windows 上忽略容器以及它不确定的未来，其他工具在 Windows 上的表现也要比在 Linux 上的表现差很多。简言之，对于配置管理的目的，Windows 体系结构不像 Linux 那样友好。

我可能说的有点远，也不应该对 Windows 太苛刻并质疑你的选择。如果你更喜欢 Windows 服务器而不是 Linux 发行版，那么对 Ansible 的所有赞美都是徒劳的。你应该选择 Chef 或 Puppet，除非你已经使用 CFEngine，否则请忽略它。

最后几点思考
Final Thoughts

如果几年前有人问我应该使用哪种工具，我会很难回答。今天，如果可以选择切换到容器（不管是 Docker 还是其他类型）和不可变的部署，那么选择是很清楚的（至少在我提到的工具中），Ansible（当与 Docker 和 Docker 部署工具结合使用时）稳操胜券。我们甚至可能会争论是否需要 CM 工具，有些例子是大家完全依赖 CoreOS、容器以及像 Docker Swarm 或 Kubernetes 这样的部署工具。我还没有这么激进的观点，我认为 CM 在武器库中仍是一个有价值的工具。由于 CM 工具需要执行任务的范围，所以 Ansible 是我们需要的工具。任何更复杂的或更难学的东西都是矫枉过正的。我还没有找到一个在维护 Ansible playbooks 时遇到过困难的人，因此，配置管理可以很快成为整个团队的任务。我并不是说基础设施应该被轻视（这绝对不应该）。然而，整个团队都可以从事项目的工作对于任何类型的任务来说都是一个重要的优势，CM 也不应该是一个例外。与 Ansible 相比，CFEngine、Chef 和 Puppet 至少在复杂的架构和陡峭的学习曲线上矫枉过正了。

　　快速浏览的四种工具绝不是我们仅有的选择。也许你很容易争辩说，这里面哪一个都不是最好的，并会为其他工具投票。很公平，这一切都取决于我们的偏好和试图达成的目标。然而，与别的工具不同，Ansible 几乎不会浪费你的时间。Ansible 很容易学，即使你没有选择采纳它，也不会浪费很多宝贵的时间。此外，我们学到的一切带来了新的东西，并让我们成为更好的专业人士。

　　你现在可能已经猜到，Ansible 将成为我们用于配置管理的工具。

配置生产环境
Configuring the Production Environment

　　让我们看看 Ansible 的实际操作，然后讨论它是如何配置的。现在需要两台虚拟机启动并运行，下面将从 cd 虚拟机开始来创建 prod 节点。

```
vagrant up cd prod --provision
vagrant ssh cd
ansible-playbook /vagrant/ansible/prod.yml -i /vagrant/ansible/hosts/prod
```

　　输出应该类似于以下内容：

```
PPLAY [prod] ***************************************************
***********
GATHERING FACTS ***********************************************
***********
The authenticity of host '10.100.198.201 (10.100.198.201)' can't be
established.
ECDSA key fingerprint is 2c:05:06:9f:a1:53:2a:82:2a:ff:93:24:d0:94
:f8:82.
Are you sure you want to continue connecting (yes/no)? yes ok:
[10.100.198.201]
TASK: [common | JQ is present] **************************************
***********
changed: [10.100.198.201]
TASK: [docker | Debian add Docker repository and update apt cache]
************
changed: [10.100.198.201]
TASK: [docker | Debian Docker is present] *************************
***********
changed: [10.100.198.201]
TASK: [docker | Debian python-pip is present] *********************
***********
changed: [10.100.198.201]
TASK: [docker | Debian docker-py is present] **********************
***********
changed: [10.100.198.201]
TASK: [docker | Debian files are present] *************************
***********
changed: [10.100.198.201]
TASK: [docker | Debian Daemon is reloaded] ************************
***********
skipping: [10.100.198.201]
TASK: [docker | vagrant user is added to the docker group]
********************
changed: [10.100.198.201]
TASK: [docker | Debian Docker service is restarted]
**************************
changed: [10.100.198.201]
TASK: [docker-compose | Executable is present] ********************
***********
changed: [10.100.198.201]
PLAY RECAP ********************************************************
***********
10.100.198.201 : ok=11 changed=9 unreachable=0 failed=0
```

关于 Ansible（以及一般的配置管理）的很重要的一点是，在大多数情况下应指定所需的状态，而不是我们想要运行的命令。Ansible 会尽力确保服务器处于这种状态。从上面的输出中可以看到，所有任务的状态都被改变或跳过了。例如，我们指定需要的 Docker 服务。Ansible 会发现目标服务器 prod 上面并没有安装它。

如果再次运行 playbook 会发生什么?

```
ansible-playbook prod.yml -i hosts/prod
```

你会注意到所有任务的状态都是 ok:

```
PLAY [prod] *********************************************************
**********
GATHERING FACTS ****************************************************
**********
ok: [10.100.198.201]
TASK: [common | JQ is present] ************************************
**********
ok: [10.100.198.201]
TASK: [docker | Debian add Docker repository and update apt cache]
************
ok: [10.100.198.201]
TASK: [docker | Debian Docker is present] ************************
**********
ok: [10.100.198.201]
TASK: [docker | Debian python-pip is present] ********************
**********
ok: [10.100.198.201]
TASK: [docker | Debian docker-py is present] *********************
**********
ok: [10.100.198.201]
TASK: [docker | Debian files are present] ************************
**********
ok: [10.100.198.201]
TASK: [docker | Debian Daemon is reloaded] ***********************
**********
skipping: [10.100.198.201]
TASK: [docker | vagrant user is added to the docker group]
********************
ok: [10.100.198.201]
TASK: [docker | Debian Docker service is restarted]
*************************
skipping: [10.100.198.201]
TASK: [docker-compose | Executable is present] *******************
**********
ok: [10.100.198.201]
PLAY RECAP *********************************************************
**********
10.100.198.201 : ok=10 changed=0 unreachable=0 failed=0
```

Ansible 连接到服务器并检查所有任务的状态,一次一个。由于这是第二次运行，所以没有修改服务器中的任何内容，Ansible 总结说没有任何事情可做。目前的状况跟预期的一样。

刚刚运行的命令（ansible-playbook prod.yml-i hosts/prod）很简单。第一个参数表示 playbook 的路径；第二个参数的值表示库存文件的路径，该路径包含 playbook 应该运行的服务器列表。

这是一个非常简单的例子。虽然必须设置生产环境，但现在只需要 Docker、Docker Compose 和一些配置文件。稍后将看到更复杂的例子。

现在已经看到 Ansible 运行的效果，让我们仔细检查刚刚已经运行过（两次）的 playbook 的配置。

设置 Ansible Playbook
Setting Up the Ansible Playbook

prod.yml Ansible playbook 的内容如下。

```
- hosts: prod
  remote_user: vagrant
  serial: 1
  sudo: yes
  roles: - common - docker
```

只要阅读 playbook，就能理解它的含义,它在名为 prod 的主机上作为用户 vagrant 运行，并以 sudo 执行命令。最后一行是角色列表，这里只有两个，即 common 和 docker。角色通常是我们围绕一种功能、产品、操作类型等组织的一组任务。Ansible 是基于按 playbook 里的角色归类分组的任务进行组织的。

在开始学习之前，让我们来讨论一下 Docker 角色的目标。要确保 Docker Debian 仓库存在，并且安装了最新的 docker-engine 软件包。之后若需要 docker-py（Docker 的 Python API 客户端），可以使用 pip 安装，因此要确保两者都存在于我们的系统中。接下来，要将标准 Docker 配置替换为位于文件目录中的文件。Docker 配置需要重启 Docker 服务，所以每次更改 files/docker 文件时都必须这样做。最后，要确保将用户 vagrant 添加到 docker 用户组，以便能够运行 Docker 命令。

　　让我们看看定义了正在使用的角色的 `roles/docker` 目录。它由两个子目录、文件和任务组成。任务是任何角色的核心，默认情况下，要求在 `main.yml` 文件中定义它们：

`roles/docker/task/main.yml` 文件的内容如下：

```
The content of the roles/docker/tasks/main.yml file is as follows.
- include: debian.yml
  when: ansible_distribution == 'Debian' or ansible_distribution ==
'Ubuntu'
- include: centos.yml
  when: ansible_distribution == 'CentOS' or ansible_distribution ==
'Red Hat Enterprise Linux'
```

　　由于将在 Debian（Ubuntu）和 CentOS 或 Red Hat 上运行 Docker，因此，角色可分为 `debian.yml` 文件和 `centos.yml` 文件。现在将使用 Ubuntu，下面来看看 `roles/docke/tasks/debian.yml` 角色。

```
- name: Debian add Docker repository and update apt cache apt_repository:
    repo: deb https://apt.dockerproject.org/repo ubuntu-{{ debian_
version }} main
    update_cache: yes
    state: present
  tags: [docker]
- name: Debian Docker is present
  apt:
    name: docker-engine s
    tate: latest
    force: yes
  tags: [docker]
- name: Debian python-pip is present
  apt: name=python-pip state=present
  tags: [docker]
- name: Debian docker-py is present
  pip: name=docker-py version=0.4.0 state=present
  tags: [docker]
- name: Debian files are present
  template:
    src: "{{ docker_cfg }}"
    dest: "{{ docker_cfg_dest }}"
  register: copy_result
  tags: [docker]
- name: Debian Daemon is reloaded
```

```
      command: systemctl daemon-reload
      when: copy_result|changed and is_systemd is defined
      tags: [docker]
    - name: vagrant user is added to the docker group
      user:
        name: vagrant
        group: docker register: user_result
      tags: [docker]
    - name: Debian Docker service is restarted
      service:
        name: docker
        state: restarted
      when: copy_result|changed or user_result|changed
      tags: [docker]
```

如果这是一个完全不同的框架或工具，我会对每一个任务进行逐一解释，你也会很感激能获得更多智慧。但我认为没有理由这样做。Ansible 非常简单直接。假设你有基本的 Linux 知识，那么我敢打赌，你可以理解每个任务，也不需要任何进一步的解释。如果我错了，并且你确实需要讲解，请在 Ansible 文档的 http://docs.ansible.com/ansible/list_of_all_modules.html 中查找相关模块。例如，如果你想知道第二个任务是做什么的，那么可以打开 apt 模块。目前唯一需要了解的重要事情是缩进如何工作。YAML 基于键/值、父/子结构。例如，最后一个任务有名称和状态键，这些键是 service 的子级，而这些键又是 Ansible 模块之一。

还有一件事是要使用我们的 prod.yml playbook。执行的命令有 -i hosts/prod 参数，可以使用这个参数来指定带有 playbook 应该运行的主机列表的清单文件。host/prod 清单相当大，因为它贯穿整本书。目前，我们只对 prod 部分感兴趣，因为这是在 playbook 中指定的 hosts 参数的值：

```
... [prod]
10.100.198.201
...
```

如果想将相同的配置应用于多台服务器，则只需要添加另一个 IP。

稍后会看到更复杂的例子。我故意说更复杂是因为在 Ansible 中没有什么是真正复杂的，但是，根据一些任务及其相互依赖性，一些角色可能或多或少是复杂的。我希望刚刚运行的 playbook 给你一个近似 Ansible 的工具类型，我希望你喜欢它。我们将依靠它来完成所有的配置管理任务。

你可能已经注意到，我们从来没有进入过 prod 环境，而只是从 cd 服务器远程运行所有命令。这样的做法贯穿全书。有了 Ansible 以及其他一些我们稍后将要介绍的工具，就不需要 ssh 进入服务器手动执行任务。在我看来，知识和创造力应该应用于编码，其他一切都应该是自动化的：测试、构建、部署、扩展、日志记录、监控等，这是本书的一大收获。大规模自动化是成功的关键，让我们解脱出来转而去完成令人兴奋的、更高效的任务。

与以前一样，我们将在结束本章的时候销毁所有的虚拟机，第 7 章再创建所需要的工具。

```
exit
vagrant destroy -f
```

随着第一台生产服务器的启动和运行（目前只有 Ubuntu OS、Docker 和 Docker Compose），下面可以继续进行部署流水线的基本实现。

第 7 章

部署管道的实现——中间阶段

Implementation of the Deployment Pipeline – Intermediate Stages

没有生产服务器，就无法完成部署管道的基本实现。我们要用的东西并不多。现阶段，对部署来说，Docker 是唯一的必要条件，同时也是体验配置管理的好机会。现在要用 Ansible playbook 来配置生产服务器并在其上部署容器（见图 7-1）。

（1）检出代码——已完成。

（2）运行部署前测试——已完成。

（3）编译并打包代码——已完成。

（4）构建容器——已完成。

（5）将容器推送到镜像库——已完成。

（6）在生产服务器上部署容器——待完成。

（7）集成容器——待完成。

（8）运行部署后测试——待完成。

（9）将测试容器推送到镜像库——待完成。

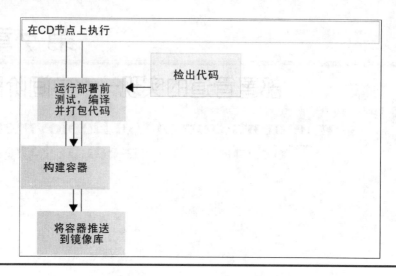

图 7-1 基于 Docker 的部署管道的初始阶段

与手动部署管道相比，还差四个步骤。

7.1 在生产服务器上部署容器
Deploying Containers to the Production Server

让我们来创建和配置本章要使用的虚拟机：

```
vagrant up cd prod
vagrant ssh cd
ansible-playbook /vagrant/ansible/prod.yml \
   -i /vagrant/ansible/hosts/prod
```

第一行命令启动了虚拟机 cd 和 prod，第二行命令登录到虚拟机 cd，最后一行命令配置了虚拟机 prod。

现在已经正确地配置了生产服务器，可以部署 books-ms 容器了。虽然镜像文件还没有被拉取到目标服务器，但已经把它推送到了位于 cd 节点的 Docker 镜像库（映射为主机目录），可以从那儿得到镜像文件。现在还缺少用来指定容器如何运行的 Docker Compose 配置文件。我喜欢把与服务有关的文件都放在相同的代码库里，所以**dockercompose.yml*也不例外。可以从 GitHub 下载该文件：

```
wget https://raw.githubusercontent.com/vfarcic\
/books-ms/master/docker-compose.yml
```

下载完 docker-compose.yml 后，下面来快速看看它的内容（不包括本章用不到的 targets）：

```
base:
 image: 10.100.198.200:5000/books-ms
 ports:- 8080
 environment: - SERVICE_NAME=books-ms
app:
  extends:
    service: base
  links: - db:db
db: image: mongo
```

base target 包含了容器的基本定义。下一个 target(app) 扩展了 base 中的服务，同时避免了重复的定义。通过扩展服务，可以覆盖原来的参数或增加新的参数。app target 将运行保存在 cd 服务器的镜像库中的容器，同时 app target 还连接了第三个 target，第三个 target 代表了服务所需的数据库。你可能已注意到，我们改变了指定端口的方式。在 docker-compose-dev.yml 中，我们使用由冒号分隔的两个数字（8080:8080）。第一个端口是 Docker 暴露给主机的，第二个端口是容器内部的服务所使用的。然而，docker-compose.yml 有所不同，它只有内部端口部分。这么做可以减少潜在的冲突。在开发环境中，往往只会运行少量的服务（就是那些现在所需要的），然而在生产环境中，有可能同时运行成百上千个服务。使用预定义的端口很容易引起冲突。如果其中的两个服务使用相同的端口，它们都将无法工作。因此，打算让 Docker 给主机暴露随机的端口。

下面运行 Docker Compose 的 app target：

```
export DOCKER_HOST=tcp://prod:2375
docker-compose up -d app
```

可以设置 DOCKER_HOST 变量来告诉本地的 Docker 客户端发送命令给远端的 Docker 客户端，其位于 prod 节点和 2375 端口。第二行命令运行 Docker Compose target app。因为 DOCKER_HOST 指向远端主机，所以 app target 及其连接的容器 db 被部署到 prod 服务器。无需登录目标服务器，就可以在远端完成部署。

出于安全原因，调用远端 Docker API 的功能默认是关闭的。不过，Ansible

playbook 任务可以通过修改/etc/default/docker 配置文件来改变这种行为。配置文件的内容如下：

```
DOCKER_OPTS="$DOCKER_OPTS --insecure-registry 10.100.198.200:5000 -H
tcp://0.0.0.0:2375 -H unix:///var/run/docker.sock"
```

选项--insecure-registry 允许 Docker 从位于 cd 节点（10.100.198.200）的私有镜像库拉取镜像文件。-H 参数告诉 Docker 在 2375 端口上监听来自任何地址（0.0.0.0）的远程请求。请注意，在实际的生产环境中，我们要严格得多，只允许信任地址访问远端的 Docker API。

通过执行另一个远程调用，可以确认两个容器都真正运行在虚拟机 prod 上：

```
docker-compose ps
```

输出如下：

```
Name                  Command              State     Ports
-------------------------------------------------------------------------------
vagrant_app_1         /run.sh              Up        0.0.0.0:32770->8080/tcp
vagrant_db_1          /entrypoint.sh mongod Up        27017/tcp
```

因为 Docker 给服务的内部端口 8080 分配了一个随机端口，所以需要使用 inspect 命令得到这个随机端口。

```
docker inspect vagrant_app_1
```

感兴趣的部分输出类似于：

```
...
"NetworkSettings": {
    "Bridge": "",
    "EndpointID":"45a8ea03cc2514b128448...",
    "Gateway": "172.17.42.1",
    "GlobalIPv6Address": "",
    "GlobalIPv6PrefixLen": 0,
    "HairpinMode": false,
     "IPAddress": "172.17.0.4",
    "IPPrefixLen": 16,
    "IPv6Gateway": "",
    "LinkLocalIPv6Address": "",
    "LinkLocalIPv6PrefixLen": 0,
    "MacAddress": "02:42:ac:11:00:04",
    "NetworkID": "dce90f852007b489f4a2fe...",
    "PortMapping": null,
    "Ports": {
        "8080/tcp": [
```

```
        {
            "HostIp": "0.0.0.0",
            "HostPort": "32770"
        }
    ]
},
"SandboxKey": "/var/run/docker/netns/f78bc787f617",
"SecondaryIPAddresses": null,
"SecondaryIPv6Addresses": null
}
...
```

原始的输出比这个要多，包含所有的信息，有些是我们需要的（有些不需要）。现在感兴趣的部分是 Networksettings.ports，在上面的例子中，HostPort 32770 映射到内部端口 8080。更好的做法是使用--format 参数：

```
PORT=$(docker inspect \
    --format='{{(index(index .NetworkSettings.Ports "8080/tcp")
0).HostPort}}' \
    vagrant_app_1)
echo $PORT
```

不要对--format 的值的语法感到害怕。它使用了 Go 语言的 text/template 格式，这的确不是太好理解。令人欣慰的是，在第 8 章中，我们将使用更好的方式来达到同样的目的。现在这个只是临时性的变通做法。

我们把得到的端口保存在 PORT 变量中。现在可以使用已经熟悉的 curl 命令来确认服务正在运行并且已经连接到数据库。

```
curl -H 'Content-Type: application/json' -XPUT -d \
    "{\"_id\": 1,
    \"title\": \"My First Book\",
    \"author\": \"John Doe\",
    \"description\": \"Not a very good book\"}" \
    http://prod:$PORT/api/v1/books \
    | jq '.'
curl -H 'Content-Type: application/json' -X PUT -d \
    "{\"_id\": 2,
    \"title\": \"My Second Book\",
    \"author\": \"John Doe\",
    \"description\": \"Not a bad as the first book\"}" \
    http://prod:$PORT/api/v1/books \
    | jq '.'
curl -H 'Content-Type: application/json' -X PUT -d \
    "{\"_id\": 3,
    \"title\": \"My Third Book\",
    \"author\": \"John Doe\",
```

```
    \"description\": \"Failed writers club\"}" \
    http://prod:$PORT/api/v1/books \
    | jq '.'
curl http://prod:$PORT/api/v1/books \
    | jq '.'
curl http://prod:$PORT/api/v1/books/_id/1 \
    | jq '.'
```

最后一行命令的输出如下：

```
{
    "_id": 1,
    "author": "John Doe",
    "description": "Not a very good book",
    "title": "My First Book"
}
```

和以前一样，在开发环境下运行相同的命令时，在数据库中添加三本书并确认可以从数据库中查询到它们。无论如何，这都不是一种验证服务部署是否正确的有效方式。我们有更好的方式并且还能做集成测试。

值得注意的是，我们并没有登录 prod 节点。所有的部署命令都是通过远端的 Docker API 完成的。

Docker UI

Docker UI 是一个很好的开源项目，现在正是介绍它的合适机会。它被定义为 docker Ansible role 的一部分，运行在所有配置了 Docker 的服务器上。使用任何浏览器打开 http://10.100.198.201:9000，就能看到在 prod 节点上运行的实例。

请注意，所有通过 Vagrant 设置的 IP 地址都是私有的，意味着只能在宿主机访问这些 IP。如果你使用的是笔记本电脑，那么用你的浏览器访问 Docker UI 应该没有问题。相反，如果使用公司的服务器来运行这些例子，请确保你可以访问服务器的桌面并且已经安装了浏览器。如果你需要远程访问服务器，则可以试试远程桌面方案，比如 VNC。

虽然使用命令行（CLI）操作容器更为高效，但是 Docker UI 提供了一种直观的方式来获取系统的概况，以及与容器、网络和镜像有关的详细信息。当集群运行大量容器时，这的确非常有用。Docker UI 是非常轻量级的应用，并不会使用太多资源，如图 7-2 所示。

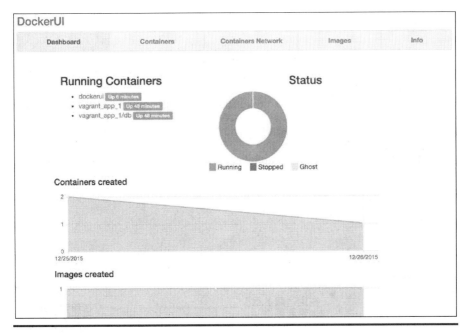

图 7-2 Docker UI dashboard 界面

除非特别指定，否则，Docker UI 会运行在我们创建的所有虚拟机上。

检查清单
The Checklist

在继续之前，让我们看看部署管道的基本实现进行到哪一步了（见图 7-3。）。

（1）检出代码——已完成。

（2）运行部署前测试——已完成。

（3）编译并打包代码——已完成。

（4）构建容器——已完成。

（5）将容器推送到镜像库——已完成。

（6）在生产服务器上部署容器——待完成。

（7）集成容器——待完成。

（8）运行部署后测试——待完成。

（9）将测试容器推送到镜像库——待完成。

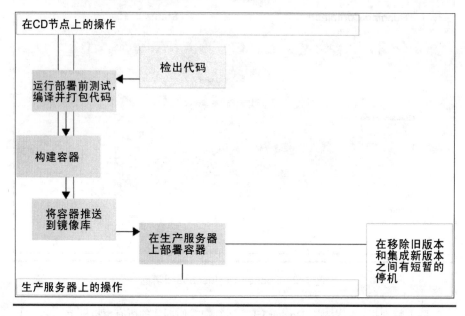

图7-3 基于 Docker 的部署管道的中间阶段

请注意，与之前章节的步骤不同，生产环境的部署是通过远端的 Docker API 来完成的。如果部署第二个发行版，则会有一段时间旧的版本与新的版本都无法使用。旧的版本需要停止，新的版本需要一些时间来启动。不论这个时间长或短，这样的停机时间都会妨碍我们转向持续部署。现在先把这个问题记录下来。稍后将讨论蓝-绿部署（blue-green deployment）过程，这会帮助我们解决此类问题，离零停机部署又更近了一步。

进展不断，检查清单里只有三个待完成任务了。但应用还没有集成，现在还无法运行集成测试。下面将继续讨论另外两个概念：服务发现和反向代理。

我们将使用新的虚拟机来试验服务发现工具，现在运行的虚拟机将被终止以节省资源。在第8章将创建新的虚拟机。

```
exit
vagrant destroy -f
```

第 8 章

发现服务——分布式服务的关键
Service Discovery – The Key to Distributed Services

做事情花不了多少力气，真正花力气的是决定做什么。

——阿尔伯特·哈伯德（Elbert Hubbard）

使用预定义端口，服务越多，就越有可能发生冲突。毕竟两个服务无法监听同一个端口。正确地管理数百个服务所使用的所有端口的列表，这本身就是一种挑战。把那些服务所需的数据库也算上，数量会更多。因此，在部署服务时不应该指定端口，而应该让 Docker 来随机分配。唯一的问题是需要发现端口号并让其他人知道，如图 8-1 所示。

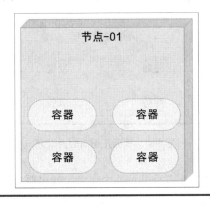

图 8-1　单节点中服务部署为 Docker 容器

当开始使用分布式系统，并在多台服务器上部署服务时，情况会变得更加复杂。可以选择预定义每个服务运行的服务器，但这会带来很多问题。我们应当尽量利用服务器的资源，但预定义服务运行的服务器让这一目标变得难以实现。它带来的另一个问题是难以自动调整服务的规模，更别提因为服务器故障引起的服务自动恢复问题。而且，如果想把服务部署在运行最少容器的服务器上，就需要把 IP 地址添加到数据列表并保存在某处以供查找，如图 8-2 所示。

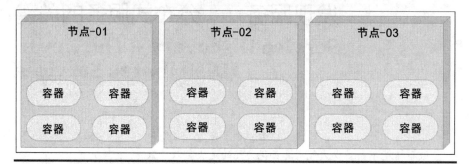

图 8-2　多节点与服务部署为 Docker 容器

当使用服务时，需要保存和获取（发现）服务的相关信息，这样的例子有很多。为了能定位服务，至少需要提供下面两个过程。

（1）服务注册过程至少要保存服务运行的主机和端口。

（2）服务发现过程允许其他人发现在注册过程中保存的信息（见图 8-3）。

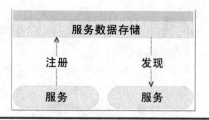

图 8-3　服务注册与服务发现

除了这些过程，还需要考虑其他几个概念。如果服务终止，就应该将其注销并部署/注册一个新服务吗？如果存在服务的多个副本会怎样？如何在它们中实现负载均衡？如果服务器停机会发生什么？这些以及其他一些问题都与注册过程和发现过程密切相关，它们都是第 9 章的主题。现在让我们只关注服务发现（常用名，包括上面的两个过程）和相关的工具。它们中的大多数都支持高可用的键/值存储。

8.1 服务注册表
Service Registry

服务注册表的目标非常简单，就是能够保存服务信息，要求快速、持久、容错等。本质上，服务注册表就是一个功能非常有限的数据库。其他数据库可能需要处理海量数据，但服务注册表只有相对较小的数据负荷。由于该任务的性质，它应该发布一些 API，以便有需要的访问者可以轻松访问其数据。

在开始评估不同的工具之前，没有更多要介绍的了，接下来是服务注册。

服务注册
Service Registration

微服务往往是非常动态的，它们被创建和销毁，部署在一台服务器上，然后转移到另一台服务器上，它们总是在不断地发展变化。每当服务的属性发生变化时，这些变化的信息都要保存在数据库中（我们称之为服务注册表，或者简称注册表）。虽然服务注册的逻辑非常简单，但其实现可能比较复杂。一旦服务被部署，它的数据（至少是 IP 和端口）就应当保存在服务注册表里。服务被销毁或停止时的情况会更复杂一点。如果这是计划内的活动，就应当从注册表中删除服务数据。但是，总有一些情况下服务是由于故障而停止的，需要采取额外的措施来恢复服务的正常功能。第 15 章会更详细讨论这种场景。

有好几种方法可以实现服务注册。

主动注册
Self-Registration

　　注册服务信息常见的方法是主动注册。当部署服务时，服务会通知注册表它的存在，并发送相关数据。由于每个服务都要给注册表发送数据，所以这被认为是一种反模式。这种方法违背了单一职责（single concern）原则和限界上下文（bounded context）原则，这都是微服务中试图遵循的原则。因为需要给每个服务加上注册代码，因此增加了开发的复杂性。更重要的是，这会使服务与特定的注册服务耦合起来。一旦服务的数量增加，修改所有的服务，比如改变注册表，都非常麻烦。此外，这也是我们不使用单体应用的原因之一，我们希望在不影响整个系统的情况下自由修改任何服务。另外一种方法是创建一个库来实现注册服务，每个服务都要包含该库，但是这种方法严重限制了创建自给自足的微服务的能力。我们增加了它们对外部资源的依赖（在这个例子里是注册库）。

　　使用主动注册（见图 8-4）的概念，注销操作问题很快变得非常复杂。一个服务按计划停止时，从注册表中删除其数据是比较简单的。然而，服务不总是按计划停止的，它们可能会以意想不到的方式发生故障，正在运行的进程可能会停止。在这种情况下，总是能主动地注销服务是非常困难的（如果不是不可能的话）。

图 8-4　主动注册

　　尽管主动注册很常见，但对此类操作来说，这既不是最合适的，效率也不高。因此，我们应该考虑替代方案。

注册服务
Registration Service

注册服务或第三方注册是管理所有服务的注册和注销的过程（见图 8-5）。该服务负责检查哪些微服务正在运行并相应地更新注册表。服务停止时也使用类似的过程。注册服务应该能检测到不再存在的微服务并从注册表中删除其数据。作为一个附加的功能，它可以通知其他过程微服务已不存在，相应地，要执行一些补救操作，比如重新部署不存在的微服务、发送邮件通知等。我们称这种注册和注销的过程为服务注册机，或者简称注册机（实际上，很快你会看到一种同名的产品）。

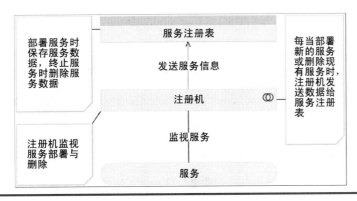

图 8-5　注册服务

与主动注册相比，独立的注册服务是更好的选择，它往往更可靠，同时不会在微服务代码中引入不必要的耦合。

既然已经搞清楚了服务注册过程的逻辑，是时候来讨论服务发现了。

服务发现
Service Discovery

服务发现是服务注册的反过程。客户端想访问服务时（客户端可能是另一个服务），它至少需要知道服务在哪。一种可行的方法是主动发现。

主动发现

主动发现使用与主动注册相同的原则。想要访问其他服务的客户端或服务，需要查询注册表。主动注册带来的大多数问题与服务和注册表的内部连接方式有关，与之不同，客户端和服务可能使用的主动发现超出了我们的控制范围。一个例子就是运行在浏览器中的前端。前端需要向运行在不同端口或不同 IP 的很多不同的后端服务发送请求。实际情况是，我们的确把信息保存在注册表中了，但这不意味着别人能够使用它，或知道该如何使用它。主动发现只有在内部服务间通信时才能被有效使用。这种有限的场景依然带来很多额外的问题，很多问题都与主动注册一样。就我们现在所了解的，这是一个应该被放弃的选项。

代理服务

代理服务已经存在很长时间了，并多次证明了它们的价值。现在让我们简单介绍一下代理服务，第 9 章会做进一步的讨论。想法是通过一个或多个固定的地址来访问每个服务。例如，只能使用地址 `[DOMAIN]/api/v1/books` 来访问由服务 `books-ms` 提供的图书列表。注意，这里没有任何 IP、端口或其他与部署相关的细节。这个地址不提供任何服务，但需要能够检测到这样的请求并重定向给实际服务所在的 IP 和端口。代理服务往往是完成此类任务的最好工具。

对于要实现的功能，已经有了大概的、但愿是清晰的想法，下面来看看一些能够帮助我们的工具。

服务发现工具
Service Discovery Tools

服务发现工具的主要目的是帮助服务互相发现和互相交流。要完成这样的使命，它们需要知道每项服务在哪。这并不是什么新的概念，在 Docker 出现以前就已经有很多工具了。但是，容器把对此类工具的需求提升到了一个新的高度。

　　服务发现的基本想法是，对于每个服务（或应用）的新的实例，可以识别出它当前的环境并保存这些信息。注册表以键/值的格式完成存储。因为服务发现经常用在分布式系统中，注册表需要可伸缩、容错并分布在集群的所有节点上。对于需要与服务进行通信的使用者来说，此类存储主要用来提供服务的 IP 和端口。经常扩展该数据以包含其他类型的信息。

　　服务发现工具往往会提供一些 API，一个服务可以用这些 API 进行注册，其他服务可以用这些 API 来发现该服务的信息。

　　假设有两个服务：一个是服务提供者，另一个是服务消费者。一旦部署了提供者，就要在选定的服务注册表中保存其信息。随后，当消费者试图访问提供者时，它会首先查询注册表，然后使用从注册表中获得的 IP 和端口调用提供者。为了使消费者与注册表的特定实现相分离，我们经常使用代理服务。这种情况下，消费者总是向固定的地址请求信息，该地址属于代理服务，相应地，代理将使用发现服务来找到提供者的信息并重定向消费者的请求。实际上，在很多情况下，如果注册表的每次变化都会更新代理的配置，就不需要代理去查询服务注册表。稍后本书会讨论反向代理。就目前而言，重要的是要理解这个流程有三个参与者，即消费者、代理和提供者。

　　使用服务发现工具，我们要查找的是数据。至少要能够找到服务的位置，它是否健康和可用，以及它的配置。因为要用多台服务器来构建分布式系统，所以对工具的健壮性有一定要求，一个节点的故障不会危及数据的安全。同时，每个节点都应当有相同的数据副本。更进一步，我们希望能够以任何顺序启动服务，能够终止服务或进行版本更新。还应当能够重新配置服务并相应地看到数据的变化。

　　有几个工具可以用来完成我们的目标，现在就来看一看。

手动配置
Manual Configuration

大多数服务还是手工管理的。我们要预先决定部署服务的位置和它的配置，并且希望它可以正确运行数天之久。这种方式不具有可伸缩性。部署该服务的第二个实例意味着要重复所有的手工步骤。我们不得不启动一台新的服务器或者找出哪台服务器的资源利用率比较低，生成并部署一套新的配置。在手工管理的情况下，响应时间一般都比较长，在某些场景下比如硬件故障，情况会变得更复杂。可见性是另外一个痛点。我们知道静态配置是什么，毕竟这是事先准备好的。但是大多数服务会产生很多不易获得的动态信息。当有需要时，也无法从一个数据源查询到这些数据。

响应时间长是必然的，能否从故障中快速恢复也很值得怀疑，由于非常多的变动需要手工处理，所以监控变得难以管理。虽然过去或者服务和服务器数量少的时候还有理由手工完成此类工作，但随着服务发现工具的出现，这样的理由很快就不存在了。

Zookeeper
Zookeeper

Zookeeper 是此类项目中历史最久的一个之一。它源于 Hadoop，用来维护 Hadoop 集群中的一系列组件。它成熟、可靠，广泛应用于很多大公司（YouTube、eBay、Yahoo 等）。它的数据存储格式与文件系统的很相似。如果运行在服务器集群上，那么 Zookeeper 共享所有节点的配置状况。每个集群选举一个领导者，客户端可以连接任何服务器来获取数据。

Zookeeper 的主要好处是它的成熟性、健壮性和丰富的功能。然而，它也有一些不足，对 Java 的依赖及其复杂性是主要问题。Java 在很多情况下的表现都还不错，它很适合此类工作。Zookeeper 使用 Java 并依赖很多其他东西，让 Zookeeper 比竞争产品要使用多得多的资源。除了这些问题，Zookeeper 还很复杂。维护它所需要的知识，远超过我们对此类应用的期望。部分原因是由于其丰富的功能把好处变成了负担。一个应用的功能越多，越有可能不是我们所需要的。因此，最终我们为不需要的东西所带来的复杂性买了单。

沿着 Zookeeper 开创的道路，其他应用有了显著进步。大公司使用 Zookeeper 是因为那时没有更好的选择。如今，Zookeeper 略显老态，还是选择其他的吧。

略过 Zookeeper 的例子，下面直接看看其他选项吧。

etcd

etcd 是一个可以通过 HTTP 访问的键/值存储。它是分布式的层级配置系统，可以用来搭建服务发现。它非常容易部署、配置和使用，提供了可靠的数据持久性，它是安全的并有优秀的文档。

etcd 简单易用，与 Zookeeper 相比，它是一个更好的选择。etcd 需要跟几个第三方工具相结合才能用于服务发现。

安装 etcd

让我们来安装 etcd。首先创建集群中的第一个节点（serv-disc-01）及已经熟悉的 cd 虚拟机。

```
vagrant up cd serv-disc-01 --provision
vagrant ssh serv-disc-01
```

一旦集群节点 serv-disc-01 启动并运行，就可以安装 etcd 和 etcdctl（etcd 的命令行客户端）了。

```
curl -L https://github.com/coreos/etcd/releases/\
download/v2.1.2/etcd-v2.1.2-linux-amd64.tar.gz \
    -o etcd-v2.1.2-linux-amd64.tar.gz
tar xzf etcd-v2.1.2-linux-amd64.tar.gz
sudo mv etcd-v2.1.2-linux-amd64/etcd* /usr/local/bin
rm -rf etcd-v2.1.2-linux-amd64*
etcd >/tmp/etcd.log 2>&1 &
```

首先下载、解压缩，并把可执行文件放入/usr/local/bin 中以便于访问；然后删除不需要的文件；最后运行 etcd 并把输出重定向到/tmp/etcd.log。

下面让我们来看看 etcd 能做什么。

基本操作是 set 和 get。请注意，可以在目录里设置键/值。

```
etcdctl set myService/port "1234"
etcdctl set myService/ip "1.2.3.4"
etcdctl get myService/port # Outputs: 1234
etcdctl get myService/ip # Outputs: 1.2.3.4
```

第一行命令用于在目录 myService 中添加值为 1234 的键 port；第二行命令用于添加键 ip 并赋值；最后两行命令用于输出这两个键的值。

还可以列出指定目录里所有的键，或者删除一个键及其值。

```
etcdctl ls myService
etcdctl rm myService/port
etcdctl ls myService
```

因为前一行命令删除了键 port，所以最后一行命令只输出了/myService/ip。

除了 etcdctl，还可以使用 HTTP API 来运行所有的命令。在尝试 HTTP API 之前，需要安装 jq，jq 可以让我们看到格式化的输出：

```
sudo apt-get install -y jq
```

比如可以用它的 HTTP API 在 etcd 中添加一个键，然后用 GET 请求来获取它的值。

```
curl http://localhost:2379/v2/keys/myService/newPort \
  -X PUT \
  -d value="4321" | jq '.'
curl http://localhost:2379/v2/keys/myService/newPort \
  | jq '.'
```

jq'.'不是必需的，但是我经常用它来格式化 JSON。输出应该类似于以下内容：

```
{
    "action": "set",
    "node": {
        "createdIndex": 16,
        "key": "/myService/newPort",
```

```
            "modifiedIndex": 16,
            "value": "4321"
        }
    }
    {
        "action": "get",
        "node": {
            "createdIndex": 16,
            "key": "/myService/newPort",
            "modifiedIndex": 16,
            "value": "4321"
        }
    }
```

当需要远程查询etcd时，HTTP API非常有用。大多数情况下，当运行ad-hoc命令时，我更喜欢 etcdctl，如果是在代码中与 etcd 交互，HTTP 是首选的方式。

现在已经简单介绍了在单台服务器上 etcd 是如何工作的，下面让我们在集群中试试。etcd 需要几个额外的参数来建立集群。假设有一个由三个节点组成的集群，IP 为 10.100.197.201（servdisc-01）、10.100.197.202（serv-disc-02）和 10.100.197.203（serv-disc-03）。在第一台服务器上运行的 etcd 命令应该如下（请先不要运行）：

```
NODE_NAME=serv-disc-0$NODE_NUMBER
NODE_IP=10.100.197.20$NODE_NUMBER
NODE_01_ADDRESS=http://10.100.197.201:2380
NODE_01_NAME=serv-disc-01
NODE_01="$NODE_01_NAME=$NODE_01_ADDRESS"
NODE_02_ADDRESS=http://10.100.197.202:2380
NODE_02_NAME=serv-disc-02
NODE_02="$NODE_02_NAME=$NODE_02_ADDRESS"
NODE_03_ADDRESS=http://10.100.197.203:2380
NODE_03_NAME=serv-disc-03
NODE_03="$NODE_03_NAME=$NODE_03_ADDRESS"
CLUSTER_TOKEN=serv-disc-cluster
etcd -name serv-disc-1 \
    -initial-advertise-peer-urls http://$NODE_IP:2380 \
    -listen-peer-urls http://$NODE_IP:2380 \
    -listen-client-urls \
    http://$NODE_IP:2379,http://127.0.0.1:2379 \
    -advertise-client-urls http://$NODE_IP:2379 \
    -initial-cluster-token $CLUSTER_TOKEN \
    -initial-cluster \
    $NODE_01,$NODE_02,$NODE_03 \
    -initial-cluster-state new
```

对于那些可以从一个服务器（或集群）变到另外一个服务器的部分，我把它们提取出来放到变量里，以便你可以看得更清楚。我们不会详述每个参数的意思，你可以参考 https://coreos.com/etcd/docs/latest/clustering.html。我们指定了运行这个命令的 IP 和服务器的名字，同时也指定了集群中所有的服务器。

在集群上开始部署 etcd 之前，让我们杀掉当前运行的实例并创建其他的服务器（总共有三个服务器）：

```
pkill etcd
exit
vagrant up serv-disc-02 serv-disc-03
```

在多台服务器上手工完成相同的任务，既单调又容易出错。因为已经使用过 Ansible 了，所以可以用它在集群中安装 etcd。因为已经有了所有的命令，所以这是一个相当容易的任务，要做的就是把已经运行的命令转换成 Ansible 格式。可以创建一个 etcd 的 role 并以相同的名字把它加入 playbook。这个 role 比较简单。它把可执行文件复制到/usr/local/bin 目录并运行带有集群参数的 etcd（之前讨论过的一条很长的命令）。在运行 playbook 之前，先看一下它的内容。

roles/etcd/tasks/main.yml 中的第一个任务如下：

```
- name: Files are copied
  copy:
    src: "{{ item.src }}"
    dest: "{{ item.dest }}"
    mode: 0755
  with_items: files
  tags: [etcd]
```

name 的意思显而易见，紧接着是 copy 模块，然后指定几个模块参数。copy 模块参数 src 指明了要复制的本地文件的名字及其在 role 中相对于 files 目录的位置。第二个 copy 模块参数（dest）是远程服务器的目的路径。最后，将 mode 设为 755。运行 roles 的用户将拥有读/写/执行权限，本组中的其他用户是读/写权限。接下来是 with_items 声明，允许我们使用一个值列表。本例中，文件 roles/etcd/defaults/main.yml 中指定的值如下：

```
files: [
  {src: 'etcd', dest: '/usr/local/bin/etcd'},
  {src: 'etcdctl', dest: '/usr/local/bin/etcdctl'}
]
```

外部变量是一种很好的把将来可能变化的部分与任务相分离的方式。比如，要用这个role复制另外一个文件，就可以把文件加到这里从而避免打开任务文件。使用 files 变量的任务遍历列表中的每一个值，在本例中，将运行两次，第一次是 etcd，第二次是 etcdctl。变量中的值表示为{{和}}分隔的变量键，为 Jinja2 格式。最后把任务的标签设为 etcd。当运行 playbook 时，标签可以用来过滤任务，在想只运行一个子集或把一些东西排除在外时是很方便的。

第二个任务如下：

```
- name: Is running
  shell: "nohup etcd -name {{ ansible_hostname }} \
    -initial-advertise-peer-urls \
    http://{{ ip }}:2380 \
    -listen-peer-urls \
    http://{{ ip }}:2380 \
    -listen-client-urls \
    http://{{ ip }}:2379,http://127.0.0.1:2379 \
    -advertise-client-urls \
    http://{{ ip }}:2379 \
    -initial-cluster-token {{ cl_token }} \
    -initial-cluster \
    {{ cl_node_01 }},{{ cl_node_02 }},{{ cl_node_03 }} \
    -initial-cluster-state new \
    >/var/log/etcd.log 2>&1 &"
  tags: [etcd]
```

通常 shell 模块是最后一部分，因为它是无状态的。大多数情况下，shell 中运行的命令不会检查某些东西的状态正确与否，只是每次运行 Ansible playbook 时才去执行。etcd 总是以单实例运行，不用担心多次执行这个命令会产生多个实例。我们使用了很多个参数，所有可能变化的部分都放在变量中。其中一些变量如 ansible_hostname 由 Ansible 来发现，其他变量都定义在 roles/etcd/defaults/main.yml 中。所有任务都定义好了后，下面来看看 playbooketcd.yml：

```
- hosts: etcd
remote_user: vagrant
serial: 1
sudo: yes
roles:
```

```
- common
- etcd
```

当运行这个 playbook 时，Ansible 会对定义在一个清单中的所有服务器进行配置，使用 vagrant 作为远程用户，使用 sudo 执行命令，运行 common 和 etcd roles。

让我们来看看 hosts/serv-disc 文件。这是一个清单文件，包含使用的所有主机：

```
[etcd]
10.100.194.20[1:3]
```

在这个例子中，你可以使用不同的方式来定义主机。第二行是 Ansible 的方式，表示要使用所有在 10.100.194.201 和 10.100.194.203 之间的地址。总计有三个 IP 地址。

让我们来运行 etcd playbook 并查看它的运行情况：

```
vagrant ssh cd
ansible-playbook \
    /vagrant/ansible/etcd.yml \
    -i /vagrant/ansible/hosts/serv-disc
```

在一个服务器上添加一个值并从另一个服务器上得到它，可以用这种方法来检查是否正确配置了 etcd 集群：

```
curl http://serv-disc-01:2379/v2/keys/test \
  -X PUT \
  -d value="works" | jq '.'
curl http://serv-disc-03:2379/v2/keys/test \
  | jq '.'
```

这些命令的输出应当和以下内容相似：

```
{
    "action": "set",
    "node": {
        "createdIndex": 8,
        "key": "/test",
        "modifiedIndex": 8,
        "value": "works"
    }
}
```

```
{
    "action": "get",
    "node": {
        "createdIndex": 8,
        "key": "/test",
        "modifiedIndex": 8,
        "value": "works"
    }
}
```

我们会给服务器 serv-disc-01（10.100.197.201）发送 HTTP PUT 请求，然后给服务器 serv-disc-03（10.100.197.203）发送 HTTP GET 请求以查询存储的值。也就是说，通过集群中的任何服务器发送的数据在所有服务器上都可用。是不是很棒呢？

部署了几个容器之后，集群看起来如图 8-6 所示。

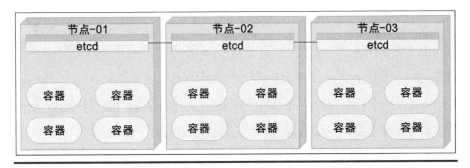

图 8-6　多节点与 Docker 容器和 etcd

现在已有一个地方用来保存与服务相关的信息，还需要一个工具把这些信息自动发送给 etcd。毕竟，能自动完成的事情为什么要手动去做呢？即使想把信息手动发送给 etcd，通常也不知道那些信息是什么。请记住，服务可能会被部署在有最少容器运行的服务器上并使用一个随机分配的端口。理想情况下，该工具应该监视所有节点上的 Docker，在新容器运行或现有容器停止时去更新 etcd。能帮助我们达到此目的的工具之一是 Registrator。

配置 Registrator

通过检查容器的启动或停止，Registrator 可以自动注册或注销服务。目前它支持 etcd、Consul 和 SkyDNS 2。

配置 Registrator 来使用 etcd 注册表是很容易的。可以如下所示简单地运行 Docker 容器（请不要自己运行）：

```
docker run -d --name registrator \
    -v /var/run/docker.sock:/tmp/docker.sock \
    -h serv-disc-01 \
    gliderlabs/registrator \
    -ip 10.100.194.201 etcd://10.100.194.201:2379
```

使用这条命令，可以共享/var/run/docker.sock 作为 Docker 卷。Registrator 将监视和拦截 Docker 事件，并根据事件类型把服务信息添加到 etcd 中，或者从 etcd 中删除服务信息。使用-h 选项，可以指定主机名字。最后，我们传递了两个参数给 Registrator。第一个参数是-ip，表示主机的 IP 地址；第二个参数是注册服务的协议（etcd）、IP（serv-disc-01）和端口（2379）。

在继续进行之前，创建一个新的名为 registrator 的 Ansible role，并部署在集群的所有节点上。roles/registrator/tasks/main.yml 文件的内容如下：

```
- name: Container is running
  docker:
    name: "{{ registrator_name }}"
    image: gliderlabs/registrator
    volumes:
      - /var/run/docker.sock:/tmp/docker.sock
    hostname: "{{ ansible_hostname }}"
    command: -ip {{ facter_ipaddress_eth1 }} {{ registrator_protocol
}}://{{ facter_ipaddress_eth1 }}:2379
  tags: [etcd]
```

Ansible role 等同于之前看到的手工命令。请注意，我们使用变量替换了硬编码的 etcd 协议。通过这种方法，对于其他的注册表，也可以重用 role。请记住，在 Ansible 中，使用双引号不是必须的，除非值以{{开头，就像 hostname 的值一样。

让我们看看 `registrator-etcd.yml` playbook。

```
- hosts: all
  remote_user: vagrant
  serial: 1
  sudo: yes
  vars:
    - registrator_protocol: etcd
    - registrator_port: 2379
  roles:
    - common
    - docker
    - etcd
    - registrator
```

除了 vars 键，playbook 中的大多数内容都与之前用过的相似。在这个例子中，我们使用 vars 键来定义 Rigistrator 的协议为 etcd，Registrator 的端口为 2379。

一切就绪，下面可以运行 playbook 了。

```
ansible-playbook \
    /vagrant/ansible/registrator-etcd.yml \
    -i /vagrant/ansible/hosts/serv-disc
```

一旦这个 playbook 执行完毕，Registrator 就会运行在集群的所有三个节点上。

让我们来试试 Registrator，并在三个集群节点之一上运行一个容器，代码如下：

```
export DOCKER_HOST=tcp://serv-disc-02:2375
docker run -d --name nginx \
    --env SERVICE_NAME=nginx \
    --env SERVICE_ID=nginx \
    -p 1234:80 \
    nginx
```

因为设置了环境变量 DOCKER_HOST，所以 Docker 的命令会发送给集群节点 2（serv-disc-02）并运行容器 nginx，发布端口 1234。稍后还会用到 nginx，那时会有足够的机会去熟悉它。现在我们并不关心 nginx 能做什么，关心的是 Registrator 能否发现它并在 etcd 中保存其信息。本例中，Registrator 可以使用我们设置的几个环境变量（SERVICE_NAME 和 SERVICE_ID）来更好地识别出该服务。

下面让我们来看看 Registrator 的日志。

```
docker logs registrator
```

输出应该类似于以下内容:

```
2015/08/30 19:18:12 added: 5cf7dd974939 nginx
2015/08/30 19:18:12 ignored: 5cf7dd974939 port 443 not published on host
```

可以看到 Registrator 发现了 ID 为 5cf7dd974939 的容器 nginx,还可以看到它忽略了 443 端口。虽然容器 nginx 对内发布了 80 端口和 443 端口,但对外只发布了 80 端口,因此 Registrator 决定忽略 443 端口。毕竟,为什么我们要存储任何人都无法访问的端口信息呢?

现在让我们来看看保存在 etcd 中的数据:

```
curl http://serv-disc-01:2379/v2/keys/ | jq '.'
curl http://serv-disc-01:2379/v2/keys/nginx-80/ | jq '.'
curl http://serv-disc-01:2379/v2/keys/nginx-80/nginx | jq '.'
```

最后一行命令的输出如下:

```
{
  "node": {
    "createdIndex": 13,
    "modifiedIndex": 13,
    "value": "10.100.194.202:1234",
    "key": "/nginx-80/nginx"
  },
  "action": "get"
}
```

第一行命令列出了 root 下所有的键,第二行命令列出了 nginx-80 下所有的键,最后一行命令获得了最终的值。Registrator 把值保存为以/分隔的格式,并与我们运行容器时设定的环境变量相匹配。请注意,如果服务定义了一个以上的端口,那么 Registrator 会把多出的端口加为后缀(如 nginx-80)。Registrator 会把容器所运行的主机的 IP 与我们所发布的端口设为相应的值。

> 请注意,尽管容器运行在节点 2 上,但我们查询的是运行在节点 1 上的 etcd。这再次说明了所有 etcd 运行的节点都有数据的副本。

删除容器时会发生什么?

```
docker rm -f nginx
docker logs registrator
```

Registrator 日志的输出应该类似于以下内容:

```
...
2015/08/30 19:32:31 removed: 5cf7dd974939 nginx
```

Registrator 发现我们删除了容器并发送请求给 etcd 来删除相应的值。以下命令可以确认这一点:

```
curl http://serv-disc-01:2379/v2/keys/nginx-80/nginx | jq '.'
```

输出如下:

```
{
  "index": 14,
  "cause": "/nginx-80/nginx",
  "message": "Key not found",
  "errorCode": 100
}
```

ID 为 nginx/nginx 的服务不见了。

Registrator 与 etcd 的组合既简单又强大,可以让我们练习很多先进技术。任何时候,只要启动了容器,数据就会被保存在 etcd 中并传播到集群中的所有节点(见图 8-7)。如何使用存储的信息是第 9 章的主题。

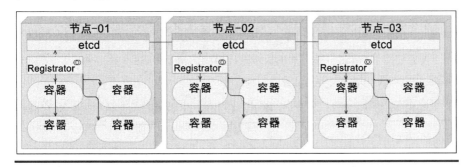

图 8-7 多节点与 Docker 容器、etcd 和 Registrator

还有一个困扰我们的问题没有谈到。我们需要一种方法,使用保存在 etcd 中的数据来创建配置文件,并在生成文件后运行一些命令。

安装 confd

confd 是一个轻量级的工具，可以用来维护配置文件。该工具最常见的用法，是使用保存在 etcd、consul 及其他几个数据注册表中的数据来保持配置文件是最新的。当配置文件发生变化时，confd 还可以重新加载应用程序。换句话说，可以使用 confd 和保存在 etcd（或其他几个注册表）中的信息来重新配置服务。

安装 confd 很简单。命令如下（请暂缓运行）：

```
wget https://github.com/kelseyhightower/confd/releases\
/download/v0.10.0/confd-0.10.0-linux-amd64
sudo mv confd-0.10.0-linux-amd64 /usr/local/bin/confd
sudo chmod 755 /usr/local/bin/confd
sudo mkdir -p /etc/confd/{conf.d,templates}
```

要使 confd 能够工作，则需要一个在/etc/confd/conf.d/目录下的配置文件，以及在/etc/confd/templates 下的模板文件。

配置文件的例子如下：

```
[template]
src = "nginx.conf.tmpl"
dest = "/tmp/nginx.conf"
keys = [
    "/nginx/nginx"
]
```

至少要指定模板的源和目的文件，以及要从注册表中取得的键。

模板使用了 Go 语言的文本模板格式。模板的例子如下：

```
The address is {{getv "/nginx/nginx"}};
```

当模板被处理时，它会使用从注册表中得到的值来替换 {{getv "/nginx/nginx"}}。

最后，confd 可以在两种模式下运行。在守护模式下，它会轮询注册表，一旦有关的值发生变化，它就会更新目标配置文件。单次模式则只运行一次。单次模式的例子如下（请暂缓运行）：

```
confd -onetime -backend etcd -node 10.100.197.202:2379
```

该命令运行在单次模式，使用在指定节点上运行的 etcd 作为后台。执行时，使用从 etcd 注册表得到的值来更新目标配置文件。

现在基本上了解了 confd 是如何工作的，下面来看一下名为 confd 的 Ansiblerole，该 role 可确保 confd 被安装在集群所有的服务器上。

roles/confd/tasks/main.yml 文件的内容如下：

```
- name: Directories are created
  file:
    path: "{{ item }}"
    state: directory
  with_items: directories
  tags: [confd]
- name: Files are copied
  copy:
    src: "{{ item.src }}"
    dest: "{{ item.dest }}"
  mode: "{{ item.mode }}"
with_items: files
tags: [confd]
```

因为不需要运行二进制文件，所以 Ansible role 比之前为 etcd 创建的 role 要简单得多。它能确保建立目录并把文件复制到目标服务器。因为涉及多个目录和文件，在文件 roles/confd/defaults/main.yml 中，可以把它们定义为变量：

```
directories:
  - /etc/confd/conf.d
  - /etc/confd/templates

files: [
  { src: 'example.toml', dest: '/etc/confd/conf.d/example.toml', mode:
'0644' },
  { src: 'example.conf.tmpl', dest: '/etc/confd/templates/example.
conf.tmpl', mode: '0644' },
  { src: 'confd', dest: '/usr/local/bin/confd', mode: '0755' }
]
```

我们定义了存放配置文件和模板的目录，还定义了需要复制的文件，即一个二进制文件、一个配置文件和一个模板文件。下面将使用它们来试验 confd。

最后，需要 confd.yml 作为 Ansible playbook：

```
- hosts: confd
  remote_user: vagrant
```

```
    serial: 1
    sudo: yes
    roles:
      - common
      - confd
```

没有什么新的内容需要讨论，这个文件与之前用过的几乎一样。

一切就绪，下面可以把 confd 部署到集群中的所有服务器上：

```
ansible-playbook \
    /vagrant/ansible/confd.yml \
    -i /vagrant/ansible/hosts/serv-disc
```

集群的所有节点都安装了 confd，下面可以试试了。

让我们再次运行 nginx 容器，以便 Registrator 可以将一些数据存入 etcd 中：

```
export DOCKER_HOST=tcp://serv-disc-01:2375

docker run -d --name nginx \
    --env SERVICE_NAME=nginx \
    --env SERVICE_ID=nginx \
    -p 4321:80 \
    Nginx
confd -onetime -backend etcd -node 10.100.194.203:2379
```

我们在节点 serv-disc-01 上运行 nginx 容器并发布 4321 端口。因为 Registrator 已经在该服务器上运行，所以它会把数据存入 etcd。最后运行 confd 的本地实例，它会检查所有的配置文件并与保存在 etcd 中的键进行比较。因为 etcd 中的键 nginx/nginx 已经改变，所以 confd 会处理模板并更新目标配置。可以看到与以下的输出类似（为简洁起见，删除了时间戳）：

```
cd confd[15241]: INFO Backend set to etcd
cd confd[15241]: INFO Starting confd
cd confd[15241]: INFO Backend nodes set to 10.100.194.203:2379
cd confd[15241]: INFO Target config /tmp/example.conf out of sync
cd confd[15241]: INFO Target config /tmp/example.conf has been updated
```

confd 发现/tmp/example.conf 不同步并更新了它。让我们来确认一下：

```
cat /tmp/example.conf
```

输出如下：

```
The address is 10.100.194.201:4321
```

如果模板有任何变化或者 `etcd` 的数据被更新，那么运行中的 `confd` 将确保所有的目标配置文件被相应地更新，如图 8-8 所示。

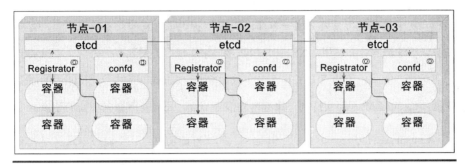

图 8-8 多节点及 Docker 容器、etcd、Registrator 和 confd

etcd、Registrator 和 confd 的组合

把 etcd、Registrator 和 confd 组合在一起，就有了一个既简单又强大的方法来自动化所有的服务发现和服务配置。当开始制定更高级的部署策略时，这将会派上用场。这一组合还说明了把合适的小工具混合使用的有效性。一方面，这三个工具恰到好处地满足了我们的需求，若功能再少一点，就无法完成我们所面临的任务。另外一方面，如果它们的设计包含更多的功能，就会引入不必要的复杂性并增加对服务器资源和维护的需求。

在给出最终意见之前，让我们来看看实现相同目的的另外一套工具组合。毕竟，我们不应该在没有调查替代方案之前就定下来。

Consul

Consul 是强一致性数据存储，它使用 gossip 来形成动态集群。它支持分层的键/值存储，这不但可以用于存储数据，还可以用于注册监视器。监视器用途广泛，从发送数据变化的通知到执行运行状况检查再到根据其输出运行自定义命令。

与 Zookeeprer 和 etcd 不同，Consul 实现了内置的服务发现系统，所以不需要自己实现或者使用第三方的。其服务发现系统还包括其他功能，如节点和在其上运行的服务的运行状况检查。

一方面，Zookeeper 和 etcd 只提供了原始的键/值存储，并要求应用开发者建立他们自己的服务发现系统。另一方面，Consul 提供了内置的服务发现框架。客户端只需要注册服务并使用 DNS 或 HTTP 接口来实现服务发现。另外两个工具需要手工解决方案或使用第三方工具。对多数据中心，Consul 提供了开箱即用的原生支持，gossip 系统不但支持同一集群内的多个节点，还支持跨数据中心的节点。

Consul 还有另外一个有别于其他工具的很好的功能。它不但可以发现部署的服务和服务所在节点的信息，而且可以通过 HTTP 和 TCP 请求、TTL（time-to-live）、定制脚本甚至 Docker 命令，还提供了易于扩展的运行状况检查。

安装 Consul

和以前一样，可以先试试手工安装命令，再使用 Ansible 使其自动化。作为练习，我们将在 cd 节点配置 Consul：

```
sudo apt-get install -y unzip
wget https://releases.hashicorp.com/consul/0.6.4/consul_0.6.4_linux_amd64.zip
unzip consul_0.6.4_linux_amd64.zip
sudo mv consul /usr/local/bin/consul
rm -f consul_0.6.4_linux_amd64.zip
sudo mkdir -p /data/consul/{data,config,ui}
```

默认的 Ubuntu 发行版没有 unzip，需要先把它安装上。然后下载 Consul 压缩包，解压缩，把它放到/usr/local/bin 目录下，删除不需要的 zip 文件，最后再创建几个目录。Consul 的数据在 data 目录下，配置文件在 config 目录下。

接下来可以运行 consul：

```
sudo consul agent \
    -server \
    -bootstrap-expect 1 \
    -data-dir /data/consul/data \
    -config-dir /data/consul/config \
    -node=cd \
    -bind=10.100.198.200 \
    -client=0.0.0.0 \
```

```
-ui \
>/tmp/consul.log &
```

运行 Consul 非常简单。我们指定它应当把代理（agent）作为服务器（server）来运行，并且只有一个服务器的实例（-bootstrapexpect 1）。紧接着是关键目录的位置：ui、data 和 config。然后指定节点的名字，将要绑定的地址和哪些客户端可以与之进行连接（0.0.0.0 表示所有的）。最后重定向输出并确保它在后台运行（&）。

下面让我们来验证 Consul 正确启动了。

```
cat /tmp/consul.log
```

日志文件的输出应当与以下内容类似（为简洁起见，删除了时间戳）。

```
==> Starting Consul agent...
==> Starting Consul agent RPC...
==> Consul agent running!
         Node name: 'cd'
        Datacenter: 'dc1'
            Server: true (bootstrap: true)
       Client Addr: 0.0.0.0 (HTTP: 8500, HTTPS: -1, DNS: 8600, RPC: 8400)
      Cluster Addr: 10.100.198.200 (LAN: 8301, WAN: 8302)
     Gossip encrypt: false, RPC-TLS: false, TLS-Incoming: false
             Atlas: <disabled>
==> Log data will now stream in as it occurs:
[INFO] serf: EventMemberJoin: cd 10.100.198.200
[INFO] serf: EventMemberJoin: cd.dc1 10.100.198.200
[INFO] raft: Node at 10.100.198.200:8300 [Follower] entering Followerstate
[WARN] serf: Failed to re-join any previously known node
[INFO] consul: adding LAN server cd (Addr: 10.100.198.200:8300) (DC: dc1)
[WARN] serf: Failed to re-join any previously known node
[INFO] consul: adding WAN server cd.dc1 (Addr: 10.100.198.200:8300) (DC:dc1)
[ERR] agent: failed to sync remote state: No cluster leader
[WARN] raft: Heartbeat timeout reached, starting election
 [INFO] raft: Node at 10.100.198.200:8300 [Candidate] entering Candidatestate
[INFO] raft: Election won. Tally: 1
[INFO] raft: Node at 10.100.198.200:8300 [Leader] entering Leader state
[INFO] consul: cluster leadership acquired
[INFO] consul: New leader elected: cd
[INFO] raft: Disabling EnableSingleNode (bootstrap)
```

可以看到运行于 server 模式的 Consul 代理选举它自己为领导者（这是意料之中的，因为只有它一个在运行）。

随着 Consul 的运行，让我们看看如何把一些数据放进去。

```
curl -X PUT -d 'this is a test' \
    http://localhost:8500/v1/kv/msg1
curl -X PUT -d 'this is another test' \
    http://localhost:8500/v1/kv/messages/msg2
curl -X PUT -d 'this is a test with flags' \
    http://localhost:8500/v1/kv/messages/msg3?flags=1234
```

第一行命令生成值为 this is a test 的键 msg1。第二行命令在父键 messages 里嵌入了键 msg2。最后一行命令为键 msg3 加入值为 1234 的 flags。flags 可以保存版本信息或任何可以表示为整数的信息。

让我们看看如何查询刚刚保存的信息：

```
curl http://localhost:8500/v1/kv/?recurse \
    | jq '.'
```

命令的输出如下（不保证顺序）：

```
[
    {
        "CreateIndex": 141,
        "Flags": 0,
        "Key": "messages/msg2",
        "LockIndex": 0,
        "ModifyIndex": 141,
        "Value": "dGhpcyBpcyBhbm90aGVyIHRlc3Q="
    },
    {
        "CreateIndex": 142,
        "Flags": 1234,
        "Key": "messages/msg3",
        "LockIndex": 0,
        "ModifyIndex": 147,
        "Value": "dGhpcyBpcyBhIHRlc3Qgd2l0aCBmbGFncw=="
    },
    {
        "CreateIndex": 140,
        "Flags": 0,
        "Key": "msg1",
        "LockIndex": 0,
        "ModifyIndex": 140,
        "Value": "dGhpcyBpcyBhIHRlc3Q="
    }
]
```

因为使用了 recurse 查询，所以从根开始递归返回所有的键。

　　我们可以看到所有插入的键，但是值是使用 base64 编码的。除了文本，Consul 还可以保存别的文本，实际上，在底层，所有的东西都是以二进制存储的。不是所有的东西都可以表示成文本，所以你可以在 Consul 的键/值里保存任何东西，但是大小是有限制的。

　　还可以单独查询一个键，命令如下：

```
curl http://localhost:8500/v1/kv/msg1 \
    | jq '.'
```

　　输出跟以前一样，但只是键 msg1 的：

```
[
    {
        "CreateIndex": 140,
        "Flags": 0,
        "Key": "msg1",
        "LockIndex": 0,
        "ModifyIndex": 140,
        "Value": "dGhpcyBpcyBhIHRlc3Q="
    }
]
```

　　最后，可以只查询值：

```
curl http://localhost:8500/v1/kv/msg1?raw
```

　　这次我们使用了 raw 查询参数，所以结果只是查询的键的值：

```
this is a test
```

　　正如你可能猜到的一样，Consul 键是很容易删除的。例如，删除 messages/msg2 的命令如下：

```
curl -X DELETE http://localhost:8500/v1/kv/messages/msg2
```

　　还可以递归地删除：

```
curl -X DELETE http://localhost:8500/v1/kv/?recurse
```

　　我们部署的 Consul 代理被设置为服务器。然而，大多数代理不需要运行在服务器模式。根据节点的数量，可以选择三个以服务器模式运行的 Consul 代理，以及很多加入其中的非服务器代理。另一方面，如果节点数量确实很大，那么可以将在服务器模式下运行的代理数量增加到五个。如果只有一个服务器在运行，发生故障就会丢失数据。在我们的例子中，由于集群只有三个节点，并且这是一个演示环境，配置一个 Consul 代理在服务器模式下运行绰绰有余。

在节点 serv-disc-02 上运行代理并使其加入集群的命令如下（请不要运行它）：

```
sudo consul agent \
    -data-dir /data/consul/data \
    -config-dir /data/consul/config \
    -node=serv-disc-02 \
    -bind=10.100.197.202 \
    -client=0.0.0.0 \
    >/tmp/consul.log &
```

跟以前执行的命令相比，唯一的不同是删除了参数 -server 和 -bootstrap-expect 1。但是，在集群中的一个服务器上运行 Consul 是不够的，需要使其加入在另外一台服务器上运行的 Consul 代理。这么做的命令如下（请不要运行它）：

```
consul join 10.100.198.200
```

执行这条命令的效果就是两个服务器上的代理被配置为一个集群，数据在它们之间同步。如果继续在其他服务器上安装 Consul 代理并将它们加入进来，效果就是增加了注册在 Consul 中的集群节点的数量。因为 Consul 使用 gossip 协议来管理成员关系并在集群中广播消息，所以并不需要加入一个以上的代理。etcd 要求我们指定集群中的服务器列表，与之相比，Consul 是一个有用的改进。当服务器数量增加时，管理这样一个列表往往会更复杂。使用 gossip 协议，Consul 能够发现集群中的节点，不需要我们告之它们的位置。

介绍了 Consul 的基础知识，现在来看看如何在集群中的所有服务器上自动配置它。因为已经在使用 Ansible 了，所以将为 Consul 再生成一个新的 role。虽然我们将要使用的配置与目前的配置非常相似，但还有几个新的没有见过的细节。

在 Ansible role roles/consul/tasks/main.yml，前两个任务如下：

```
- name: Directories are created
  file:
    path: "{{ item }}"
    state: directory
  with_items: directories
  tags: [consul]
- name: Files are copied
  copy:
    src: "{{ item.src }}"
    dest: "{{ item.dest }}"
    mode: "{{ item.mode }}"
  with_items: files
  tags: [consul]
```

下面从建立目录和复制文件开始。两个任务都使用了在 with_itemstag 中指定
的变量数组。

让我们来看看这些变量，它们定义在 roles/consul/defaults/main.yml 中：

```
logs_dir: /data/consul/logs
directories:
  - /data/consul/data
  - /data/consul/config
  - "{{ logs_dir }}"
files: [
  { src: 'consul', dest: '/usr/local/bin/consul', mode: '0755' },
  { src: 'ui', dest: '/data/consul', mode: '0644' }
]
```

尽管可以在文件 roles/consul/tasks/main.yml 中指定所有的变量，但把它们
分开可以更容易修改它们的值。这种情况下，可以使用一种简单的 JSON 格式的目
录和文件的列表，包括源、目的和模式。

让我们继续 roles/consul/tasks/main.yml 中的任务。第三个任务如下：

```
- name: Is running
  shell: "nohup consul agent {{ consul_extra }} \
    -data-dir /data/consul/data \
    -config-dir /data/consul/config \
    -node={{ ansible_hostname }} \
    -bind={{ ip }} \
    -client=0.0.0.0 \
    >{{ logs_dir }}/consul.log 2>&1 &"
```

```
tags: [consul]
```

因为 Consul 保证了同一时间只有一个进程在运行，所以多次运行该任务是没有风险的。它等同于在我们手动执行命令的基础上又加了几个变量。

如果你还记得手工运行 Consul 的命令，一个节点应该运行在服务器模式，其他节点至少应该加入一个节点，所以 Consul 可以使用 gossip 协议把信息传播到整个集群。使 Consul 运行于服务器模式的命令不同于非服务器模式，我们把这些不同定义在 consul_extra 变量中。之前是把变量定义在 roles/consul/defaults/main.yml 文件里，与此不同，consul_extra 定义在 hosts/serv-disc 清单文件中。让我们看看该文件的内容，如下：

```
[consul]
10.100.194.201 consul_extra="-server -bootstrap"
10.100.194.20[2:3] consul_server_ip="10.100.194.201"
```

在服务器 IP 地址的右侧定义变量。这种情况下，由 .201 充当服务器。对于其他地址，定义了 consul_server_ip 变量，稍后很快就会讨论到。

让我们跳到文件 roles/consul/tasks/main.yml 中定义的第四个（也是最后一个）任务，程序如下：

```
- name: Has joined
  shell: consul join {{ consul_server_ip }}
  when: consul_server_ip is defined
  tags: [consul]
```

这个任务确保每个 Consul 代理，除了运行在服务器模式中的那个以外，都能加入集群。该任务运行的命令与我们手工执行的命令相同，只不过增加了变量 consul_server_ip，它有两个用途。第一个用途是为 shell 命令提供参数值。第二个用途用于决定是否要运行该任务。这是通过 when:consul_server_ip is defined 来实现的。

最后，我们有了 consul.yml playbook，内容如下：

```
- hosts: consul
  remote_user: vagrant
```

```
serial: 1
sudo: yes
roles:
  - common
  - consul
```

不需要过多介绍了，与之前用过的 playbook 结构相同。

已经有了 playbook，下面让我们执行它并看看 Consul 节点。

```
ansible-playbook \
  /vagrant/ansible/consul.yml \
  -i /vagrant/ansible/hosts/serv-disc
```

发送 nodes 请求给 Consul 的代理之一，就可以确认 Consul 是否运行在所有的节点上。

```
curl serv-disc-01:8500/v1/catalog/nodes \
  | jq '.'
```

该命令的输出如下。

```
[
    {
        "Address": "10.100.194.201",
        "Node": "serv-disc-01"
    },
    {
        "Address": "10.100.194.202",
        "Node": "serv-disc-02"
    },
    {
        "Address": "10.100.194.203",
        "Node": "serv-disc-03"
    }
]
```

集群中的三个节点现在都运行了 Consul。Consul 的配置就是这样，现在回到 Registrator 并看看它与 Consul 结合时是怎样做的（见图 8-9）。

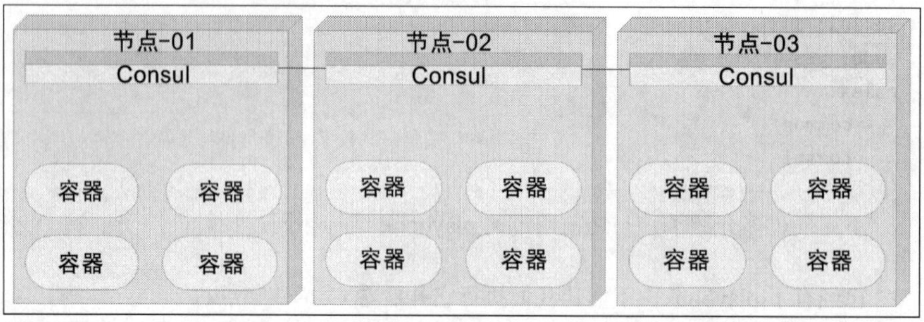

图 8-9 多节点与 Docker 容器和 Consul

配置 Registrator
Setting Up Registrator

Registrator 支持两种 Consul 协议。先来看看 consulkv 协议，因为它的结果与

etcd 协议的结果类似。

```
export DOCKER_HOST=tcp://serv-disc-01:2375
docker run -d --name registrator-consul-kv \
    -v /var/run/docker.sock:/tmp/docker.sock \
    -h serv-disc-01 \
    gliderlabs/registrator \
    -ip 10.100.194.201 consulkv://10.100.194.201:8500/services
```

让我们看看 Registrator 的日志，并检查是否一切都工作正常：

```
docker logs registrator-consul-kv
```

输出应当与以下内容类似（为简洁起见，删除了时间戳）：

```
Starting registrator v6 ...
Forcing host IP to 10.100.194.201
consulkv: current leader 10.100.194.201:8300
Using consulkv adapter: consulkv://10.100.194.201:8500/services
Listening for Docker events ...
Syncing services on 1 containers
ignored: 19c952849ac2 no published ports
ignored: 46267b399098 port 443 not published on host
added: 46267b399098 nginx
```

结果与使用 etcd 协议运行 Registrator 时的相同。consulkv 协议找到了正在运行的 nginx 容器（就是在练习 etcd 时启动的容器），并向 Consul 发布了端口 4321。可以通过查询 Consul 来确认：

```
curl http://serv-disc-01:8500/v1/kv/services/nginx/nginx?raw
```

就像期望的那样，输出是 nginx 容器的 IP 和它发布的端口。

```
10.100.194.201:4321
```

但是，Registrator 还支持 consul 协议（刚才使用的是 consulkv 协议），使用 Consul 格式保存服务信息。

```
docker run -d --name registrator-consul \
    -v /var/run/docker.sock:/tmp/docker.sock \
    -h serv-disc-01 \
    gliderlabs/registrator \
    -ip 10.100.194.201 consul://10.100.194.201:8500
```

这一次让我们看看 Registrator 给 Consul 发送了什么样的信息：

```
curl http://serv-disc-01:8500/v1/catalog/service/nginx-80 | jq '.'
```

这一次，数据更加完整了，但格式还很简单：

```
[
  {
    "ModifyIndex": 185,
    "CreateIndex": 185,
    "Node": "serv-disc-01",
    "Address": "10.100.194.201",
    "ServiceID": "nginx",
    "ServiceName": "nginx-80",
    "ServiceTags": [],
    "ServiceAddress": "10.100.194.201",
    "ServicePort": 4321,
    "ServiceEnableTagOverride": false
  }
]
```

除了 etcd 和 consulkv 协议经常保存的 IP 和端口外，这次还获得了更多的信息。我们知道服务所运行的节点、服务的 ID 和名字。再加上几个环境变量，我们还可以做得更好。下面启动另一个 nginx 容器并查看 Consul 保存的数据：

```
docker run -d --name nginx2 \
    --env "SERVICE_ID=nginx2" \
    --env "SERVICE_NAME=nginx" \
    --env "SERVICE_TAGS=balancer,proxy,www" \
    -p 1111:80 \
    nginx
curl http://serv-disc-01:8500/v1/catalog/service/nginx-80 | jq '.'
```

最后一行命令的输出如下：

```
[
  {
    "ModifyIndex": 185,
    "CreateIndex": 185,
    "Node": "serv-disc-01",
    "Address": "10.100.194.201",
    "ServiceID": "nginx",
    "ServiceName": "nginx",
    "ServiceTags": [],
    "ServiceAddress": "10.100.194.201",
    "ServicePort": 4321,
    "ServiceEnableTagOverride": false
  },
  {
    "ModifyIndex": 202,
    "CreateIndex": 202,
    "Node": "serv-disc-01",
    "Address": "10.100.194.201",
    "ServiceID": "nginx2",
    "ServiceName": "nginx",
    "ServiceTags": [
      "balancer",
      "proxy",
      "www"
    ],
    "ServiceAddress": "10.100.194.201",
    "ServicePort": 1111,
    "ServiceEnableTagOverride": false
  }
]
```

第二个容器(nginx2)已经注册，这次 Consul 获得了有用的 tags，后面会用到。

由于两个容器拥有相同的名字，Consul 认为它们是同一服务的两个实例。

现在我们知道了 Registrator 是如何与 Consul 一起工作的，下面把它配置在集群所有的节点上。好消息是已经建立了 role，并且使用变量 protocol 定义了协议。我们还把容器的名字放在了 registrator_name 变量中，所以可以让 Registrator 容器工作在 consul 协议下，并不会与先前配置的 etcd 发生冲突。

playbook registrator.yml 的内容如下。

```
- hosts: registrator
  remote_user: vagrant
  serial: 1
  sudo: yes
  vars:
    - registrator_name: registrator-consul
  roles:
    - docker
    - consul
    - registrator
```

在 registrator-etcd.yml 中，变量 registrator_protocol 设为 etcd、registrator_port 设为 2379。现在还不需要这两个变量，因为在文件 roles/registrator/defaults/main.yml 中已经有了默认值 consul 和 8500。另外，还覆盖了变量 registrator_name 的默认值。

一切就绪，下面可以运行 playbook 了：

```
ansible-playbook \
    /vagrant/ansible/registrator.yml \
    -i /vagrant/ansible/hosts/serv-disc
```

一旦 playbook 执行完毕，使用 consul 协议的 Registrator 就会被配置在集群所有的节点上（见图 8-10）。

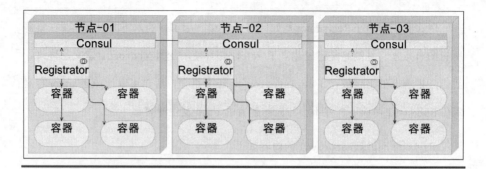

图 8-10 多节点及 Docker 容器、Consul 和 Regsitrator

模板怎么办？该用 confd 还是别的什么？

安装 Consul 模板

与 etcd 一样，可以和 Consul 一起使用 confd。但是 Consul 有它自己的模板服务，能够与它的功能配合得更好。

使用从 Consul 得到的值，使用 Consul 模板（Consul Template）来创建文件非常方便。作为额外的好处，它还可以在文件更新完成之后运行任意的命令。与 confd 一样，Consul 模板也使用 Go 语言模板格式。

到目前为止，你可能已经适应了本书的习惯做法。我们先手工试验 Consul 模板。如同在本章中安装的其他工具一样，安装包括下载发行版、解压缩并确保可执行文件在系统路径中。

```
wget https://releases.hashicorp.com/consul-template/0.12.0/\
consul-template_0.12.0_linux_amd64.zip
sudo apt-get install -y unzip
unzip consul-template_0.12.0_linux_amd64.zip
sudo mv consul-template /usr/local/bin
rm -rf consul-template_0.12.0_linux_amd64*
```

在节点上安装好了 Consul 模板后，下面来创建一个模板文件：

```
echo '
{{range service "nginx-80"}}
The address is {{.Address}}:{{.Port}}
{{end}}
```

```
' >/tmp/nginx.ctmpl
```

模板运行时，将对所有名为 nginx-80 的服务重复执行 range 中的操作。每次
循环都会生成含有服务地址和端口的文本。模板会被创建为/tmp/nginx.ctmpl。

在执行 Consul 模板之前，再看一下在 Consul 中为 nginx 服务保存了什么信息：

```
curl http://serv-disc-01:8500/v1/catalog/service/nginx-80 | jq '.'
```

输出如下：

```
[
  {
    "ModifyIndex": 185,
    "CreateIndex": 185,
    "Node": "serv-disc-01",
    "Address": "10.100.194.201",
    "ServiceID": "nginx",
    "ServiceName": "nginx-80",
    "ServiceTags": [],
    "ServiceAddress": "10.100.194.201",
    "ServicePort": 4321,
    "ServiceEnableTagOverride": false
  },
  {
    "ModifyIndex": 202,
    "CreateIndex": 202,
    "Node": "serv-disc-01",
    "Address": "10.100.194.201",
    "ServiceID": "nginx2",
    "ServiceName": "nginx-80",
    "ServiceTags": [
    "balancer",
    "proxy",
    "www"
  ],
    "ServiceAddress": "10.100.194.201",
    "ServicePort": 1111,
    "ServiceEnableTagOverride": false
  }
]
```

现在运行了两个 nginx 服务并在 Consul 中注册了。使用我们创建的模板，下面
来看看结果：

```
consul-template \
    -consul serv-disc-01:8500 \
    -template "/tmp/nginx.ctmpl:/tmp/nginx.conf" \
    -once
cat /tmp/nginx.conf
```

第二条命令的结果如下：

```
The address is 10.100.194.201:4321
The address is 10.100.194.201:1111
```

Consul 模板命令找到了两个服务，并按照指定的格式产生了输出。我们指定它应该只运行一次。另一种选择是让它运行在守护模式。这种情况下，它会监视注册表的变化并更新指定的配置文件。

稍后当我们在部署管道中使用模板时，再来详细讨论 Consul 模板是如何工作的。在此之前，请参考 https://www.consul.io/docs/。现在的重点是要理解它能获取任何存储在 Consul 中的信息并应用于指定的模板中。除了生成文件，它还能运行自定义命令。这会在反向代理中派上用场，那是第 9 章的主题。

我们并没有尝试让 Consul 模板使用 Consul 键/值格式。与 confd 相比，这种组合并没有什么显著的不同。

Consul 模板的主要缺点是与 Consul 的紧耦合。不像 confd 可以用于很多不同的注册表，Consul 模板是一个与 Consul 紧密集成的模板引擎。与此同时，好处是 Consul 模板能理解 Consul 的服务格式。如果你选择使用 Consul，则 Consul 模板是最合适的。

在转到下一个主题之前，让我们生成 Consul 模板的 role 并把它配置在所有节点上。文件 roles/consul-template/tasks/main.yml 的内容如下：

```
- name: Directory is created
  file:
    path: /data/consul-template
    state: directory
  tags: [consul-template]
```

```
- name: File is copied
  copy:
    src: consul-template
    dest: /usr/local/bin/consul-template
    mode: 0755
  tags: [consul-template]
```

这个 role 文件没什么特别的，它可能是目前为止所用的最简单的一个。对

consul-template.yml playbook 来说也是如此，内容如下：

```
- hosts: consul-template
  remote_user: vagrant
  serial: 1
  sudo: yes
  roles:
    - common
    - consul-template
```

最后，可以把它配置到所有的节点上：

```
ansible-playbook \
    /vagrant/ansible/consul-template.yml \
    -i /vagrant/ansible/hosts/serv-disc
```

最后的结果与 etcd/Registrator 的组合非常相似，只是发给 Consul 的数据格式不

同，如图 8-11 所示。

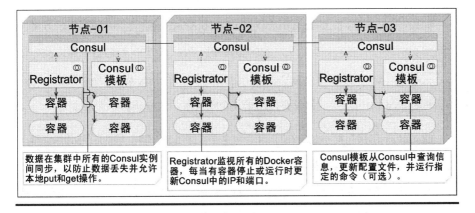

图 8-11 多节点及 Docker 容器、Consul、Registrator 和 Consul 模板

到目前为止，已经介绍了 Consul 的功能，有点类似于 etcd/registrator/confd 的组合。该来看看是什么使得 Consul 真正地脱颖而出了。

Consul Health Checks、Web UI 和数据中心
Consul Health Checks, Web UI, and Data Centers

监视集群的节点和服务的运行状况与测试和部署它们同样重要。我们的目标是要有一个永不失效的稳定的环境，还应当知道意外失效的发生并准备好相应的措施。比如，我们可以监视内存的使用，如果达到某个阈值，就把一些服务转移到集群中的其他节点上。这是一个在灾难发生之前采取预防性措施的例子。另一方面，我们无法及时发现所有潜在的失效并为之采取有效的措施。一个单独的服务会失效，整个节点会因为硬件故障而停止工作。这些情况下，我们应当做好准备尽可能地反应迅速，例如，使用新节点来替换有故障的节点并将失效的服务转移到新节点。我们不会过多地讨论 Consul 是如何在这方面提供帮助的，有专门的一章是关于自愈（self-healing）系统的，Consul 将在其中扮演主要角色。现在，可以这样说，Consul 有一种简单、优雅而又高效的方式来完成运行状况检查，还能帮助我们定义当达到阈值时采取什么样的措施。

如果在 google 中搜索 etcd ui 或 etcd dashboard，就会看到几种可用的方案，你可能会问为什么没有提到它们。原因很简单，etcd 就是一个键/值存储，此外无它。使用 UI 来呈现数据不是特别有用，因为很容易使用 etcdctl 来获取数据。这并不意味着 etcd UI 一点用处都没有，由于其功能有限，区别确实不大。

Consul 不仅仅是简单的键/值存储。就像我们看到的那样，除了存储键/值对，它还有一种把服务与其数据相结合的概念。它还能执行运行状况检查，查看节点和运行于其上的服务的状态，因此成为 dashboard 很好的候选者。最后，它还支持多数据中心的概念。所有这些功能相结合，让我们从另外一种角度看到了对 dashboard 的需求。

使用 Consul Web UI,我们可以查看所有的服务和节点,监视运行状况检查及它们的状态,读取和设置键/值,从一个数据中心切换到另一个数据中心。在你常用的浏览器中打开 `http://10.100.194.201:8500/ui` 就可以看到它是如何工作的。你在顶部菜单看到的项目就对应于我们先前通过 API 执行的步骤。

Services 菜单列出了我们注册的所有服务。现在的服务不多,因为只有 Consul 服务器、Docker UI 和两个 nginx 服务的实例在运行。下面可以使用名字或状态来过滤服务,点击注册的服务来查看详情,如图 8-12 所示。

Nodes 菜单列出了所有属于选定的数据中心的节点。在我们的例子中,有三个节点。第一个节点有三个注册的服务,如图 8-13 所示。

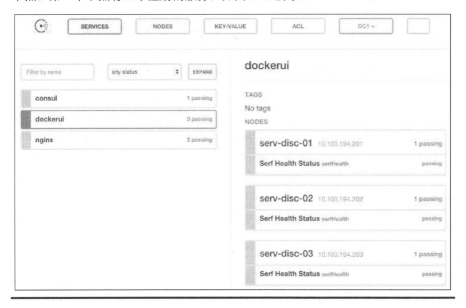

图 8-12 Consul Web UI 中的服务

Key/Value 页可以用来显示和修改数据。在这里,你可以看到设置为使用 `consulkv` 协议的 Registrator 实例提交给 Consul 的数据。你还可以随意添加数据并看到 UI 是如何呈现它们的。除了可以使用以前用过的 API 来操作 Consul 键/值,还可以使用 UI 来管理它们,如图 8-14 所示。

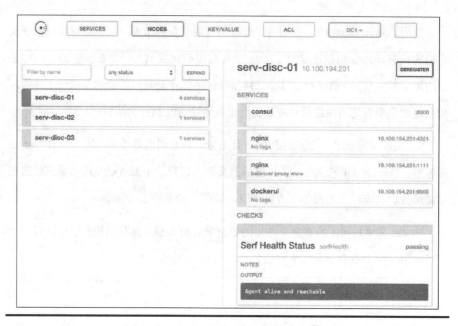

图 8-13 Consul Web UI 中的节点

图 8-14 Consul Web UI 中的键/值

请注意，Consul 允许我们把节点分组为数据中心。我们没有用到这个功能是因为只有三个节点。当集群中节点数量开始增加时，把它们划分成数据中心通常是一个好主意，Consul 可以帮助我们在 UI 上呈现它们。

Consul、Registrator、Template、HealthChecks 和 WEBUI 的组合

Consul 与我们看到的工具相结合,大多数情况下都比 etcd 的方案要好。它在当初设计时就考虑了服务架构和服务发现,它既简单又高效,在没有牺牲易用性的同时提供了完整的解决方案,在很多情况下,它是满足服务发现和运行状况检查需求最好的工具(至少在我们评估过的那些工具中)。

8.2　服务发现工具的比较
Service Discovery Tools Compared

所有的工具都基于相似的原则和架构。它们在节点上运行,需要达到规定的数量才能工作,并具有强一致性。它们都提供某种形式的键/值存储。

Zookeeper 是三个工具中历史最长的,这体现了它的复杂性,对资源的使用以及它试图实现的目标。与我们评估的其他工具相比,它设计于不同的时代(尽管它还不算太老)。

etcd 和 Registrator 与 confd 在一起是一个非常简单又非常强大的组合,这个组合可以解决我们对服务发现的大多数需求。它向我们展示了把简单且专门的工具组合起来的力量。每个工具只完成专门的任务,使用完善的 API 相互通信,能够相对自主地工作。它们在架构和功能上都是微服务。

使 Consul 有别于其他工具的是,它对多数据中心的支持以及不使用第三方工具就可以完成运行状况检查。这并不意味着使用第三方工具就错了。实际上,在本书中,我们一直试图在组合不同的工具,选择那些没有引入不必要的功能并且表现更好的工具。使用正确的工具就能获得最好的结果。如果工具的能力超出了我们的工作所需,它的效率就会下降。另一方面,一个工具要是不能满足需求,那它就是无用的。Consul 达到了很好的平衡,它做的事情不多,但它做得很好。

Consul 使用 gossip 协议来传播关于集群的知识,这种方式比 etcd 更容易设置,

特别是在大型数据中心的情况下。将存储数据作为服务的能力使其比 etcd 使用的键/值存储更全面和有用（尽管 Consul 也有那样的选项）。虽然在 etcd 里插入多个键也能实现相同的目的，但 Consul 的服务更简洁，通常只需要一个查询就能得到服务的所有数据。不仅如此，Registrator 还很好地实现了 Consul 协议，特别是 Consul 模板的加入，使得两者成为优秀的组合。Consul 的 Web UI 更是锦上添花，提供了一种很好的方式来可视化你的服务和它们的运行状况。

我不能说 Consul 是一个明显的胜利者。相比之下，它较 etcd 有着微弱的优势。服务发现作为一个概念，以及我们所使用的工具是如此的新颖，可以期待这个领域会有很多变化。当你读到本书时，可能会有新的工具出现，或者我们评估过的东西发生了很多变化，以至于一些做过的练习过时了。用一种开放的心态去面对并尝试采取一些本章中的建议，因为适合我的并不一定适合你。我们采用的逻辑是可靠的，不会很快变化。工具可不同，它们一定会演进的非常迅速。

在回到部署过程之前，还有一个主题。集成的步骤需要我们来讨论一下反向代理（reverse proxy）。

在继续之前，请停掉为练习服务发现而创建的虚拟机，释放资源留给第9章。

```
exit
vagrant destroy -f
```

第 9 章

代理服务
Proxy Services

到了这么一个阶段，需要一些东西把部署的容器联系起来，需要简化对服务的访问，并统一容器部署所用的服务器和端口。很多方法都试图解决这个问题，包括最常用的企业服务总线（Enterprise Service Bus，ESB）。这并不是说它们唯一的目的是把请求重定向到目标服务。确实不是这样，这也是我们拒绝把 ESB 作为架构解决方案的一部分原因之一。方法上的重要不同是，ESB 通常有很多功能（远超我们所需），而我们只想使用专门的小型组件或服务来构建我们的系统，刚好能满足我们的需求，不多也不少。ESBs 和微服务是对立的，在某种程度上背离了面向服务架构的初衷。我们致力于微服务并不断寻找具体的解决方案，替代方案就是代理服务。我们应该多花点时间讨论什么是代理服务，以及哪些产品能在架构和流程上帮助我们。

在发送请求的客户端和处理请求的服务之间，代理服务充当了中间人的角色。客户端发送请求给代理服务，相应地，代理服务转发请求给目标服务，因此使得架构中定位服务的复杂性得到了简化和控制。

至少有三种类型的代理服务。

- 网关或隧道服务是一种代理服务，转发请求给目标服务并回应发送请求的客户端。

- 前向代理用于从不同的来源（通常是 internet）检索数据。

- 反向代理通常用于在私有网络中控制和保护对服务器或服务的访问。除了这个主要功能，反向代理通常还提供负载均衡、解密和鉴权等功能。

反向代理可能是解决手头问题的最佳方案，所以应该多花点时间来更好地理解它。

9.1　反向代理服务
Reverse Proxy Service

代理服务的主要目的是隐藏其他服务以及将请求重定向到最终目的地。对于响应也是如此。一旦服务响应了某个请求，该响应就返回给代理服务并重定向到最初发起请求的客户端。对于所有的目的，从目的服务的角度来看，请求都来自于代理。换句话说，发起请求的客户端并不了解代理背后的情况，响应请求的服务也不知道请求来自于代理之外。也就是说，客户端和服务都只知道代理服务的存在。

我们将专注于在微服务的架构中如何使用代理服务。但是，大部分概念都等同于在整个服务器上使用代理服务（除了我们将这样的服务器称为代理服务器）。

代理服务的主要用途如下（除了对请求与响应的编排以外）。

- 尽管几乎所有的应用服务器都提供加密（一般是安全套接层（SSL）），但是让中间人负责加密更容易。

- 负载均衡是代理服务在一个服务的多个实例中实施负载均衡的过程。大多数情况下，这些实例分布在多个服务器上。使用这样的组合（负载均衡和伸缩），特别是在基于微服务的架构中，可以快速实现性能提升以及避免超时和停机。

- 压缩是另一个候选的功能，当集中在一个单独的服务中时，是很容易实现的。大多数代理服务产品都支持高效的压缩并很容易配置。对流量进行压缩的主要原因是缩短加载时间。流量越小，加载时间越快。

- 缓存是另一个易于在代理服务中集中实现的功能。通过缓存响应，可以减少服务要做的部分工作。缓存的要点是要建立规则（例如，缓存与产品列表相关的请求）和缓存超时时间。从此，只要是相同的请求，就会被代理直接响应，不需要把请求发送给服务。直至超时时间到，该过程将重复进行。可以使用更加复杂的组合，但基本用法就像我们描述的那样。

- 对于服务暴露出来的公开的 API，多数代理服务是它们的唯一入口。大多数情况下，只有 80 端口（HTTP）和 443 端口（HTTPS）允许公开访问。服务所需的其他端口只开放给内部使用。

- 代理服务能够实现不同类型的认证（例如 OAuth）。一方面，当请求没有携带用户标识时，代理服务会返回给调用者合适的响应代码。另一方面，如果用户标识存在，那么代理可以选择把请求继续发送到目的地，并由目标服务来完成用户标识的验证，或者它自己进行验证。当然，认证的实现有很多变体。如果使用了代理服务，需要注意的关键是，无论怎样，代理都最有可能参与到认证过程。

这个清单既不是包罗万象的也不是最终的，但它包含了一些最常用的案例。很多其他组合可能涉及了合法的和非法的目的。例如，对任何想保持匿名的黑客来说，代理都是必不可少的工具。

本书重点关注其主要功能，即将代理服务作为代理来使用。它们将负责协调部署的微服务之间的所有流量。我们将从部署的简单用法开始，逐渐涉及更为复杂的协调过程，称为蓝-绿部署（blue-green deployment）。

对某些人来说，代理服务听起来好像偏离了微服务的方法，因为它能做（通常情况下）很多事情。但是从功能的角度来看，它有着唯一目的。它在外部世界和所有的内部服务之间架起了一座桥梁。同时，它往往使用很少的资源，仅几个配置文件就能搞定。

随着对代理服务的基本了解，是时候来看看我们使用的一些产品了。

从现在开始，我们简称反向代理为代理。

代理服务对我们的项目有何帮助
How can Proxy Service help our project?

迄今为止，我们都在设法使用可控的方式来部署服务。本质上，从试图完成的部署来讲，那些服务应当部署在端口上，潜台词是，我们事先不知道服务器的位置。对可伸缩架构、容错及很多其他将要讨论的概念来说，灵活性是至关重要的。但灵活性是有代价的，我们可能事先不知道服务部署的位置和服务发布的端口。即使此类信息在部署前是可以知道的，也不应该要求服务的使用者在发送请求时指定不同的端口和 IP。解决方案是在单点集中处理所有来自于第三方和内部服务的通信。负责重定向请求的单点被称为代理服务。下面将讨论一些可供使用的工具并比较它们的优缺点。

和以前一样，我们从创建虚拟机开始并使用它们来试验不同的代理服务。下面将重新创建 cd 节点并将其作为代理服务器来提供不同的代理服务。

```
vagrant up cd proxy
```

下面要看的第一个工具是 nginx。

nginx
nginx

nginx 是一个 HTTP 和反向代理服务器、邮件代理服务器和通用的 TCP 代理服务器，创始人是 Igor Sysoev。一开始，它应用于许多俄罗斯的网站。从那时起，世界上许多最繁忙的网站选择了它作为服务器（NetFlix、Wordpress 和 FastMail 是许多例子中的几个）。据 Netcraft 统计，在 2015 年 9 月，最繁忙网站的 23%使用 nginx 作为服务器或代理服务器。这样的数据仅次于 Apache。尽管 Netcraft 的数据可能有问题，但毫无疑问的是，nginx 非常流行并在 Apache 和 IIS 之后位列第三。因为我们现在所做的是基于 Linux 的，所以微软的 IIS 当然被排除在外。对于代理服务来说，Apache 是一个有效的选项。显然，我们应当比较一下二者。

Apache 已经存在很多年并拥有海量用户。它超受欢迎部分得益于运行在 Apache 之上的 Tomcat，Tomcat 是当今最流行的应用服务器之一。Tomcat 只是 Apache 灵活性的诸多例子之一。通过它的模块，可以扩展到处理几乎所有的编程语言。

最受欢迎并不一定是最好的选择。由于设计的缺陷，Apache 在高负载情况下会运行得相当缓慢。它派生新的进程，相应地消耗了大量内存。不仅如此，它还为所有请求创建新的线程，这些线程彼此竞争去访问 CPU 和内存。最后，如果达到可配置的进程数的上限，它就会拒绝新的连接。Apache 不是设计用来提供代理服务的。代理服务只是后来加上去的。

nginx 是为了解决 Apache 的一些问题而开发的，特别是 C10K 问题。在那个时候，对 Web 服务器来说，C10K 是一个挑战，即开始处理上万个并发连接。nginx 于 2004 年发布并解决了这个问题。不同于 Apache，它的架构是基于异步的、非阻塞的、事件驱动的架构。它不但在可以处理的并发请求的数量上击败了 Apache，而且它使用的资源还非常少。它在 Apache 之后诞生，从根本上讲是为并发问题而设计的解决方案。我们有了一个能处理更多请求并消耗更少资源的服务器。

nginx 的不足是它被设计成只能提供静态内容。如果你需要一个服务器来提供由 Java、PHP 和其他动态语言生成的内容，Apache 是更好的选择。就我们而言，这个缺点微不足道，因为我们只是需要一个能够处理负载均衡的代理服务器。我们不需要代理直接提供任何内容（静态的或动态的），请求都重定向给专门的服务。

总之，Apache 在不同场景下可能是一个很好的选择，对于我们想要完成的任务，显然是nginx胜出。如果它唯一的任务是代理和负载均衡，那它可以比 Apache 做得更好。它的内存消耗非常少，并能处理海量并发请求。至少，在有其他竞争者来争夺最强代理之前，结论就是这样的。

配置 nginx

在建立 nginx 代理服务之前，让我们看一下将要运行的 Ansible 文件。nginx.yml 与之前用过的类似。在现有 role 的基础上，我们将运行添加了 nginx 的 role，内容如下：

```
- hosts: proxy
  remote_user: vagrant
  serial: 1
  sudo: yes
  roles:
    - common
    - docker
    - docker-compose
    - consul
    - registrator
    - consul-template
    - nginx
```

Role 文件 roles/nginx/tasks/main.yml 中没有包含什么特别的内容。

```
- name: Directories are present
  file:
    dest: "{{ item }}"
    state: directory
  with_items: directories
  tags: [nginx]
- name: Container is running
  docker:
    image: nginx
    name: nginx
    state: running
    ports: "{{ ports }}"
    volumes: "{{ volumes }}"
  tags: [nginx]
- name: Files are present
  copy:
    src: "{{ item.src }}"
```

```
        dest: "{{ item.dest }}"
      with_items: files
      register: result
      tags: [nginx]
    - name: Container is reloaded
      shell: docker kill -s HUP nginx
      when: result|changed
      tags: [nginx]
    - name: Info is sent to Consul
      uri:
        url: http://localhost:8500/v1/kv/proxy/ip
        method: PUT
        body: "{{ ip }}"
      ignore_errors: yes
      tags: [nginx]
```

下面将创建几个目录,以确保 nginx 容器在运行,并复制文件,如果文件发生
变化,则重新加载 nginx。最后,把 nginx 的 IP 提交给 Consul,以备日后需要时使
用。在 nginx 配置文件 roles/nginx/files/services.conf 中,唯一需要注意的重
要内容如下:

```
log_format upstreamlog
    '$remote_addr - $remote_user [$time_local] '
    '"$request" $status $bytes_sent '
    '"$http_referer" "$http_user_agent" "$gzip_ratio" '
    '$upstream_addr';
server {
  listen 80;
  server_name _;
  access_log /var/log/nginx/access.log upstreamlog;
  include includes/*.conf;
}
include upstreams/*.conf;
```

现在,你可以忽略日志格式并跳到 server 说明部分。我们规定了 nginx 应该监
听标准的 HTTP 端口 80 并接收发往任何服务器(server_name_)的请求。接下来
是 include 语句。使用 include,可以分别为每个服务添加配置,而不是在一个地方
指定所有的配置。相应地,这会让我们一次专注于一个服务,并确保部署的服务
得到了正确的配置。稍后,将进一步讨论每个 include 包含什么类型的配置。

下面将运行 nginx playbook 并开始使用它。首先登录 cd 节点并执行创建 proxy

节点的 playbook。

```
vagrant ssh cd
ansible-playbook /vagrant/ansible/nginx.yml \
    -i /vagrant/ansible/hosts/proxy
```

没有 Proxy 的日子

在看到 nginx 起作用之前，值得回顾在没有代理服务时我们遇到的难题。下面将从运行 books-ms 应用开始：

```
wget https://raw.githubusercontent.com/vfarcic\/books-ms/master/
dockercompose.yml
export DOCKER_HOST=tcp://proxy:2375
docker-compose up -d app
docker-compose ps
curl http://proxy/api/v1/books
```

最后一行命令的输出如下：

```
<html>
<head><title>404 Not Found</title></head>
<body bgcolor="white">
<center><h1>404 Not Found</h1></center>
<hr><center>nginx/1.9.9</center>
</body>
</html>
```

尽管使用了 docker-compose 运行应用，并使用 docker-compose ps 确认了应用运行在 proxy 节点上，但通过 curl 可以发现，在标准 HTTP 端口 80 上无法访问服务（nginx 给出了 404 Not Found 的消息）。这样的结果是意料之中的，因为服务运行在随机端口上。即使我们确实指定了端口（已经讨论过为什么这是一个坏主意），也不能指望用户能记住每个单独部署的服务的端口。此外，我们已经使用 Consul 实现了服务发现：

```
curl http://10.100.193.200:8500/v1/catalog/service/books-ms | jq '.'
```

最后一行命令的输出如下：

```
[
  {
    "ModifyIndex": 42,
```

```
      "CreateIndex": 42,
      "Node": "proxy",
      "Address": "10.100.193.200",
      "ServiceID": "proxy:vagrant_app_1:8080",
      "ServiceName": "books-ms",
      "ServiceTags": [],
      "ServiceAddress": "10.100.193.200",
      "ServicePort": 32768,
      "ServiceEnableTagOverride": false
    }
  ]
```

通过检查容器，还能得到端口输出如下：

```
PORT=$(docker inspect \
    --format='{{(index (index .NetworkSettings.Ports "8080/tcp")
0).HostPort}}' \
    vagrant_app_1)
echo $PORT
curl http://proxy:$PORT/api/v1/books | jq '.'
```

我们检查了容器，应用格式化来提取服务的端口，并保存在 PORT 变量中。随后，使用该变量生成一个正确的服务请求。与期望的一样，这次得到了正确的结果。因为还没有数据，所以服务返回了空的 JSON 数组（这次没有 404 错误）。

尽管操作成功，这种方法还是不太可能被用户所接受。只有访问我们的服务器才能查询 Consul 或检查容器来获得用户需要的信息，问题是不能给用户这样的权限。不用代理，就无法访问服务。服务正在运行，但没有人可以访问它们，如图 9-1 所示。

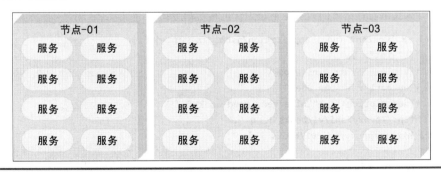

图 9-1　不使用代理的服务

现在我们感受到了用户在没有代理的情况下的痛苦，让我们把 nginx 正确地配置起来。下面将从手动配置开始，并以此为基础，实现自动配置。

手动配置 nginx

还记得 nginx 配置中的第一条 include 语句吗？现在就要用到了。已经有了 PORT 变量，我们要做的是确保所有的请求都到达 nginx 的 80 端口并以地址 /api/v1/books 开始，然后把这些请求重定向到正确的端口上。可以通过运行以下命令来实现：

```
echo "
location /api/v1/books {
  proxy_pass http://10.100.193.200:$PORT/api/v1/books;
}
" | tee books-ms.conf
scp books-ms.conf \
    proxy:/data/nginx/includes/books-ms.conf # pass: vagrant
docker kill -s HUP nginx
```

我们创建了 books-ms.conf 文件，该文件将所有以/api/v1/books 开始的请求转发到正确的IP和端口。location 语句将匹配所有以/api/v1/books 开始的请求，并将这些请求以不变地址转发到指定的 IP 和端口上。虽然 IP 不是必须的，但是使用它是一个好习惯，因为在大多数情况下，代理服务运行在另外的服务器上。接下来，使用安全拷贝（scp）来复制文件到 proxy 节点的/data/nginx/includes/目录下。一旦配置文件复制完成，要做的就是用 kill -s HUP 命令重新加载 nginx。

让我们看看刚才的改变是不是工作正常，命令如下：

```
curl -H 'Content-Type: application/json' -X PUT -d \
    "{\"_id\": 1,
    \"title\": \"My First Book\",
    \"author\": \"John Doe\",
    \"description\": \"Not a very good book\"}" \
    http://proxy/api/v1/books | jq '.'
curl http://proxy/api/v1/books | jq '.'
```

我们使用PUT请求成功地在数据库中添加了一本书，并用查询服务返回了同一本书。终于可以不用考虑端口就能发出请求了。

我们的问题解决了吗？目前只是部分解决了。我们还需要找出自动更新 nginx
配置的方法。毕竟，如果经常部署微服务，就不能依赖运营人员人工地、不间断
地监视部署和进行配置更新，如图 9-2 所示。

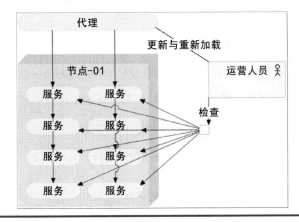

图 9-2 服务与人工代理

自动配置 nginx

我们已经讨论了服务发现工具，之前运行的 nginx playbook 确保了 Consul、
Registrator 和 Consul 模板正确地配置在了 proxy 节点上。这意味着 Registrator 可以
发现我们运行的服务容器并将其信息保存在 Consul 注册表中。要做的就是生成一
个模板，再将其提供给 Consul 模板，Consul 模板会输出配置文件并重新加载
nginx。

下面把情况变得更复杂一点，将服务扩展为两个实例。使用 Docker Compose
来做伸缩相对比较容易：

```
docker-compose scale app=2
docker-compose ps
```

后一行命令的输出如下：

```
Name              Command                 State    Ports
-------------------------------------------------------------------------
vagrant_app_1     /run.sh                 Up       0.0.0.0:32768->8080/tcp
vagrant_app_2     /run.sh                 Up       0.0.0.0:32769->8080/tcp
vagrant_db_1      /entrypoint.sh mongod   Up       27017/tcp
```

可以看到我们的服务有两个实例，且两者使用不同的随机端口。就 nginx 而言，这意味着几件事情，最重要的是不能像以前那样做代理了。运行服务的两个实例并将所有请求只重定向到其中一个是没有意义的。我们需要把代理与负载均衡结合起来。

我们不会讨论所有可能的负载均衡技术。相反，我们会使用最简单的称为 round robin 的负载均衡，这也是 nginx 默认使用的。round robin 意味着代理把请求平均分发给服务的所有实例。跟以前一样，与项目密切相关的文件应该和代码一起保存在代码库中，nginx 的配置文件和模板也不例外。

让我们先看一下 nginx-includes.conf 配置文件，命令如下：

```
location /api/v1/books {
    proxy_pass http://books-ms/api/v1/books;
    proxy_next_upstream error timeout invalid_header http_500;
}
```

这次使用 books_ms 来代替指定的 IP 和端口。显然，不存在这样的域。这是我们告诉 nginx 从其所在位置转发所有请求到上游服务的一种方式。此外，我们还加入了 proxy_next_upstream 指令。如果收到的服务响应为错误、超时、无效头或者 http 500，那么 nginx 会将请求重新发送给下一个上游服务。

该在主配置文件中使用第二条 include 语句了。但是，因为我们不知道服务将使用的 IP 和端口，所以把上游服务配置在 Consul 模板文件 nginx-upstreams.ctmpl 中，命令如下：

```
upstream books-ms {
    {{range service "books-ms" "any"}}
    server {{.Address}}:{{.Port}};
    {{end}}
}
```

这意味着转发给上游服务 books-ms 的所有请求将在服务的所有实例之间进行负载均衡，负载均衡的数据将从 Consul 得到。在运行 Consul 模板时，将会看到结果。

要事优先。下面先来下载刚才讨论过的两个文件：

```
wget http://raw.githubusercontent.com/vfarcic\
```

```
/books-ms/master/nginx-includes.conf
wget http://raw.githubusercontent.com/vfarcic\
/books-ms/master/nginx-upstreams.ctmpl
```

现在，代理配置文件和上游服务模板都已经在 cd 服务器，该运行 Consul 模板了：

```
consul-template \
    -consul proxy:8500 \
    -template "nginx-upstreams.ctmpl:nginx-upstreams.conf" \
    -once
cat nginx-upstreams.conf
```

Consul 模板使用下载的模板文件作为输入，并生成 booksms.conf 上游服务配置。第二行命令的输出应该类似于以下命令：

```
upstream books-ms {
    server 10.100.193.200:32768;
    server 10.100.193.200:32769;
}
```

因为我们运行了一个服务的两个实例，所以 Consul 模板获取它们的 IP 和端口并以 books-ms.ctmpl 模板指定的格式加入配置文件中。

请注意，还可以传送给 Consul 模板第三个参数，它可以运行我们指定的任何命令，本书稍后会用到它。

现在所有的配置文件都已经生成，应该把它们复制到 proxy 节点并重新加载 nginx，命令如下：

```
scp nginx-includes.conf \
    proxy:/data/nginx/includes/books-ms.conf # Pass: vagrant
scp nginx-upstreams.conf \
    proxy:/data/nginx/upstreams/books-ms.conf # Pass: vagrant
docker kill -s HUP nginx
```

还有就是要仔细检查代理是否工作以及请求是否能在两个实例中实现负载均衡：

```
curl http://proxy/api/v1/books | jq '.'
curl http://proxy/api/v1/books | jq '.'
curl http://proxy/api/v1/books | jq '.'
curl http://proxy/api/v1/books | jq '.'
docker logs nginx
```

在发出了 4 个请求之后，输出 nginx 日志，其内容应该与以下的相似（为简洁起见，删除了时间戳）：

```
"GET /api/v1/books HTTP/1.1" 200 268 "-" "curl/7.35.0" "-"
10.100.193.200:32768
"GET /api/v1/books HTTP/1.1" 200 268 "-" "curl/7.35.0" "-"
10.100.193.200:32769
"GET /api/v1/books HTTP/1.1" 200 268 "-" "curl/7.35.0" "-"
10.100.193.200:32768
"GET /api/v1/books HTTP/1.1" 200 268 "-" "curl/7.35.0" "-"
10.100.193.200:32769
```

端口可能与你的不同，显然第一个请求发送给了端口 32768，下一个请求发送给了 32769 端口，接下来的请求发送给了端口 32768，最后的请求发送给了端口 32769。这是一个成功的例子，nginx 不仅是一个代理，还把请求在我们部署的服务的所有实例间实现了负载均衡（见图 9-3）。

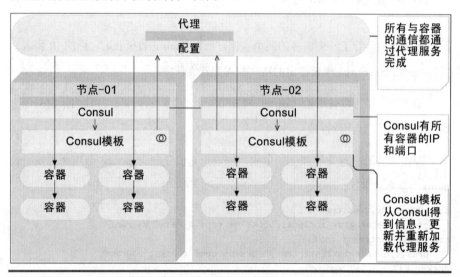

图 9-3 服务与自动代理和 Consul 模板

还没有测试使用 proxy_next_upstream 命令配置的错误处理。下面停掉一个服务的实例并确认 nginx 对错误进行了正确处理：

```
docker stop vagrant_app_2
curl http://proxy/api/v1/books | jq '.'
curl http://proxy/api/v1/books | jq '.'
curl http://proxy/api/v1/books | jq '.'
curl http://proxy/api/v1/books | jq '.'
```

　　先 停 掉 一 个 服 务 的 实 例 并 发 送 出 了 几 个 请 求 。 要 是 不 使 用 proxy_next_upstream 指令，每次 nginx 都将无法处理第二个请求，因为作为上游服务的两个实例中的一个已经停止工作了。但是，所有四个请求都工作正常。看看 nginx 的日志，可以了解 nginx 是怎么做的：

```
docker logs nginx
```

　　输出应该与以下的输出类似（为简洁起见，删除了时间戳）：

```
"GET /api/v1/books HTTP/1.1" 200 268 "-" "curl/7.35.0" "-"
10.100.193.200:32768
[error] 12#12: *98 connect() failed (111: Connection refused) while
connecting to upstream, client: 172.17.42.1, server: _, request: "GET /
api/v1/books HTTP/1.1", upstream: "http://10.100.193.200:32769/api/v1/
books", host: "localhost"
[warn] 12#12: *98 upstream server temporarily disabled while connecting
to upstream, client: 172.17.42.1, server: _, request: "GET /api/v1/books
HTTP/1.1", upstream: "http://10.100.193.200:32768/api/v1/books", host:
"localhost"
"GET /api/v1/books HTTP/1.1" 200 268 "-" "curl/7.35.0" "-"
10.100.193.200:32768, 10.100.193.200:32768
"GET /api/v1/books HTTP/1.1" 200 268 "-" "curl/7.35.0" "-"
10.100.193.200:32768
"GET /api/v1/books HTTP/1.1" 200 268 "-" "curl/7.35.0" "-"
10.100.193.200:32768
```

　　第一个请求发送给了端口 32768，由仍在运行的实例来处理。正如我们所期望的，nginx 把第二个请求也发送给了端口 32768。因为 nginx 从端口 32769 收到的回应是 111（拒绝连接），所以它决定临时禁止这个上游服务并尝试列表中的下一个。从此，所有其他请求都被代理转发到了端口 32768。

　　使用配置文件中的几行代码，我们设法配置了代理并与负载均衡和故障切换相结合。稍后第 15 章将更进一步，确保代理不仅只与运行着的服务一起工作，而且能把整个系统恢复到健康状态。

　　nginx 与服务发现工具相结合是一种很好的方案。但是，我们不应该这样就决定使用第一个出现的工具，而应该评估其他几个工具。现在停掉 nginx 容器来看看 HAProxy 表现如何：

```
docker stop nginx
```

HAProxy
HAProxy

就像 nginx 一样，HAProxy 是一种免费的、非常快速的和可靠的解决方案，提供了高可用性、负载均衡和代理。它特别适合高流量网站，支持世界上很多有着最高访问量的网站。

稍后在比较所有讨论过的代理方案时，我们将谈一谈它们的不同之处。现在，简言之，HAProxy 是一种不错的方案，可能是 nginx 最好的替代者。

我们将从实际练习开始，试着用 HAProxy 完成跟 nginx 相同的工作。在准备用于 HAProxy 的 proxy 节点之前，让我们来看一下 Ansible role haproxy 中的任务，命令如下：

```
- name: Directories are present
  file:
    dest: "{{ item }}"
    state: directory
  with_items: directories
  tags: [haproxy]
- name: Files are present
  copy:
    src: "{{ item.src }}"
    dest: "{{ item.dest }}"
  with_items: files
  register: result
  tags: [haproxy]
- name: Container is running
  docker:
    image: million12/haproxy
    name: haproxy
    state: running
    ports: "{{ ports }}"
    volumes: /data/haproxy/config/:/etc/haproxy/
  tags: [haproxy]
```

haproxy role 与我们使用过的 nginx role 非常类似。我们创建目录并复制文件（稍后将看到）。值得注意的是，大多数其他容器的镜像文件都不是我们所创建的，与此不同，我们也不打算使用官方的 haproxy 容器。主要原因是官方镜像无法重新加载 HAProxy 的配置。每次更新 HAProxy 的配置后，都要重启容器，这会产生一些停机时间。我们的目标之一是实现零停机，所以重启容器不是一个可选项。因此，必须考虑替代方案，用户 million12 刚好有我们所需的。million12/haproxy 容器自带 inotify（inode 通知），它是一个 Linux 内核子系统，通过扩展文件系统来感知文件的变化并通知应用程序。在我们的例子中，每当改变 HAProxy 的配置时，inotify 就会重新加载它。

让我们继续并在 proxy 节点上准备 HAProxy，命令如下：

```
ansible-playbook /vagrant/ansible/haproxy.yml \
    -i /vagrant/ansible/hosts/proxy
```

手工配置 HAProxy

首先检查 HAProxy 是否在运行，命令如下：

```
export DOCKER_HOST=tcp://proxy:2375
docker ps -a
docker logs haproxy
```

docker ps 命令显示了 haproxy 容器的状态是 Exited，日志输出类似于以下内容：

```
[2015-10-16 08:55:40] /usr/local/sbin/haproxy -f /etc/haproxy/haproxy.cfg
-D -p /var/run/haproxy.pid
[2015-10-16 08:55:40] Current HAProxy config /etc/haproxy/haproxy.cfg:
================================================================================
==========================
cat: /etc/haproxy/haproxy.cfg: No such file or directory
================================================================================
==========================
[ALERT] 288/085540 (9) : Could not open configuration file /etc/haproxy/
haproxy.cfg : No such file or directory
[ALERT] 288/085540 (10) : Could not open configuration file /etc/haproxy/
haproxy.cfg : No such file or directory
```

HAProxy 报告没有 haproxy.cfg 配置文件并停止了进程。实际上，问题在运行的 playbook 里。我们创建的唯一文件是 haproxy.cfg.orig（稍后介绍），并没有 haproxy.cfg。不像 nginx，HAProxy 至少需要一个实际的代理配置才能运行。很快，我们将配置第一个代理，而目前一个都没有。创建没有任何代理的配置文件是在浪费时间（HAProxy 无论如何都会失败），第一次创建节点的时候无法提供代理的配置，因为那时没有任何服务在运行，所以略过创建 haproxy.cfg。

　　在创建第一个代理的配置之前，让我们谈谈另一个可能使过程变得复杂的不同之处。不像 nginx，HAProxy 不允许使用 includes。所有的配置都在一个文件里，这会带来一些问题，因为我们只想增加或修改部署服务的配置，同时忽略系统的其他部分。但是，我们可以模拟 includes，把部分配置放在单独的文件中，在每次部署新的容器时把这些文件连接起来。因此，作为准备过程的一部分，我们会复制 haproxy.cfg.orig 文件。请查看它的内容，这里就不多介绍了，因为大多数都是默认配置，HAProxy 有非常棒的文档可以参考。要注意的重点是 haproxy.cfg.orig 所包含的设置中一个代理都没有。

　　使用与之前使用过的类似方法，将生成与运行服务相关的 HAProxy 的配置，命令如下：

```
PORT=$(docker inspect \
    --format='{{(index (index .NetworkSettings.Ports "8080/tcp")
0).HostPort}}' \
    vagrant_app_1)
echo $PORT
echo "
frontend books-ms-fe
    bind *:80
    option http-server-close
    acl url_books-ms path_beg /api/v1/books
    use_backend books-ms-be if url_books-ms
backend books-ms-be
    server books-ms-1 10.100.193.200:$PORT check
" | tee books-ms.service.cfg
```

　　从检查容器 vagrant_app_1 开始，目的是使用当前端口给 PORT 变量赋值并使用它来生成 books-ms.service.cfg 文件。

　　尽管命名不同，但 HAProxy 也使用了与 nginx 相似的逻辑。frontend 定义了如何转发请求给 backends。在某种程度上，frontend 类似于 nginx 的 location 指令，backedns 类似于 upstream，可以翻译如下。定义一个名为 books-ms-fe 的 frontend，将它与 80 端口进行绑定，无论何时，以/api/v1/books 开头的请求都使用名为 books-ms-be 的 backend。Backend books-ms-be（在那时）只有一个 IP 为 10.100.193.200 的服务器，端口由 Docker 分配。check 参数的意思与 nginx 中的相同（或多或少），就是停止把请求转发到工作不正常的服务。

现在把通用的设置放在 haproxy.cfg.orig 文件中，服务专用的设置在扩展名为.service.cfg 的文件中，再把这些文件的内容连接起来并放入一个单独的配置文件 haproxy.cfg 中，然后复制到 proxy 节点。

```
cat /vagrant/ansible/roles/haproxy/files/haproxy.cfg.orig \
    *.service.cfg | tee haproxy.cfg
scp haproxy.cfg proxy:/data/haproxy/config/haproxy.cfg
```

因为容器没有运行，所以需要再次启动它，并通过查询服务来检查代理是否工作正常，命令如下：

```
curl http://proxy/api/v1/books | jq '.'
docker start haproxy
docker logs haproxy
curl http://proxy/api/v1/books | jq '.'
```

第一个请求返回了拒绝连接错误，由此可以确认没有代理在运行。然后启动 haproxy 容器，在容器的日志中可以看到生成的配置文件是有效的，确实被代理服务使用了。最后，再次发送请求，这次它返回了一个有效的响应。

到目前为止，一切都很好，可以继续并使用 Consul 模板来自动化该过程。

自动配置 HAProxy

我们将使用与之前的 nginx 相同或相似的步骤。这样你可以很容易对两个工具进行比较。

首先增加服务的规模：

```
docker-compose scale app=2
docker-compose ps
```

接下来从代码库中下载 haproxy.ctmpl 模板。在下载之前，先看看它的内容：

```
frontend books-ms-fe
    bind *:80
    option http-server-close
    acl url_books-ms path_beg /api/v1/books
    use_backend books-ms-be if url_books-ms
backend books-ms-be
    {{range service "books-ms" "any"}}
    server {{.Node}}_{{.Port}} {{.Address}}:{{.Port}} check
    {{end}}
```

我们使用与 nginx 相同的模式来生成模板。唯一的不同是 HAProxy 需要唯一标识每个服务器，所以我们加入了服务的节点和端口作为服务器 ID。

下载模板并在 Consul 模板中运行它，命令如下：

```
wget http://raw.githubusercontent.com/vfarcic\
/books-ms/master/haproxy.ctmpl \
    -O haproxy.ctmpl
sudo consul-template \
    -consul proxy:8500 \
    -template "haproxy.ctmpl:books-ms.service.cfg" \
    -once
cat books-ms.service.cfg
```

使用 wget 下载模板并运行 consul-template 命令。下面把所有文件的内容都放入 haproxy.cfg 中，并复制到 proxy 节点，再看看 haproxy 的日志：

```
cat /vagrant/ansible/roles/haproxy/files/haproxy.cfg.orig \
    *.service.cfg | tee haproxy.cfg
scp haproxy.cfg proxy:/data/haproxy/config/haproxy.cfg
docker logs haproxy
curl http://proxy/api/v1/books | jq '.'
```

还有就是要仔细检查代理是否可以在两个实例中实现请求的负载均衡。

```
curl http://proxy/api/v1/books | jq '.'
curl http://proxy/api/v1/books | jq '.'
curl http://proxy/api/v1/books | jq '.'
curl http://proxy/api/v1/books | jq '.'
```

遗憾的是，HAProxy 无法把日志输出到标准输出（这是 Docker 容器输出日志的首选方式），所以无法确认负载均衡在工作。可以把日志输出到 syslog，但这已经超出了本章的范畴。

还没有测试过使用 backend 命令配置的错误处理。让我们停掉服务的一个实例并确认 HAProxy 已正确处理了故障：

```
docker stop vagrant_app_1
curl http://proxy/api/v1/books | jq '.'
curl http://proxy/api/v1/books | jq '.'
curl http://proxy/api/v1/books | jq '.'
curl http://proxy/api/v1/books | jq '.'
```

我们停掉了一个服务的实例并发送了几个请求，所有的请求都工作正常。

HAProxy 配置文件不能包含其他文件，这让我们的工作稍许有点复杂。syslog 可以解决不能把日志输出到标准输出的问题，但这不符合容器的最佳实践。HAProxy 这么做是有原因的。把日志输出到标准输出会拖慢它的速度（仅在大量请求时才会被注意到）。更好的做法是把选择权留给我们，或者让标准输出成为默认设置，而不是根本就不支持。最后，还有一点小小的不便是不能使用官方的 HAProxy 容器。这些问题都不是非常重要。我们解决了不支持 includes 的问题，能够输出日志到 syslog，并最终使用了来自 `million12/haproxy` 的容器（还可以以官方容器为基础创建自己的容器）。

9.2 代理工具的比较
Proxy Tools Compared

Apache、nginx 和 HAProxy 并不是使用的唯一方案。可用的项目有很多，要做出选择比以往更困难。

值得尝试的开源项目之一是 `lighttpd`（pron.lighty）。如同 nginx 和 HAProxy，它也是为安全、速度、合规性、灵活性和高性能而设计的。它的特点是使用很少的内存和高效的 CPU 负载管理。

如果你偏爱 JavaScript，[node-http-proxy]就是一个值得尝试的选项。与我们看到的其他工具不同，node-http-proxy 使用 JavaScript 代码来定义代理和负载均衡。

VulcanD 也是一个值得关注的项目。它是一个基于 etcd 的可编程的代理和负载均衡器。类似于我们在 Consul 模板和 nginx/HAProxy 中所做的事情，这些都成了 VulcanD 的一部分。它与 Sidekick 的组合可以提供类似于 nginx 和 HAProxy 中的 `check` 参数的功能。

有很多类似的项目可用，显然新的项目不断涌现并且现有项目在不断发展。

可以期待的是，有更多新颖的项目出现，它们以不同的方式结合了代理、负载均衡和服务发现。

但是，现在看来，我的选择是 nginx 或 HAProxy。我们谈到的其他产品都没有加入什么新的功能，相反，它们中的每一个都至少有一个缺陷。

Apache 是基于进程的，在流量大时表现很不理想。同时，它对资源的使用也很容易暴涨。如果需要一个服务器来提供动态内容，Apache 则是一个理想的选择，但不要作为代理来使用。

Lighttpd 起初看起来很有希望，但是它遇到了很多困难（内存泄漏、CPU 使用等），它的一些用户都转向了替代方案。维护它的社区也远小于 nginx 和 HAProxy。虽然它曾经火过，很多人对它的期望很高，但现在看来它并不是一种推荐的方案。

node-http-proxy 怎么样呢？尽管它不如 nginx 和 HAProxy 出色，但也非常接近。主要问题是它的可编程配置，不太适合持续变化的代理。如果你使用 JavaScript，并且代理的配置相对稳定，则 node-http-proxy 是一个还可以的选项，但它不会比 nginx 和 HAProxy 表现得更好。

VulcanD 与 Sidekick 的组合也是一个值得关注的项目，但还没有形成产品（至少在编写本书的时候）。它的表现不太可能超过那几个主要的产品。VulcanD 的潜在问题是与 etcd 的绑定。一方面，如果你正在使用 etcd，那么刚好。另一方面，如果你选择其他类型的注册表（如 Consul 或 Zookeeper），那么 VulcanD 就帮不上忙了。我倾向于把代理服务和服务发现分开，采用自己的方法把两者连接起来。VulcanD 带来的真正价值是把代理服务和服务发现相结合的新的方式，它可能会被认为是为新型代理服务打开大门的先驱之一。

现在就剩下 nginx 和 HAProxy 了。如果花点时间去调查大家的观点，你会发现两个阵营中都有大量用户为彼此的观点互相争论。在一些方面 nginx 比 HAProxy 的表现要好，在另外一些方面则相反。有些功能是 HAProxy 所没有的，而 nginx 则缺少另外一些功能。但实际上，两者都经过了实战的考验，都是很好的解决方案，都拥有大量的用户，都成功地应用于有巨大流量的公司中。如果你需要的就是支持负载均衡的代理服务，选择它们中的任何一个都不会出错。

我稍微有一点儿更倾向于 nginx，因为它有更好的（官方）Docker 容器（例如，它允许使用 HUP 信号来重新加载配置），可以选择输出日志到标准输出，并可以包含其他的配置文件。除了 Docker 容器外，HAProxy 有意决定不支持这些功能，因为它们可能会带来性能问题。但是，我更愿意拥有这些功能，从而可以选择什么时候恰当地使用它们，什么时候不使用它们。所有这些都不是真正重要的优先项，在大多数情况下，想要实现的特殊场景决定了最终的选择。但 nginx 还是有一个关键的功能是 HAProxy 所不支持的，HAProxy 在重新加载配置时会丢弃流量。如果采用微服务架构，持续集成和蓝-绿部署过程，重新加载配置是很常见的。每天都有若干次甚至是数百次重新加载。与重新加载的频率无关，使用 HAProxy 更可能产生停机。

如果必须做出选择，那就选择 nginx。本书其他部分选择了 nginx 作为代理。

既然已经有了结论，下面删除本章使用的虚拟机并继续完成部署管道的实现。有了服务发现和代理服务，需要的一切就都有了。

```
exit
vagrant destroy -f
```

第 10 章

部署流水线的实现——后期阶段
Implementation of the Deployment Pipeline – The Late Stages

我们暂时把部署流水线放在一边，来看看服务发现和代理服务。如果没有代理服务，就无法以简单可靠的方式访问容器。我花了一些时间来研究不同的选项，并提出了一些可以作为服务发现解决方案的组合。

使用服务发现和代理服务，就可以最终完成部署流水线（见图 10-1）。

（1）检出代码——已完成。

（2）运行部署前测试——已完成。

（3）编译打包代码——已完成。

（4）构建容器——已完成。

（5）将容器推送到镜像库——已完成。

（6）将容器部署到生产服务器——已完成。

（7）集成容器——待完成。

（8）运行部署后测试——待完成。

（9）将测试容器推送到镜像库——待完成。

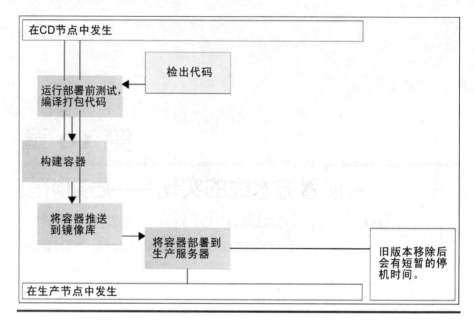

图 10-1 使用 Docker 的部署流水线的中间阶段

部署流水线还缺少三个步骤。我们还需要集成容器并进行部署后测试，然后将测试容器推送到镜像库，以便每个人都可以使用。下面将先启动用于部署流水线的两个节点：

```
vagrant up cd prod
```

现在使用 Ansible playbook prod2.yml 来配置 prod 节点，它包含第 9 章中已经讨论过的服务发现和代理角色：

```
- hosts: prod
  remote_user: vagrant
  serial: 1
  sudo: yes
  roles:
    - common
    - docker
    - docker-compose
    - consul
    - registrator
    - consul-template
    - nginx
```

运行后，prod 节点会启动 Consul、Registrator、Consul Template 和 nginx。它们可将所有的请求转发到目标服务（目前只有 books-ms）。下面从 cd 节点运行 playbook。

```
vagrant ssh cd
```

```
ansible-playbook /vagrant/ansible/prod2.yml \
  -i /vagrant/ansible/hosts/prod
```

10.1　启动容器
Starting the Containers

在继续集成之前，应该运行容器：

```
wget https://raw.githubusercontent.com/vfarcic\
/books-ms/master/docker-compose.yml
export DOCKER_HOST=tcp://prod:2375
docker-compose up -d app
```

由于在这个节点上配置了 Consul 和 Registrator，所以这两个容器的 IP 和端口应该在镜像库中可用。可以在浏览器中打开 http://10.100.198.201:8500/ui，通过访问 Consul UI 来确认。

点击 NODES 按钮，可以看到 prod 节点已经注册。接着，点击 prod 节点按钮应该会显示它包含两个服务：consul 和 books-ms。我们启动的 mongo 容器没有注册，因为它没有公开任何端口（见图 10-2）。

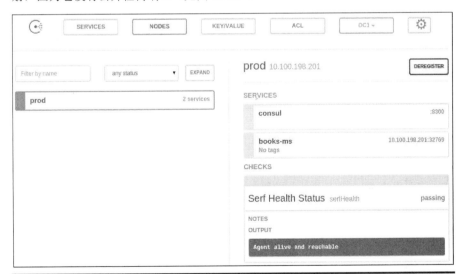

图 10-2　prod 节点和运行在之上的服务的 Consul 截屏

发送请求到 Consul，可以看到同样的信息：

```
curl prod:8500/v1/catalog/services | jq '.'
curl prod:8500/v1/catalog/service/books-ms | jq '.'
```

第一行命令列出了 Consul 中注册的所有服务。输出如下：

```
  {
    "dockerui": [],
    "consul": [],
    "books-ms": []
  }
```

第二行命令输出了所有与 books-ms 服务相关的信息，如下：

```
[
  {
    "ModifyIndex": 27,
    "CreateIndex": 27,
    "Node": "prod",
    "Address": "10.100.198.201",
    "ServiceID": "prod:vagrant_app_1:8080",
    "ServiceName": "books-ms",
    "ServiceTags": [],
    "ServiceAddress": "10.100.198.201",
    "ServicePort": 32768,
    "ServiceEnableTagOverride": false
  }
]
```

容器启动运行并将其信息存储在服务镜像库后，就可以重新配置 nginx，以便可以通过标准的 HTTP 端口 80 来访问 book-ms 服务。

10.2　集成服务
Integrating the Service

先要确认 nginx 不知道我们的服务存在：

```
curl http://prod/api/v1/books
```

发送请求后，nginx 回复 404 Not Found 消息。下面做一点修改：

```
Exit
vagrant ssh prod
wget https://raw.githubusercontent.com/vfarcic\
/books-ms/master/nginx-includes.conf \
    -O /data/nginx/includes/books-ms.conf
```

```
wget https://raw.githubusercontent.com/vfarcic\
/books-ms/master/nginx-upstreams.ctmpl \
    -O /data/nginx/upstreams/books-ms.ctmpl
consul-template \
    -consul localhost:8500 \
    -template "/data/nginx/upstreams/books-ms.ctmpl:\
/data/nginx/upstreams/books-ms.conf:\
docker kill -s HUP nginx" \
    -once
```

大部分步骤在第9章已经介绍过，所以这里我们会很简短地过一遍。首先登录 prod 节点，并从代码库中下载 inlcudes 文件和 upstreams 模板。然后运行 consul-template，从 Consul 中获取数据并将其应用到模板。运行结果就是 nginx upstreams 配置文件。请注意，这一次，我们添加了第三个参数 docker kill -s HUP nginx。这个 consul-template 不但根据模板创建了配置文件，而且重新加载了 nginx。由于实现了自动化，所以可以从 prod 服务器执行这些命令，而不是像以前 的章节那样远程执行所有操作。刚刚运行的步骤更接近第 11 章的方式。

现在测试服务是否确实可以通过 80 端口访问：

```
exit
vagrant ssh cd
curl -H 'Content-Type: application/json' -X PUT -d \
    "{\"_id\": 1,
    \"title\": \"My First Book\",
    \"author\": \"John Doe\",
    \"description\": \"Not a very good book\"}" \
    http://prod/api/v1/books | jq '.'
curl http://prod/api/v1/books | jq '.'
```

10.3　运行部署后测试
Running Post-Deployment Tests

虽然通过发送请求可以确认服务从 nginx 访问，但是，如果想要完全实现这个 过程的自动化，那么这种验证方式是不可靠的。因此，我们应该重复执行集成测 试，只不过这次是使用 80 端口（或者完全不使用端口，因为 80 是标准的 HTTP 端 口）：

```
git clone https://github.com/vfarcic/books-ms.git
cd books-ms
docker-compose \
    -f docker-compose-dev.yml \
    run --rm \
    -e DOMAIN=http://10.100.198.201 \
    integ
```

输出如下：

```
[info] Loading project definition from /source/project
[info] Set current project to books-ms (in build file:/source/)
[info] Compiling 2 Scala sources to /source/target/scala-2.10/classes...
[info] Compiling 2 Scala sources to /source/target/scala-2.10/test-
classes...
[info] ServiceInteg
[info]
[info] GET http://10.100.198.201/api/v1/books should
[info] + return OK
[info]
[info] Total for specification ServiceInteg
[info] Finished in 23 ms
[info] 1 example, 0 failure, 0 error
[info] Passed: Total 1, Failed 0, Errors 0, Passed 1
[success] Total time: 27 s, completed Sep 17, 2015 7:49:28 PM
```

如预期的那样，输出显示集成测试成功通过。事实是，我们只有一个测试，就像之前运行的 curl 命令一样。然而，在现实世界中，测试的数量会增加，使用适当的测试框架比运行 curl 请求要可靠得多。

10.4 将测试容器推送到镜像库
Pushing the Tests Container to the Registry

事实上，我们已经把这个容器推送到了镜像库中，以免每次需要时都要构建它，这样可以省去等待的时间。但是，这一次，应该把它作为部署流水线的一部分来推送。我们打算按照任务的重要性来顺序执行，以便尽快获得反馈信息。在优先事项列表中，推送测试容器的级别是很低的，所以把它放在最后。现在可以推送容器了，这样其他人可以从镜像库中拉取容器并使用它。

```
docker push 10.100.198.200:5000/books-ms-tests
```

10.5　检查表
The Checklist

现在已经完成了整个部署流水线。由于中途有好几次停下来探索不同的方法，所以花了不少时间。如果不对配置管理的概念和工具进行探索，就没法部署到生产环境。接着，我们又被难住了，因此不得不先了解服务发现和服务代理，才能集成服务容器（见图 10-3）。

（1）检出代码——完成。

（2）运行部署前测试——完成。

（3）编译打包代码——完成。

（4）构建容器——完成。

（5）将容器推送到镜像库——完成。

（6）将容器部署到生产服务器——完成。

（7）运行部署后测试——完成。

（8）将测试容器推送到镜像库——完成。

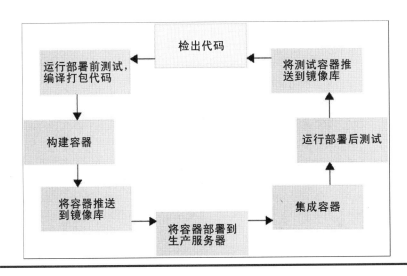

图 10-3　使用 Docker 的部署流水线的最后步骤

现在我们能够手动运行部署过程了。下一步是自动执行所有这些命令，并从头到尾自动运行流水线。现在销毁之前使用的节点，这样就可以重新开始，并确认自动化过程确实有效：

```
exit
vagrant destroy -f
```

第 11 章

部署流水线的自动化实现
Automating Implementation of the Deployment Pipeline

既然可以手动执行部署流水线的过程，接下来可以开始创建完全自动化的版本。毕竟，我们的目标是不需要雇佣一群操作员坐在计算机前并不断执行部署命令。在继续之前，让我们再快速回顾一遍这个过程。

11.1 部署流水线的步骤
Deployment Pipeline Steps

部署流水线的步骤如下（见图 11-1）。

（1）检出代码。

（2）运行部署前测试，编译打包代码。

（3）构建容器。

（4）将容器推送到镜像库。

（5）将容器部署到生产服务器。

（6）集成容器。

（7）运行部署后测试。

（8）将测试容器推送到镜像库。

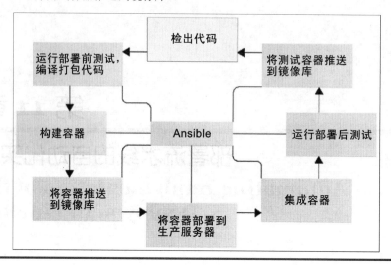

图 11-1　部署流水线

为了最小化流水线对业务的影响，我们想尽办法在生产服务器之外执行尽可能多的任务。我们必须在 prod 节点上执行的两个步骤是部署本身和集成（目前只有代理服务）。所有其他步骤都是在 cd 服务器内完成的（见图 11-2）。

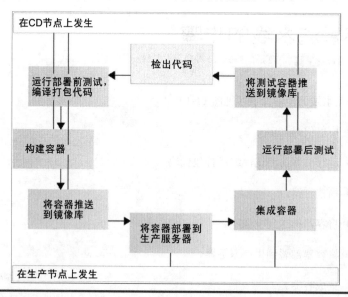

图 11-2　CD 节点和生产节点之间的任务分布

我们已经选择了 Ansible 作为服务器配置的工具，使用它来安装软件包、安装配置等。到目前为止，所有这些用法旨在提供部署容器所需的东西。下面将扩展 Ansible playbooks 的使用并将部署流水线加进来，如图 11-3 所示。

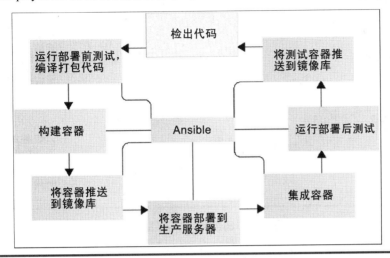

图 11-3　使用 Ansbile 的自动部署流水线

我们不会使用 Ansible 检出代码，这样做的原因并不是 Ansible 不能克隆 Git 代码库。Ansible 当然可以。问题在于，Ansible 不是一个连续运行并监测代码库改动的工具。还有一些我们没有解决的问题，例如，万一流程失败，我们没有找到应对的操作。目前，流水线中的另外一个缺陷是每个部署都会带来短暂的停机时间。这个过程会停止运行版本，并启动新版本。在这两个动作之间，有一段很短的时间我们部署的服务不可操作（见图 11-4）。

我们会把这些还有其他可能的改进留到后面。

为了更好地理解这个过程，可以查看之前执行的每个手动步骤，并考虑如何使用 Ansible 来完成。

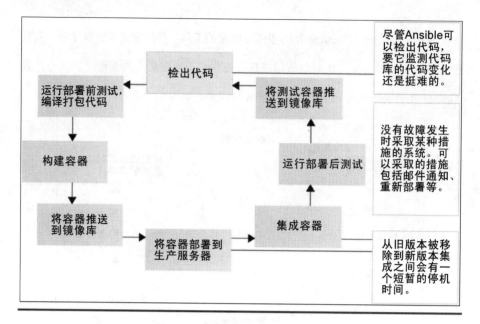

图 11-4　部署流水线中缺失的部分

我们首先创建节点并克隆代码，如下：

```
vagrant up cd prod
vagrant ssh cd
git clone https://github.com/vfarcic/books-ms.git
```

Playbook 和 Role
The Playbook and the Role

如果你已经尝试过自动化部署，那么你创建的脚本很可能都与部署本身相关。使用 Ansible（以及一般的 CM 工具），可以每次都从头开始，不仅部署是自动化的，而且会设置好整个服务器。我们无法确定服务器处于什么样的状态，例如不知道有没有运行 nginx，或者 nginx 容器确实在运行，但由于某种原因，其进程停止了，又或者，虽然这个进程在运行，但一些关键的配置发生了变化。同样，我们也无法知道部署服务的其他情况。解决的办法是使用一个 playbook，它将确保一切设置正确。Ansible 很聪明，它可以检查所有依赖关系的状态，只在出现问题时才更改设置。

现在来看看这个 playbook（service.yml）。

```
- hosts: prod
  remote_user: vagrant
  serial: 1
  sudo: yes
  roles:
    - common
    - docker
    - docker-compose
    - consul
    - registrator
    - consul-template
    - nginx
    - service
```

service role 将包含与部署直接相关的任务，我们的服务正常工作依赖于这些任务之前的所有 role。除了 playbook 中的最后一个 role，其他 role 都已经讨论过。显然我们应该直接跳到 service role，其任务的定义在 roles/service/tasks/main.yml 文件中。

```
- include: pre-deployment.yml
- include:deployment.yml
- include:post-deployment.yml
```

由于这个 role 比之前使用的 role 包含的内容要多，所以决定将它们分成逻辑组（部署前、部署和部署后），并将它们包含在 main.yml 文件中。这样，就不会一次处理太多的任务，而且会增加 role 的可读性。

部署前任务
Pre-Deployment tasks

首先要做的是创建测试容器。我们已经使用了以下命令（请不要运行）：

```
docker pull \
    -t 10.100.198.200:5000/books-ms-tests
docker build \
    -t 10.100.198.200:5000/books-ms-tests \
    -f Dockerfile.test \
    .
```

在 Ansible 里可以使用 shell 模块轻松复制出同样的命令，如下：

```
- name: Tests container is pulled
  shell: docker pull \
    {{ registry_url }}{{ service_name }}-tests
delegate_to: 127.0.0.1
ignore_errors: yes
  tags: [service, tests]
- name: Tests container is built
  shell: docker build \
    -t {{ registry_url }}{{ service_name }}-tests \
    -f Dockerfile.test \
    .
args:
  chdir: "{{ repo_dir }}"
delegate_to: 127.0.0.1
tags: [service, tests]
```

我们将命令进行了改动，将容易变化的部分定义为变量。第一个变量是
registry_url，它应该包含 Docker 镜像库的 IP 和端口，默认值是在
group_vars/all 文件中指定的。第二个变量更有趣。我们创建这个 role 不是只为了
用于 books-ms 服务，而是可以与（几乎）任何服务一起使用，因为它们都可以遵
循相同的模式。我们可以在不牺牲任何自由的情况下做到这一点，是因为关键指
令都保存在一些文件里，这些文件位于每个服务的代码库中。最重要的是
Dockerfile.test 文件、定义测试和服务的容器的 Dockerfile、定义容器如何运行
的 Docker Compose 配置文件，以及代理配置和模板。所有这些文件都与我们正在
创建的流程分开，项目负责人有充分的自由根据其需求进行裁量。这展示了我正
在努力推动的一个非常重要的方面。建立正确的流程重要，让脚本、配置和代码
处于正确的位置也非常重要。一方面，多个项目共同的东西应该放在集中的地方
（例如位于 https://github.com/vfarcic/ms-lifecycle 代码库中的 Ansible
playbook）。另一方面，可能特定于某个项目的东西应该存储在该项目所在的代码
库中。将所有内容存储在一个集中的地方会带来相当长时间的等待，因为项目团
队需要向交付团队请求更改。走向另一个极端也是错误的。如果一切都存储在项
目代码库中，则会有很多重复。每个项目都要提供脚本来设置服务器、部署服
务，等等。

接下来指定一个参数 chdir，这将确保命令从比如在本例中包含

Dockerfile.test 文件的目录下执行。chdir 的值来源于变量 repo_dir，不像
registry_url，chdir 没有默认值。我们将在运行 playbook 时指定 chdir 的值。然
后是 delegate_to 指令。由于想尽可能少地干扰目标服务器，所以像这样的任务将
在本地主机（127.0.0.1）上运行。最后，我们设置了一些标签，可以用来确定哪
些任务将会或不会运行。

在测试容器建成之前把它拉取出来是为了节省时间。playbook 的执行可能会
从一台服务器改变到另一台服务器，如果发生这种情况，Docker 并不会先从镜像
库中拉取容器，而是将构建所有层，即使其中大部分层可能与以前的相同。请注
意，我们引入了 ignore_errors 命令。如果没有这个指令，playbook 在第一次构建
容器时就会失败，因为没有可拉取的。

请记住，大多数情况下应该避免使用 shell 模块。Ansible 背后的想法是指定
想要的结果，而不是应该执行的操作。一旦想要的结果开始运行，Ansible 就要尝
试做正确的事情。例如，如果指定应该安装一些软件包，Ansible 就会检查这个软
件包是否已经存在，只有在没有安装时才安装。这种情况下，使用的 shell 模块将
始终运行，不管系统的状态如何。在这个特定的情况下，这是可以的，因为
Docker 本身可确保只创建修改的层，Docker 不会每次都创建整个容器。设计你的
role 时请记住这一点。

在部署前阶段运行的其他命令如下（请不要运行）：

```
docker-compose -f docker-compose-dev.yml \
    run --rm tests
docker pull 10.100.198.200:5000/books-ms
docker build -t 10.100.198.200:5000/books-ms .
docker push 10.100.198.200:5000/books-ms
```

当转换为 Ansible 格式时，结果如下：

```
- name: Pre-deployment tests are run
  shell: docker-compose \
    -f docker-compose-dev.yml \
    run --rm tests
  args:
    chdir: "{{ repo_dir }}"
```

```
      delegate_to: 127.0.0.1
      tags: [service, tests]
  - name: Container is built
    shell: docker build \
      -t {{ registry_url }}{{ service_name }} \
      .
    args:
      chdir: "{{ repo_dir }}"
    delegate_to: 127.0.0.1
    tags: [service]
  - name: Container is pushed
    shell: docker push \
      {{ registry_url }}{{ service_name }}
    delegate_to: 127.0.0.1
    tags: [service]
```

关于这些任务没有太多可说的。它们都使用 shell 模块，都在本地主机上运行。现在运行测试容器，除了检查代码质量的明显功能外，还编译服务。编译的结果用于构建稍后推送到 Docker 镜像库的服务容器。

最终结果可以在 roles/service/tasks/pre-deployment.yml 文件中看到，下面继续执行部署任务。

部署任务
Deployment tasks

我们在手动运行部署流水线时执行的下一组命令的目标是创建进程所需的目录和文件。命令如下（请不要运行它们）：

```
mkdir -p /data/books-ms
cd /data/books-ms
wget https://raw.githubusercontent.com/vfarcic\
/books-ms/master/docker-compose.yml
wget https://raw.githubusercontent.com/vfarcic\
/books-ms/master/nginx-includes.conf \
    -O /data/nginx/includes/books-ms.conf
wget https://raw.githubusercontent.com/vfarcic\
/books-ms/master/nginx-upstreams.ctmpl \
    -O /data/nginx/upstreams/books-ms.ctmpl
```

我们创建了服务目录，并从代码库中下载了 docker-compose.yml、

nginx-includes.conf 和 nginx-upstreams.ctmpl 文件。后面两个文件会在下次更
改代理的时候下载，但是，可以将它们组合成一个 Ansible 任务。使用 Ansible，我
们的做法稍有不同。由于已经检出了代码，所以用不着下载这些文件。可以将它
们复制到目标服务器。复制同一组命令的 Ansible 任务如下：

```
- name: Directory is created
  file:
    path: /data/{{ service_name }}
    recurse: yes
    state: directory
  tags: [service]
- name: Files are copied
  copy:
    src: "{{ item.src }}"
    dest: "{{ item.dest }}"
  with_items: files
  tags: [service]
```

我们创建了两个任务。第一个任务使用 Ansible 模块 file 来创建服务目录。由
于这个 role 应该是通用的，并且适用于（几乎）所有服务，所以服务的名称是在运
行 playbook 时在运行过程中设置的变量。第二个任务使用 copy 模块复制目标服务
器上需要的所有文件，现在正在使用 with_items 命令，这个命令会为*files_变量
的每个项目重复执行这个任务。变量定义在 roles/service/defaults/main.yml 文
件中，如下所示：

```
files: [
  {
    src: "{{ repo_dir }}/docker-compose.yml",
    dest: "/data/{{ service_name }}/docker-compose.yml"
  }, {
    src: "{{ repo_dir }}/nginx-includes.conf",
    dest: "/data/nginx/includes/{{ service_name }}.conf"
  }, {
    src: "{{ repo_dir }}/nginx-upstreams.ctmpl",
    dest: "/data/nginx/upstreams/{{ service_name }}.ctmpl"
  }
]
```

所有源文件都使用了已经在部署前任务中使用过的 repo_dir 变量。同样，目
标文件使用 service_name 变量。

一旦确定所有需要的文件都在目标服务器上，就可以继续进行包含两个步骤的实际部署（请不要运行它们），如下所示：

```
docker-compose pull app
docker-compose up -d app
consul-template \
    -consul localhost:8500 \
    -template "/data/nginx/upstreams/books-ms.ctmpl:\
/data/nginx/upstreams/books-ms.conf:\
docker kill -s HUP nginx" \
    -once
```

首先，从 Docker 镜像库中拉取出最新的镜像，然后运行。当 docker-compose up 运行时，它会检查容器镜像或其配置与正在运行的容器相比是否发生了变化。如果确实不同，Docker Compose 就会停止正在运行的容器并运行新容器，同时保留已挂载的卷。前面已经讨论过，在一段时间内（在停止当前版本和运行新版本之间），我们的服务将不可用。稍后会处理这个问题。现在，（非常短的）停机时间是我们必须忍受的事情。最后运行 consul-template 来更新配置和重新加载 nginx。

你可能已经猜到，将通过 Ansible shell 模块运行这两个命令，如下所示：

```
- name: Containers are pulled
  shell: docker-compose pull app
  args:
    chdir: /data/{{ service_name }}
  tags: [service]
- name: Containers are running
  shell: docker-compose up -d app
  args:
    chdir: /data/{{ service_name }}
  tags: [service]
- name: Proxy is configured
  shell: consul-template \
    -consul localhost:8500 \
    -template "{{ ct_src }}:{{ ct_dest }}:{{ ct_cmd }}" \
    -once
  tags: [service]
```

没有引入新的东西。这与我们定义部署前任务的 shell 任务是一样的模式。唯一值得注意的是，我们使用变量作为 -template 值。这背后的唯一原因是，

playbook 每行字符的长度有最大限制，不是所有的参数都合适。这些变量定义在

roles/service/defaults/main.yml 文件中，如下所示：

```
ct_src: /data/nginx/upstreams/{{ service_name }}.ctmpl
ct_dest: /data/nginx/upstreams/{{ service_name }}.conf
ct_cmd: docker kill -s HUP nginx
```

最终结果可以在 roles/service/tasks/deployment.yml 文件中看到。请注意，与部署前任务不同，该组中的所有任务确实将在目标服务器上运行。这可以通过缺少 delegate_to: 127.0.0.1 指令看出。

我们已经完成了部署，现在可以把注意力转向最后一组任务。

部署后任务
Post-Deployment tasks

剩下的就是运行集成测试并将测试容器推送到镜像库中。提醒一下，这些命令如下（请不要运行它们）：

```
docker-compose \
    -f docker-compose-dev.yml \
    run --rm \
    -e DOMAIN=http://10.100.198.201 \
    integ
docker push 10.100.198.200:5000/books-ms-tests
```

这些命令的 Ansible 版本如下：

```
- name: Post-deployment tests are run
  shell: docker-compose \
    -f docker-compose-dev.yml \
    run --rm \
    -e DOMAIN={{ proxy_url }} \
    Integ
  args:
    chdir: "{{ repo_dir }}"
  delegate_to: 127.0.0.1
  tags: [service, tests]
- name: Tests container is pushed
  shell: docker push \
    {{ registry_url }}{{ service_name }}-tests
  delegate_to: 127.0.0.1
```

```
tags: [service, tests]
```

这里面没有什么新的东西，所以不会详细介绍。部署后任务的完整版本可以在 roles/service/tasks/post-deployment.yml 文件中找到。

11.2 运行自动部署流水线
Running the Automated Deployment Pipeline

现在来看看 service playbook 的运行结果，代码如下：

```
cd ~/books-ms
ansible-playbook /vagrant/ansible/service.yml \
    -i /vagrant/ansible/hosts/prod \
    --extra-vars "repo_dir=$PWD service_name=books-ms"
```

我们将 inventory 指向 hosts/prod 文件和其他几个变量，运行 playbook service.yml。第一个变量是带有当前目录（$PWD）值的 repo_dir。第二个变量代表想要部署的服务的名称（books-ms）。目前，只有这个服务。如果还有更多的话，那么可以通过改变这个变量的值来部署这个 playbook。

我们不仅做到了全自动部署，还配置了目标服务器。第一个 playbook 是在一个全新的 Ubuntu 服务器上运行的，所以 Ansible 可确保部署所需的所有东西都能正确配置。结果并不完美，但这是一个好的开始。

随意重复执行 playbook，并观察与第一次运行相比的差异。你会注意到，大部分的 Ansible 任务处于正常状态，因为没有任何事情要做，所以 playbook 的运行要快很多。

可能还缺点什么？有不少。但是，在继续纠正这些问题之前，我们应该建立一个持续部署平台，看看它是否能对当前的流程有所帮助。在那之前，让我们销毁虚拟机，让你的计算机休息一下：

```
exit
vagrant destroy -f
```

第 12 章

持续集成、交付和部署的工具
Continuous Integration,Delivery and Deployment Tools

　　使用 Ansible，已经将大部分过程自动化了。到目前为止，已经使用 playbook 自动化两类任务：服务器配置和部署过程。虽然 Ansible 在配置服务器方面的表现十分亮眼，但部署并不是它的强项。我们主要使用 Ansible 来替补 bash 脚本。现在大部分部署任务使用的都是 Ansible 的 shell 模块。如果直接使用 shell 脚本，也可以达到同样的效果。Ansible 采用 promise 来确保系统处于正确的状态。对于需要使用条件、try/catch 语句和其他类型逻辑的部署工作，Ansible 的表现并不是很好。使用 Ansible 部署容器的主要原因是可避免将过程分解为多个命令（使用 Ansible 进行配置、运行脚本，再进行更多的配置、运行更多的脚本，等等）。此外，更重要的原因是还没有涉及 CI/CD 工具，所以先使用已有的工具。这种情况很快就会改变。

　　我们的部署流水线还有哪些不足呢？我们希望寻找更好的方法来部署软件（调用 Ansible 的 shell 模块有点烦琐）。我们缺少监测代码库的方法，我们希望每当代码有改动时，可以执行新的部署。当流程在某处失败时，还没有发送通知的机制。我们还缺少对所有的构建和部署的可视化呈现。这些不足之处都可以通过

CI/CD 工具轻松解决。因此，应该开始考虑可以使用哪些 CI/CD 平台，并从中选择一个。

12.1 CI/CD 工具对比
CI/CD Tools Compared

CI/CD 工具可以分为云服务方案和自托管方案两类。现在有很多免费的和付费的云服务，大部分都能满足小型应用的需求。如果你的小型应用由少量服务组成，并且驻留在少数服务器上，那么使用云解决方案非常合适。在我的个人项目中，我使用了不少这类云服务工具，例如 Travis、Shippable、CircleCI 和 Drone.io。它们会运行脚本、构建应用程序和服务，并将其打包到容器中。不过它们大多不能处理服务器集群。这并不是说没有适合这种情况的云解决方案。有，但是太贵了。考虑到这一点，我们应该寻求自托管的解决方案。

自托管的 CI/CD 工具很多，从免费的到非常昂贵的都有。常用的自托管 CI/CD 工具，比如 Jenkins、Bamboo、GoCD、Team City 和 Electric Cloud 都有自己的优点和缺点。其中 Jenkins 的表现最出色，社区对它的支持非常好。Jenkins 的插件几乎可以完成所有我们要做的事。即使你有一个很特殊的用例，自己编写插件也是一件很容易的事。社区支持和插件是 Jenkins 最大的优势，使得它比其他工具更受欢迎。

有些公司选择其他工具（如 Bamboo 和 Team City）的主要原因是它们提供技术支持。不过最近有一家公司 CloudBees 开始提供 Jenkins Enterprise 版本，它能够处理与持续集成、交付或部署相关的几乎任何场景。CloudBees 公司不仅提供免费的 Jenkins 社区版本，同时也提供付费的企业功能和支持。除了 Jenkins，目前还没有哪个工具既有完全免费的版本，又提供付费的支持和附加的功能。Team City 可以免费下载，但代理的数量有限。GoCD 是免费的，但它不提供任何技术支持。所以，目前 Jenkins 是最佳选择。

写本书时，我选择加入 CloudBees 团队（Enterprise Jenkins 背后的公司）。在本书中推广 Jenkins 并不是因为我在 CloudBees 团队工作。这是另外一回事。我选择加入 CloudBees 团队，因为我相信 Jenkins 是市场上最好的 CI/CD 工具。

CI/CD 工具的简史
The Short History of CI/CD Tools

Jenkins 已经存在很长时间，这是目前创建持续集成（CI）和持续交付/部署（CD）流水线的领先平台。它的理念是创建任务来执行诸如构建、测试、部署这样的作业，这些作业应该连在一起成为一个 CI/CD 流水线。Bamboo、Team City 等都是 Jenkins 的追随者，它们都使用了类似的逻辑，产生任务并将它们连接在一起。操作、维护、监控和创建作业主要是通过 UI 来完成的。然而，由于 Jenkins 有强大的社区支持，所以其他产品仍然无法超越它。Jenkins 有超过 1000 个插件，很难想到一个所有插件都不支持的任务。Jenkins 的支持、灵活性和可扩展性使其成为一直以来最受欢迎和广泛使用的 CI/CD 工具。这些基于 UI 的工具可以视为第一代 CI/CD 工具。

随着时间的推移，新产品诞生了，随之新的方法也诞生了。Travis、CircleCI 等将流程转移到云端，并可以自动发现，而且大多数 YML 和配置与应通过流水线的代码放在相同的代码库中。这个想法很好，让人神清气爽。这些工具没有把作业放在一个集中的位置，而是根据项目类型检查代码进行相应的操作。例如，如果找到 `build.gradle` 文件，它们就会假设你的项目通过 Gradle 而进行测试和构建。因此，它们将执行 `gradle check` 来测试你的代码，如果测试通过，则通过 `gradle assemble` 来生成制品。可以将这些产品视为第二代 CI/CD 工具。

第一代工具和第二代工具遇到的问题不同。Jenkins 等的功能和灵活性可让我们创建能够处理几乎任何级别的复杂性的定制流水线，但这是有代价的。当你只有几十个作业时，它们的维护比较简单。然而，当面对数百个作业时，管理它们可能变得相当冗长费时。

假设流水线平均有五个作业（构建、部署前测试、部署到 staging 环境、部署后测试和部署到生产环境）。实际上，经常有五个以上的作业，但我们还是保持一个乐观的估计吧。如果把这些作业复制到，比如属于二十个不同项目的二十条流水线中，总数就会达到一百个。现在，假设要把这些作业比如从 Maven 转移到 Gradle，则可以选择通过 Jenkins UI 开始修改它们，或者大胆地直接在代表这些作业的 Jenkins XML 文件中进行修改。无论采用哪种方式，这种看似简单的变化都需要花费相当的精力。不仅如此，由于其性质，所有的作业都集中在一个位置，让团队难以管理属于其项目的作业。除此之外，与项目有关的配置和代码都放在该项目的应用程序代码所在的代码库，而没有集中放在一个地方。这并不是 Jenkins 独有的问题，大多数其他自我托管的工具也有这个问题。在那个时代，人们认为重度集权和横向任务划分是一个好主意。在差不多那个时候，我们认为 UI 应该能够解决大多数问题。今天，我们知道代码比 UI 更易于定义和维护许多类型的任务。

我还记得 Dreamweaver 繁荣昌盛的日子。那是在 20 世纪 90 年代末和 2000 年初（记住当时的 Dreamweaver 和今天有很大的不同），它可以使用鼠标创建整个网页。拖放几个小部件，选择几个选项，写一个标签，很快就能做出网页来。但这种便利实际上是有代价的。这种 Dreamweaver 代码很难维护。事实上，有时重新写一个页面比修改原来的页面更容易。如果必须完成一些它不提供的功能，那简直就是一场噩梦。今天，几乎没有人使用拖放工具来编写 HTML 和 JavaScript。我们自己编写代码，而不是依靠其他工具来为我们编写代码。Oracle ESB 在起步阶段也犯了类似的错误。拖放不是一件靠得住的事情（但对销售有好处）。这并不意味着我们再也不使用 GUI 了，还是可以用，但只用在很特殊的用途上，比如网页设计师还可以用拖放。

我想说的是，对于不同的上下文和不同类型的任务，要使用不同的方法。Jenkins 和类似的工具在监控界面和状态的可视化呈现方面做得很不错。但作业的创建和维护不适合使用 UI，这类任务更适合使用代码完成。

第二代 CI/CD 工具（Travis、CircleCI 等）将维护问题减少到几乎可以忽略的程度。大多数情况下，没有什么可维护的，因为它们会发现项目的类型并做正确的事情。在其他一些情况下，我们必须编写一个 `travis.yml`、一个 `circle.yml` 或类似的文件，给工具额外的指令。在这种情况下，即使该文件只有几行规范，并与代码在一起，也可让项目团队轻松管理它。但是，这些工具不能替代第一代工具，因为它们只能在非常简单的流水线的小型项目上运行良好。真正的 CI/CD 流水线比这些工具处理的情况复杂得多。换句话说，虽然我们得到了较低的维护成本，但是失去了强大的功能，在许多情况下也失去了灵活性。

今天，维护 Jenkins 代码库的团队认识到需要引入一些重要的改进措施，将两代产品的精华特性结合起来。我把这个改变称为第三代 CI/CD 工具。第三代工具引入了 Jenkins Workflow 和 Jenkinsfile，它们一起提供了非常有用而且强大的功能。使用 Jenkins Workflow，可以使用基于 Groovy 的 DSL 编写整个流水线。编写单个脚本中的过程可以使用大部分现有的 Jenkins 功能。一方面，这大大缩减了代码（Workflow 脚本比传统的 XML 定义的 Jenkins 作业要小得多），并减少了作业的数量（一个 Workflow 作业可以替代许多传统的 Jenkins 作业），这使得管理和维护更容易。另一方面，新引入的 Jenkinsfile 允许我们将 Workflow 脚本和代码一起放在代码库中。这意味着负责项目的开发人员也可以控制 CI/CD 流水线。这样，职责得到了更好的划分。整个 Jenkins 的管理是集中的，而单独的 CI/CD 流水线被放置在其所属的地方（与流水线相关的代码在一起）。此外，我们可以将所有这些与 Multibranch Workflow 工作类型相结合，甚至可以根据需要调整流水线分支。例如，可以在主分支中放入定义的完整流程的 Jenkins 文件，并在每个功能分支中放入较短的流程。每个 Jenkinsfile 中的内容则由每个代码库/分支的维护者决定。通过 Multibranch Workflow 作业，Jenkins 将在创建新分支时新建作业，并执行 Jenkinsfile 中定义的所有任务。同理，当删除分支时，作业也会删除。最后还引入了 Docker Workflow，这使得 Docker 成为 Jenkins 的"一等公民"。

Jenkins 的 Pipeline 插件历史悠久。构建 Pipeline 插件提供了连接作业的可视化；然后出现了构建流程插件，它引入了 Groovy DSL 作为定义 Jenkins 作业的一种方式。后者遇到了许多障碍，导致其作者从头开始构建 Workflow 插件，后来将其重命名为 Pipeline 插件。

所有这些改进使得 Jenkins 达到了全新水平，巩固了其在 CI/CD 平台的至高无上的地位。

如果还有更多需求，CloudBees Jenkins 平台企业版可以提供出色的功能，特别是当我们需要大规模运行 Jenkins 时。

 Workflow 的作者决定将插件重命名为 Pipeline。但是，到目前为止，并不是所有的源代码都已被重命名为 Pipeline，Pipeline 和 Workflow 都在使用中。为了保持一致性，避免可能出现的阅读障碍，我选择使用旧名称，并在本书中使用 "Workflow" 一词。这种变化只是语义的，不会引入任何功能变化。

Jenkins

Jenkins 与其插件一同闪耀光芒。有这么多插件，很难找出我们想要完成却还没有插件支持的东西。想连接到代码库？有插件。想发消息给 Slack？有插件。想用公式解析日志？有插件。

有这么多插件可以选择是一把双刃剑。人们倾向于滥用它，在没必要的时候使用插件。一个例子就是 Ansible 插件。

现在可以选择它作为构建步骤，并填写 Playbook path、Inventory、Tags to skip、Additional parameters 等字段。屏幕可能看起来像图 12-1 一样。

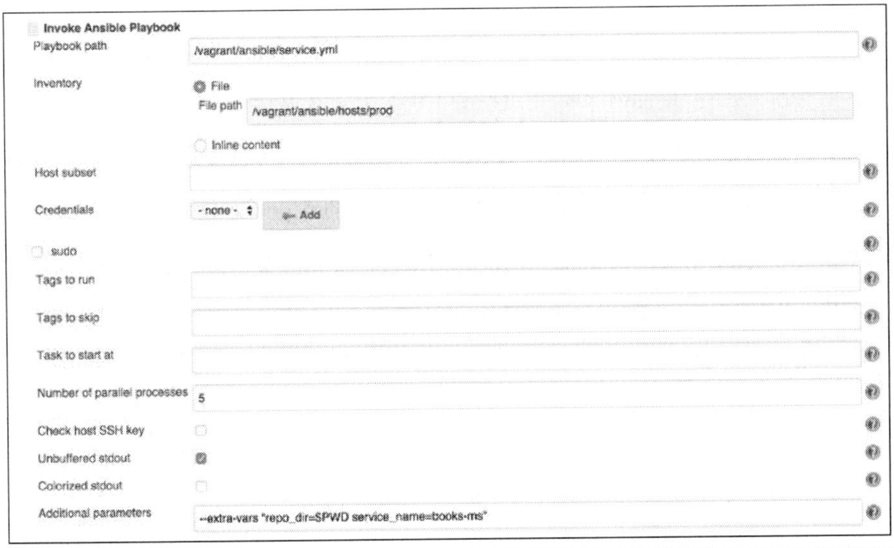

图 12-1　在 Jenkins 作业中使用的 Ansible 插件

Ansible 插件的替代方法是只使用 Execute shell 构建步骤（Jenkins 核心部分），并放入要运行的命令。我们自己编写自动化，熟悉应该运行的命令。通过使用相同的命令，要填充或者忽略的字段可能有所不同，我们知道将运行什么，并可以将这些命令作为参考，在 Jenkins 之外重复这个过程来做同样的事情，如图 12-2 所示。

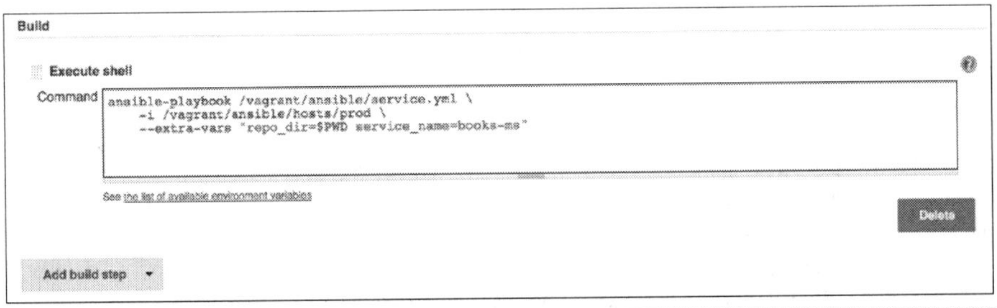

图 12-2　使用 shell 命令运行 Ansible Playbook

大多数情况下，自动化应该在 Jenkins（或任何其他 CI/CD 工具）之外完成。然后，我们所要做的就是告诉 Jenkins 需运行哪个脚本。这个脚本可以与我们正在部署的服务的代码（例如 `deploy.sh`）一起存储在代码库中，或者像我们的例子一样，通过命名约定进行泛化，并用于所有服务。无论自动化脚本是如何组织的，大多数情况下，在 Jenkins 内使用这些脚本的最好方式是运行与这些脚本相关的命令。直到最近才有所改变。现在，通过添加 Jenkinsfile，可以遵循创建项目特定脚本的相同逻辑并将其保留在项目代码库中。这带来的额外好处是可以在 Jenkinsfile 的 Workflow 脚本中使用 Jenkins 的功能。如果你需要在特定节点上运行某些功能，有模块可以做这件事。如果你需要使用存储在 Jenkins 中的身份验证，有模块可以做这件事。这个列表可以加长，但要点是使用 Jenkinsfile 和 Workflow，可以继续依靠驻留在代码库中的脚本，同时使用高级 Jenkins 功能。

现在是时候着手搭建 Jenkins 环境了。

搭建 Jenkins 环境

与往常一样，首先创建虚拟机，以用于随后对 Jenkins 的探索。然后创建节点 cd 作为 Jenkins 服务器并运行 Ansible Playbook：

```
vagrant up cd prod
```

一旦两台服务器启动并运行，就可以像以前那样配置 prod 节点：

```
vagrant ssh cd
ansible-playbook /vagrant/ansible/prod2.yml \
    -i /vagrant/ansible/hosts/prod
```

现在要准备启动 Jenkins 了。使用 Docker 搭建最基本的安装环境很容易，但我们要做的就是用几个参数运行一个容器，代码如下：

```
sudo mkdir -p /data/jenkins
sudo chmod 0777 /data/jenkins
docker run -d --name jenkins \
    -p 8080:8080 \
    -v /data/jenkins:/var/jenkins_home \
    -v /vagrant/.vagrant/machines:/machines \
    jenkins
```

Docker 检测到没有 Jenkins 容器的本地副本，因此开始从 Docker Hub 中拉取副本。完成后，将有一个运行的实例暴露端口 8080，并共享几个卷。/var/jenkins_home 目录包含所有 Jenkins 配置，将它设为共享可以方便后续的配置管理。由于容器进程作为系统中不存在的 jenkins 用户运行，所以我们向主机中的 /var/jenkins_home 目录提供了完全权限（0777）。这不是一种很好的安全解决方案，但目前只能这样做。第二个共享目录是 /machines，其映射到主机目录 /vagrant/.vagrant/machines。Vagrant 在这里保留所有 SSH 密钥，因此需要设置在其上运行实际作业的 Jenkins 节点。请注意，如果你在生产服务器上运行作业，则应使用 ssh-copy-id 生成密钥并分享之，而不是由 Vagrant 生成密钥。

一旦 Jenkins 容器运行起来，就可以打开 http://10.100.198.200:8080 并浏览 GUI（见图 12-3）。

图 12-3　标准安装后的 Jenkins 主页

如果这是你第一次使用 Jenkins，则可以先合上书，花一些时间熟悉它。它的 GUI 非常直观，有很多在线资源，可以帮助了解其工作原理。现在即将进入 Jenkins 管理的自动化。即使不会使用 GUI 来进行自动化，在视觉上了解它如何工作，也将有助于你更好地了解我们即将执行的任务。别着急，等你觉得舒服了，再回到这儿继续学习。

我认识的大部分人都是通过 GUI 来使用 Jenkins 的。有些人可能会使用其 API 来运行作业或自动执行一些基本操作。短期来看没有问题。你首先会安装几个插件，创建几个作业，可以很快完成很多工作。随着时间的推移，作业数的增加，维护的工作量也相应增加。定期或被某些事件触发（例如代码提交）而运行几十个、几百个甚至数千个作业的场景并不罕见。通过 GUI 管理所有这些作业是很艰难而且费时的。想象一下，例如，你想要在所有作业中添加 Slack 通知。当作业数目太多时，一个一个修改作业不是好的选择。

可以采用不同的方法来解决 Jenkins 自动化的问题，主要集中在作业的创建和维护上。一种方法是使用一些有帮助的 Jenkins 插件，有些是 Job DSL 和 Job Generator 插件，我们会采取不同的方法。所有的 Jenkins 设置都保存在 /var/jenkins_home 目录的 XML 文件中（我们将其公开为 Docker 卷）。当需要改变一些 Jenkins 行为时，可以简单地添加新的文件或修改现有的文件。由于已经熟悉了 Ansible，所以可以继续使用它作为工具，不仅可以安装，还可以维护 Jenkins。本着这种精神，我们将删除当前安装的 Jenkins 并重新开始使用 Ansible，代码如下：

```
docker rm -f jenkins
sudo rm -rf /data/jenkins
```

我们删除了 Jenkins 容器，并将公开为卷的目录删除。现在可以使用 Ansible 来安装和配置 Jenkins 了。

使用 Ansible 搭建 Jenkins

使用 Ansible 搭建 Jenkins 很容易，尽管我们将要使用的 role 有点复杂。由于 playbook 执行完成需要几分钟的时间，所以先运行它并讨论其定义，同时等待它执行完成，代码如下：

```
ansible-playbook /vagrant/ansible/jenkins-node.yml \
    -i /vagrant/ansible/hosts/prod
ansible-playbook /vagrant/ansible/jenkins.yml \
    -c local
```

首先设置稍后将使用的 Jenkins 节点。第一个 playbook 的执行应该不会花费太多时间，因为它所要做的无非是确保 JDK 的安装（Jenkins 要求能够连接到节点），以及目录/data/jenkins_slaves 的创建。在这些节点上执行流程时，Jenkins 将使用该目录来存储文件。jenkins.yml playbook 中的 jenkins role 有点长，值得花些时间来了解。我们可以对此多花一点笔墨，jenkins.yml playbook 的代码如下：

```
- hosts: localhost
  remote_user: vagrant
  serial: 1
  sudo: yes
  roles:
    - consul-template
    - jenkins
```

这里安装了已经熟悉的 Consul Template，所以可以直接跳转到 roles/jenkins role。这些任务定义在 roles/jenkins/tasks/main.yml 文件中，下面将一个一个地对它们加以说明。

第一个任务用于创建我们需要的目录。如前所述，变量定义在 roles/jenkins/defaults/main.yml 中，代码如下：

```
- name: Directories are created
  file:
    path: "{{ item.dir }}"
    mode: 0777
    recurse: yes
    state: directory
  with_items: configs
  tags: [jenkins]
```

创建目录后，就可以运行 jenkins 容器了。即使容器开始运行时花不了多少时间，Jenkins 本身也需要一点耐心等待它全面运作起来。接着，我们将向 Jenkins API 发出一些命令，所以要暂停 playbook 一段时间，比如半分钟，以确保 Jenkins 是可用的。同时，这让我们有机会看到 pause 模块的作用（尽管它应该很少被用到）。请注意，我们注册了变量 container_result,稍后,暂停以便容器内的 Jenkins 应用程序是完全可使用的，然后继续执行其他任务。如果 Jenkins 容器的状态发生变化，则执行暂停，代码如下：

```
- name: Container is running
  docker:
    name: jenkins
    image: jenkins
    ports: 8080:8080
    volumes:
      - /data/jenkins:/var/jenkins_home
      - /vagrant/.vagrant/machines:/machines
  register: container_result
  tags: [jenkins]
- pause: seconds=30
  when: container_result|changed
  tags: [jenkins]
```

接下来应该复制一些配置文件。先从 roles/jenkins/files/credentials.xml
开始，接着是一些文件（roles/jenkins/files/cd_config.xml、roles/jenkins/
files/prod_config.xml 等）和另外几个次要的配置。随便看看这些文件的内容，
现在，重要的是要明白我们需要这些配置，代码如下：

```
- name: Configurations are present
  copy:
    src: "{{ item.src }}"
    dest: "{{ item.dir }}/{{ item.file }}"
    mode: 0777
with_items: configs
register: configs_result
tags: [jenkins]
```

接下来应该确保几个插件已经安装。由于我们的代码在 GitHub 中，所以需要
Git 插件。我们将使用的另一个有用的插件是 Log Parser。由于 Ansible 日志文件相
当大，因此会使用此插件将日志分解为更易于管理的部分。还要安装其他插件，
在使用它们的时候再讨论。

大多数人倾向于只下载他们需要的插件，甚至正在使用的官方 Jenkins 容器也
提供了一种方法来指定下载哪些插件。然而，这种方法是非常危险的，因为不仅
需要定义我们需要的插件，还需要定义它们的依赖关系，以及依赖关系的依赖关
系，等等。可能很容易忘记其中的一个或指定错误的依赖关系。如果这样的事情
发生，那么最好的情况是我们想要使用的插件不起作用。在某些情况下，甚至整
个 Jenkins 服务器也可能停止运行。我们会采取一种不同的办法，通过向

`/pluginManager/installNecessaryPlugins` 发送主体中包含有 XML 文件的 HTTP 请求来安装插件。Jenkins 在收到请求后会下载指定的插件和它的依赖关系。由于不想在插件已经安装的情况下发送请求，所以会生成指令来指定插件的路径。如果插件存在，则不会运行该任务。

大多数插件需要重新启动应用程序，因此，如果添加了任何插件，就要重新启动该容器。由于安装插件的请求是异步的，因此，我们必须等到插件目录被创建（Jenkins 将插件解包到具有同名的目录中）。一旦确认安装了所有插件，就重新启动 Jenkins，并等待（再次）运行一段时间。换句话说，我们向 Jenkins 发送请求以安装插件，如果还没有安装，请等到 Jenkins 安装完毕，重新启动容器以使用新的插件，你需要等待一段时间来完成重新启动，代码如下：

```
- name: Plugins are installed
  shell: "curl -X POST \
    -d '<jenkins><install plugin=\"{{ item }}@latest\" /></jenkins>' \
    --header 'Content-Type: text/xml' \
    http://{{ ip }}:8080/pluginManager/installNecessaryPlugins"
  args:
    creates: /data/jenkins/plugins/{{ item }}
  with_items: plugins
  register: plugins_result
  tags: [jenkins]
- wait_for:
    path: /data/jenkins/plugins/{{ item }}
  with_items: plugins
  tags: [jenkins]

- name: Container is restarted
  docker:
    name: jenkins
    image: jenkins
    state: restarted
  when: configs_result|changed or plugins_result|changed
  tags: [jenkins]

- pause: seconds=30
  when: configs_result|changed or plugins_result|changed
  tags: [jenkins]
```

现在准备创建作业。由于所有这些作业都将（或多或少）以相同的方式工作，因此可以使用一个模板，用于与服务部署相关的所有作业。我们需要为每个作业创建单独的目录、应用模板，并将结果复制到目标服务器，最后，如果任何作业更改，则重新加载 Jenkins。与需要完全重新启动的插件不同，Jenkins 将在重新加载后开始使用新的作业，这是一个非常快速（几乎瞬间的）动作，代码如下：

```
- name: Job directories are present
  file:
    path: "{{ home }}/jobs/{{ item.name }}"
    state: directory
    mode: 0777
  with_items: jobs
  tags: [jenkins]

- name: Jobs are present
  template:
    src: "{{ item.src }}"
    dest: "{{ home }}/jobs/{{ item.name }}/config.xml"
    mode: 0777
  with_items: jobs
  register: jobs_result
  tags: [jenkins]

- name: Jenkins is reloaded
  uri:
    url: http://{{ ip }}:8080/reload
    method: POST
    status_code: 200,302
  when: jobs_result|changed
  ignore_errors: yes
  tags: [jenkins]
```

如果将来要添加更多的作业，我们需要做的就是向 jobs 变量添加更多的条目。通过这样的系统，再多的服务，也可以轻松创建同样多的 Jenkins 作业，几乎不费吹灰之力。不仅如此，如果作业需要更新，我们所需要做的就是改变模板并重新运行 playbook，这些更改将被传播到所有负责构建、测试和部署服务的作业中。

在 roles/jenkins/defaults/main.yml 文件中定义的 jobs 变量如下所示：

```
jobs: [ {
  name: "books-ms-ansible",
  service_name: "books-ms",
```

```
    src: "service-ansible-config.xml"
  },
...
]
```

name 和 service_name 值应该很容易理解，它们代表作业的名称和服务的名

称。第三个值是我们用于创建作业配置的源模板：

最后来看看 roles/jenkins/templates/service-ansible-config.xml 模板，

代码如下：

```xml
<?xml version='1.0' encoding='UTF-8'?>
<project>
  <actions/>
  <description></description>
  <logRotator class="hudson.tasks.LogRotator">
    <daysToKeep>-1</daysToKeep>
    <numToKeep>25</numToKeep>
    <artifactDaysToKeep>-1</artifactDaysToKeep>
    <artifactNumToKeep>-1</artifactNumToKeep>
  </logRotator>
  <keepDependencies>false</keepDependencies>
  <properties>
  </properties>
  <scm class="hudson.plugins.git.GitSCM" plugin="git@2.4.1">
    <configVersion>2</configVersion>
    <userRemoteConfigs>
      <hudson.plugins.git.UserRemoteConfig>
        <url>https://github.com/vfarcic/{{ item.service_name }}.git</url>
      </hudson.plugins.git.UserRemoteConfig>
    </userRemoteConfigs>
    <branches>
      <hudson.plugins.git.BranchSpec>
        <name>*/master</name>
      </hudson.plugins.git.BranchSpec>
    </branches>
    <doGenerateSubmoduleConfigurations>false</
doGenerateSubmoduleConfigurations>
    <submoduleCfg class="list"/>
    <extensions/>
  </scm>
  <canRoam>true</canRoam>
  <disabled>false</disabled>
  <blockBuildWhenDownstreamBuilding>false</
blockBuildWhenDownstreamBuilding>
  <blockBuildWhenUpstreamBuilding>false</blockBuildWhenUpstreamBuilding>
  <triggers/>
```

```
<concurrentBuild>false</concurrentBuild>
<builders>
  <hudson.tasks.Shell>
    <command>export PYTHONUNBUFFERED=1

ansible-playbook /vagrant/ansible/service.yml \
   -i /vagrant/ansible/hosts/prod \
   --extra-vars &quot;repo_dir=${PWD} service_name={{ item.service_name
}}&quot;</command>
    </hudson.tasks.Shell>
  </builders>
  <publishers/>
  <buildWrappers/>
</project>
```

这是一个相对较大的 Jenkins 作业的 XML 定义。我通过 GUI 手动创建它、复制它并用变量替换相应值。关键条目之一是告诉 Jenkins 代码库的位置，如下：

```
<url>https://github.com/vfarcic/{{ item.service_name }}.git</url>
```

如你所见，我们再次使用命名约定。代码库的名称与服务的名称相同，并将替换为我们之前看到的变量的值。

第二个条目是执行运行 Ansible playbook，以及构建、打包、测试和部署服务的命令的条目，如下：

```
    <command>export PYTHONUNBUFFERED=1
ansible-playbook /vagrant/ansible/service.yml \
   -i /vagrant/ansible/hosts/prod \
   --extra-vars &quot;repo_dir=${PWD} service_name={{ item.service_name
}}&quot;</command>
```

正如你所看到的，我们正在运行与第 11 章中创建的相同的 Ansible playbook。

最后，jenkins role 的最后一个任务如下：

```
- name: Scripts are present
  copy:
    src: scripts
    dest: /data
    mode: 0766
  tags: [jenkins]
```

它将脚本复制到/data 目录，稍后将探讨这些脚本。

Ansible role jenkins 是一个用例更复杂的好例子。在本章前面使用 Ansible 做的大部分配置都要简单很多。大多数情况下，我们将更新 APT 代码库，安装一个包，也可以复制一些配置文件。在其他情况下，我们只会运行一个 Docker 容器。还有很多其他情况，但本质上都十分简单，因为 Jenkins 之外的其他工具都不需要太多配置。Jenkins 是完全不同的，除了运行一个容器，还要创建相当多的配置文件，安装几个插件，创建一些作业，等等。作为替代方案，我们可以（也许应该）创建容器，除作业外，其他文件都在里面。这将简化设置，同时提供更可靠的解决方案。但是，我想给你展示一个更复杂一点的 Ansible 过程。

我将把创建一个定制的 Jenkins 镜像作为练习。镜像应该包含除了作业之外的所有东西。创建一个 Dockerfile，构建并将镜像推送到 Docker Hub，再修改 Ansible role jenkins，以便使用新的容器。注意应该使用 SSH 密钥共享卷和作业，以便它们可以从容器外部进行更新。

运行 Jenkins 作业

到目前为止，之前运行的 Ansible playbook 已经执行完毕。Jenkins 不仅开始运行，而且创建了 books-ms 作业，并等待着我们使用它。

让我们来看看 Jenkins GUI。请打开 http://10.100.198.200:8080，你会看到主页有几个作业，首先要研究的就是 boos-ms-ansible 作业。在其他情况下，我们的代码库将触发 Jenkins 执行构建的请求。然而，由于我们使用的是公共 GitHub 代码库，而这个 Jenkins 实例（很可能）在你的笔记本电脑上运行，并且无法从公共网络访问，所以必须手动执行该作业。点击 Schedule a build for books-ms-ansible 按钮（带时钟和播放箭头的图标），你会看到 books-ms-ansible 作业的第一个构建正在屏幕左侧的 cd 节点上运行（见图 12-4）。

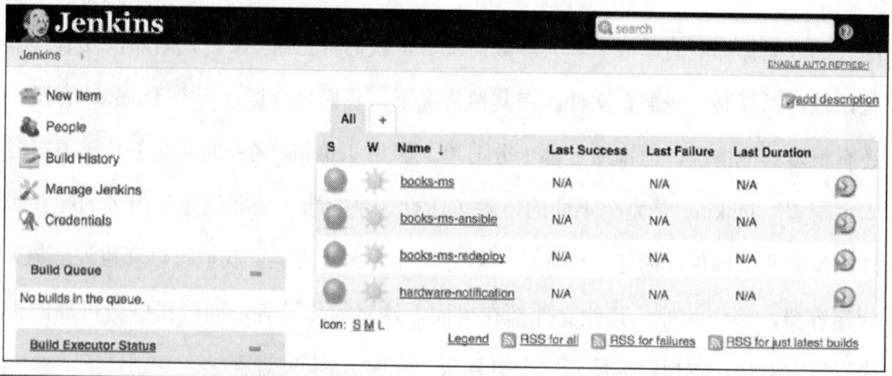

图 12-4　Jenkins 主界面上的几个作业

点击 books-ms-ansible 作业，然后单击 Build History 中的 #1 链接，再单击 Console Output。也可以通过打开 http://10.100.198.200:8080/job/books-ms-ansible/lastBuild/console URL 来做到这一点。你将看到该作业的最后一个构建的输出。你可能注意到，日志有点大，很难找出有关特定任务的信息。幸运的是，我们安装了 Log Parser 插件，可以帮助我们更轻松地获取日志。但是，重要的事情先做，首先，需要等到构建完成。我们将明智地把这段时间用来探索工作配置。

请返回到 books-ms-ansible 作业主屏幕，然后点击左侧菜单中的 Configure 链接（或打开链接 http://10.100.198.200:8080/job/books-ms-ansible/configure）。

books-ms-ansible 是一个非常简单的作业，但是在大多数情况下，如果自动化脚本正确完成（不管有没有使用 Ansible），我们就不需要更复杂的东西。你将看到该作业仅限于 cd 节点，这意味着它只能在名为 cd 或标记为 cd 的服务器上运行。这样可以控制在哪些服务器上运行哪些作业。Jenkins 设置会创建一个名为 cd 的节点。

源代码管理部分引用了 GitHub 代码库。请注意，我们缺少一个触发器，只要有新的提交，就会触发这个任务。这可以通过各种方式实现。我们可以设置 Build Trigger 为 Poll SCM，然后设置它周期性运行（比如每 10 秒）。请注意，调度格式使用 cron 语法。在这种情况下，Jenkins 会定期检查代码库，如果有任何变化（如果有提交），则会运行该作业。更好的方法是在代码库中直接创建一个 webhook。这个钩子将在每次提交时调用 Jenkins 构建。在这种情况下，构建将在提交后几乎立即运行。同时，作业定期检查代码库的开销就没有了。但是，这种方法要能够从代码库（这种情况下是 GitHub）中访问 Jenkins，而我们正在私有网络中运行 Jenkins。两种方法我们都不会选择，因为在阅读本书的过程中不太可能会向 books-ms 代码库提交代码。你可以研究触发这个作业的不同方法。我们将通过手动运行构建来模拟相同的过程。无论作业以哪种方式运行，首先要做的是使用"源代码管理"部分提供的信息来克隆代码库。

现在到了作业的主要部分：Build 部分。前面已经提到可以使用 Ansible 插件来帮助我们运行这个 playbook。然而，我们运行的命令如此简单，使用插件只会引入额外的复杂性。在"Build"部分中，可以使用 Execute shell 步骤来运行 service.yml playbook，这与手动运行的方式相同。我们只把 Jenkins 作为检测代码代码库更改的工具，并在 Jenkins 之外运行我们需要运行的命令（见图 12-5）。

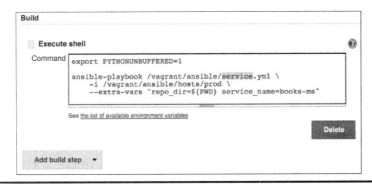

图 12-5　Jenkins books-ms-ansible 作业配置屏幕

最后，我们将控制台输出（构建日志）解析设置为构建后操作步骤。系统将解析 Ansible 日志，以便以更友好的方式显示。这时，构建的执行可能已经完成，下面可以查看解析的日志了。

返回到 book-ms 作业的第一个构建，然后单击左侧菜单中的 "Parsed Console Output" 链接，或打开 URL http://10.100.198.200:8080/job/books-ms-ansible/lastBuild/parsed_console/。在 "Info" 部分，你将看到每个 Ansible 任务被单独列出来，并可以单击其中任意一个以跳转到与该任务相关的输出部分。如果在执行期间出了问题，它们将出现在 Error 链接下。我不会详细介绍 Log Parser 插件的工作原理。我把它包含在这项工作中，主要是想演示 Jenkins 通过其插件能够提供的强大功能。有超过一千个插件可用，而且新插件层出不穷。插件可能是 Jenkins 相比于其他 CI/CD 工具的主要优势。在这些插件背后是一个庞大的社区，你可以确信所有需要的都（可能）已经被支持。更好的是，通过探索可用的插件，你会获得新的想法。

即使这个作业满足了部署服务所需的所有基本目的（检出代码并运行 Ansible playbook），还有一些额外的可以添加到作业中的任务。也许我们能做的最有意思的事情是在作业失败的情况下添加通知。可以是电子邮件消息、Slack 通知或（几乎）我们习惯的任何其他类型的通知。我会把这部分作为练习留给你们。花点时间查看有助于发送通知的插件，选择一个并安装它。可以通过单击主屏幕左侧菜单中的 Manage Jenkins 来访问 "Manage Plugins" 屏幕。作为替代方案，可以通过打开 URL http://10.100.198.200:8080/pluginManager/访问同一个屏幕。一旦进入，就请按照插件说明将其添加到 books-ms-ansible 作业中。一旦你觉得可以了，就尝试通过 Ansible 做同样的事情。将新插件添加到变量 plugins 中，并将所需的条目放入 service-ansible-config.xml 模板中。最简单的方法是通过 UI 应用更改，然后查看 Jenkins 对 cd 节点中/data/jenkins/jobs/books-ms-ansible/config.xml 文件所做的更改。

创建 Jenkins Workflow 作业

有没有更好的方法来组织部署 books-ms 服务的作业？我们现在所拥有的是由

多个步骤组成的作业。一个步骤签出代码，而另一个步骤运行 Ansible 脚本。我们指定它应该运行在 cd 节点上，然后又执行一些更小的步骤。目前缺少通知（除非你自己实现），而且这将是作业中的另一个步骤。每一步都是一个单独的插件。其中一些伴随着 Jenkins 核心的到来，而另一些则是由我们添加的。随着时间的推移，步骤的数量可能会大大增加。同时，虽然 Ansible 在服务器配置方面表现良好，但用于构建、测试和部署服务时却显得有些麻烦，而且缺少一些用 bash 脚本很容易实现的功能。

另一方面，bash 脚本缺少 Ansible 具有的一些特性。例如，在远端运行命令时，Ansible 会更好。第三个选择是将部署过程转移到传统的 Jenkins 作业。这也不是一种很好的解决方案。我们最终还是会有很多可能运行 bash 脚本的作业。一个作业将在 cd 节点上执行部署前的任务，另一个作业将负责 prod 节点中的部署，而我们需要第三个作业在 cd 节点执行部署后的步骤。至少会有三个链接的作业，需要更多的作业也是有可能的。维护许多作业很耗时间而且很复杂。

可以利用 Jenkins 的 Workflow 插件编写一个脚本来完成我们所有的步骤，可以使用它作为目前正在使用 Ansible 进行部署的替代方案。我们已经讨论过 Ansible 在服务器配置上的不俗表现，但是部署部分仍可以改进。Workflow 插件允许我们对整个作业进行脚本化。这个功能本身为继续深度依赖自动化提供了一个好办法，又因为 Jenkins XML 非常麻烦、难以编写和阅读，所以更是如此。看看我们用来定义部署服务的简单作业的 service-ansible-config.xml 就可。Jenkins XML 是隐含的，并且有很多样板规范；Ansible 不能与条件一起使用，也不适用于 try/catch 语句，bash 脚本只是增加了额外的一层复杂性。的确，从这一角度来说，过程是复杂的，在不影响设定目标的情况下，我们应该努力使事情尽可能简单。

让我们来一起试试 Workflow 插件，看看它是否好用。我们将把它与 CloudBees Docker Workflow 插件相结合。

先来看看 books-ms 作业的配置。可以通过 Jenkins UI 导航到作业配置界面，或

者只需打开 `http://10.100.198.200:8080/job/books-ms/configure` URL（见图 12-6）。

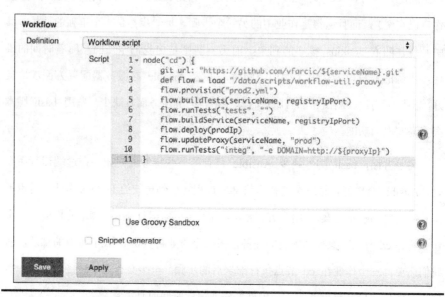

图 12-6 books-ms Jenkins workflow 作业的配置界面

一旦进入 books-ms 配置，你就会注意到整个作业只包含几个参数和 workflow 脚本。与常规作业不同，workflow 允许我们用脚本做（几乎）一切事情，这反过来又使得管理 Jenkins 的作业更容易。我们使用的 `roles/jenkins/templates/service-flow.groovy` 脚本如下：

```groovy
node("cd") {
    git url: "https://github.com/vfarcic/${serviceName}.git"
    def flow = load "/data/scripts/workflow-util.groovy"
    flow.provision("prod2.yml")
    flow.buildTests(serviceName, registryIpPort)
    flow.runTests(serviceName, "tests", "")
    flow.buildService(serviceName, registryIpPort)
    flow.deploy(serviceName, prodIp)
    flow.updateProxy(serviceName, "prod")
    flow.runTests(serviceName, "integ", "-e DOMAIN=http://${proxyIp}")
}
```

脚本从节点定义开始，告诉 Jenkins 所有的指令都应该在 cd 节点上运行。

节点内的第一条指令是检出 Git 代码库中的代码。git 模块是为 Jenkins Workflow 创建的 DSL 的示例之一。该指令使用 Jenkins 作业中定义的 serviceName 参数。

接下来，我们使用的 load 命令，其中将包含 workflow-util.groovy 脚本中定义的所有工具函数。这样，当为不同的目标和过程创建作业时，不会重复工作。很快，我们就会提到 workflow-util.groovy 脚本。load 命令的结果将赋值给 flow 变量。

从这儿起，脚本的其余部分应该不言自明。我们正在调用 provision 函数，将 prod2.yml 作为变量传递给它；然后我们调用 buildTest 函数并将作业参数 serviceName 和 registryIpPort 作为变量传递给它；诸如此类。我们正在调用的函数与之前通过 Ansible 实现的操作相同，代表了部署流水线。通过将工具函数作为单独的文件加载，与 Workflow 脚本本身分离，可以适当地划分职责。工具脚本提供的功能可以被多个 workflow 脚本使用，脚本的集中式管理使得对脚本的改进只需做一次，这样做实在是益处多多。另一方面，每个 workflow 可能不一样，所以在这种情况下，它主要包含对工具函数的调用：

让我们仔细看看 workflow-util.groovy 脚本中的函数，代码如下：

```
def provision(playbook) {
    stage "Provision"
    env.PYTHONUNBUFFERED = 1
    sh "ansible-playbook /vagrant/ansible/${playbook} \
        -i /vagrant/ansible/hosts/prod"
}
```

provision 函数在部署之前负责配置我们的服务器，它首先定义了 stage，可以帮助我们更好地识别该函数所负责的任务集。然后声明 PYTHONUNBUFFERED 环境变量，该变量告诉 Ansible 跳过缓冲日志并尽快显示输出结果。最后使用 workflow 模块 sh 来调用 Ansible playbook，sh 模块可以运行任何 shell 脚本。由于可能会根据 Jenkins 作业的类型运行不同的 playbook，所以可以将 playbook 的名字作为函数变量传递出去。

我们将探讨的下一个函数负责构建测试，代码如下：

```
def buildTests(serviceName, registryIpPort) {
    stage "Build tests"
    def tests = docker.image("${registryIpPort}/${serviceName}-tests")
    try {
        tests.pull()
    } catch(e) {}
    sh "docker build -t \"${registryIpPort}/${serviceName}-tests\" \
        -f Dockerfile.test ."
    tests.push()
}
```

这一次，我们使用 docker 模块声明 Docker 镜像并将结果分配给 tests 变量。从那时起，我们拉取镜像，如果有变化，就运行一个 shell 脚本来构建一个新的镜像，最后将结果推送到镜像库。请注意，镜像拉取在 try/catch 语句中。workflow 第一次运行时，没有镜像可以拉取，如果不使用 try/catch 语句，脚本就会失败。

接下来是运行测试和构建服务镜像的函数：

```
def runTests(serviceName, target, extraArgs) {
    stage "Run ${target} tests"
    sh "docker-compose -f docker-compose-dev.yml \
        -p ${serviceName} run --rm ${extraArgs} ${target}"
}

def buildService(serviceName, registryIpPort) {
    stage "Build service"
    def service = docker.image("${registryIpPort}/${serviceName}")
    try {
        service.pull()
    } catch(e) {}
    docker.build "${registryIpPort}/${serviceName}"
    service.push()
}
```

这两个函数使用的指令与我们之前讨论过的相同，所以这里跳过它们。

部署服务的函数可能需要进一步说明，如下：

```
def deploy(serviceName, prodIp) {
    stage "Deploy"
    withEnv(["DOCKER_HOST=tcp://${prodIp}:2375"]) {
```

```
        try {
            sh "docker-compose pull app"
        } catch(e) {}
        sh "docker-compose -p ${serviceName} up -d app"
    }
}
```

新的指令是 withEnv，我们正使用它来创建作用范围有限的环境变量，它只存在于大括号内部指示的指令。这种情况下，环境变量 DOCKER_HOST 仅用于在远程主机上拉取和运行 app 容器。

最后一个函数更新代理服务，代码如下：

```
def updateProxy(serviceName, proxyNode) {
    stage "Update proxy"
    stash includes: 'nginx-*', name: 'nginx'
    node(proxyNode) {
        unstash 'nginx'
        sh "sudo cp nginx-includes.conf /data/nginx/
includes/${serviceName}.conf"
        sh "sudo consul-template \
            -consul localhost:8500 \
            -template \"nginx-upstreams.ctmpl:/data/nginx/
upstreams/${serviceName}.conf:docker kill -s HUP nginx\" \
            -once"
    }
}
```

新指令是 stash 和 unstash。由于我们正在另一个节点上更新代理（定义为 proxyNode 变量），所以不得不从 cd 服务器中隐藏几个文件，并在代理节点中将它们解除隐藏。换句话说，stash/unstash 组合相当于将文件从一个服务器或目录复制到另一个服务器或目录。

总之，使用 Jenkins Workflow 和 Groovy DSL 的方法就不需要定义 Ansible 中的部署了。我们将继续使用 Ansible playbook 来做配置，因为这些是 Ansible 真正擅长的领域。另一方面，Jenkins Workflow 和 Groovy DSL 在定义部署过程中提供了更多的功能、灵活性和自由度。主要区别在于 Groovy 是一种脚本语言，因此可为这种类型的任务提供更好的语法。与此同时，它与 Jenkins 的集成使我们能够利用一些强大的功能。例如，可以使用标签 tests 来定义五个节点。后来，如果指定一些 Workflow 指令应该运行在 tests 节点上，Jenkins 则会确保使用最少的五个节点（或者根据我们的设置方式可能有不同的逻辑）。

同时，通过使用 Jenkins Workflow，我们避免了传统 Jenkins 作业中所需的复杂性且难以理解的 XML 定义，并减少了作业的总数。Workflow 还提供了许多其他优点，稍后再讨论。最终使用一个脚本就可，比以前使用的 Ansible 部署任务要少得多，同时也更容易理解和更新。我们使用 Jenkins 执行它擅长的任务，同时使用 Ansible 来负责服务器的配置。同时我们结合使用了分别在这两个领域做得最好的应用。

再来看一下 book-ms 作业的配置。请在浏览器中打开 books-ms configuration 屏幕，你将看到该作业仅包含两组规格。它以参数开头，以前面讨论的 Workflow 脚本结束。脚本本身可以通用，因为差异是通过参数声明的。我们可以为所有的服务复制这个作业，唯一的区别就是 Jenkins 参数。这样，这些作业的管理可以通过 roles/jenkins/templates/service-workflow-config.xml 文件中定义的单个 Ansible 模板来处理。

让我们来构建这个作业，看看进展。请打开 books-ms build 界面，你将看到参数已经预先定义了合理的值。服务的名称是 books-ms 参数，生产服务器的 IP 是 prodIp 参数，代理服务器的 IP 是 proxyIp 参数，而且，Docker 镜像库的 IP 和端口定义为 registryIpPort 参数。一旦单击 Build 按钮，就会启动部署（见图 12-7）。

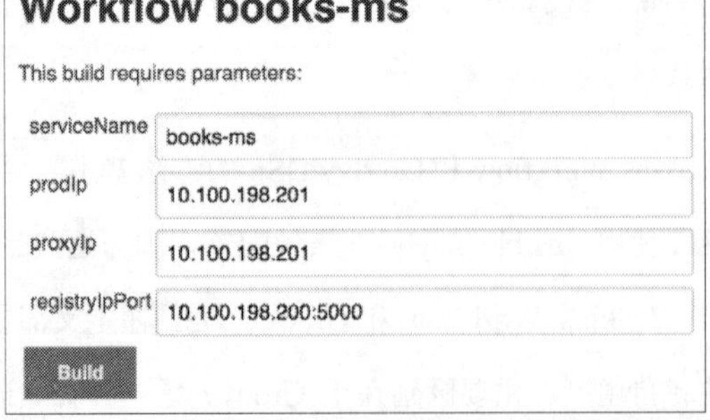

图 12-7 books-ms Jenkins workflow 作业的构建界面

可以通过打开最后一个构建的 book-ms 控制台屏幕来监视作业的执行情况，如图 12-8 所示。

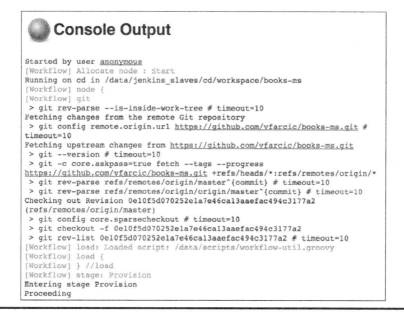

图 12-8 book-ms Jenkins workflow 作业的控制台

如你所知，部署过程已经完成了一部分，日志可能太大，无法快速找到东西。幸运的是，Jenkins 的 workflow 有 Workflow Steps 功能，可以在这点上有所帮助。执行完成后，请点击最后一个 books-ms build 的 Workflow Steps 链接。你可以看到，每个阶段和步骤都由一个链接（代表终端屏幕的图标）呈现，允许我们仅查看属于该步骤的日志。

Jenkins 的 Workflow 远不止我们在这里介绍的这些。请花一些时间看看在线教程来更熟悉它。可以在脚本上添加例如电子邮件通知作为练习。在研究 Jenkins Workflow 时，请务必在 books-ms 配置屏幕中选择位于脚本下方的 "Snippet Generator" 复选框（见图 12-9）。这是一个发现每个代码段的作用以及如何使用的很有用的手段。

Step		Status
Start of Workflow		●
Allocate node : Start	▣	●
Allocate node : Body : Start		●
Git	▣	●
Loaded script: /data/scripts/workflow-util.groovy		●
Evaluate a Groovy source file into the workflow script : Body : Start		●
Provision	▣	●
Shell Script	▣	●
Build tests	▣	●
Shell Script	▣	●
Shell Script	▣	●
Shell Script	▣	●
Shell Script	▣	●
Run tests tests	▣	●

图 12-9 book-ms Jenkins workflow 作业的步骤展示

相比 Workflow，使用 Ansible playbook 做部署多了很多优势，尽管如此，通过 Ansible 管理脚本仍然是次优的解决方案。更好的方法是将部署流水线写成脚本，与服务其余的代码一块儿放在代码库里。这样，服务的维护团队能完全控制部署的方方面面。除了要把 Workflow 脚本放在代码库中外，如果 Jenkins 的作业不仅能够处理主分支，而且还能处理我们选择的所有其他分支，这样会带来非常大的益处。幸运的是，这些改进都可以通过 Multibranch Workflow 插件和 Jenkinsfile 来实现。

安装 Jenkins Multibranch Workflow 和 Jenkinsfile

Jenkins Multibranch Workflow 插件添加了一个新的作业类型，允许我们将 Workflow 脚本保存在代码库中。这个作业将为代码库中的每个分支创建一个子项目，并期望在每个分支中找到 Jenkinsfile。这让我们能够将 Workflow 脚本保存在代码库中，而不是将其集中放在 Jenkins 中。这反过来又使开发人员能够充分自由地制定项目部署流水线。由于每个分支使用一个不同的 Jenkinsfile 创建一个单独的 Jenkins 项目，所以可以根据分支的不同类型来相应地调整流程。例如，我们可能决定在主分支的 Jenkinsfile 中定义一个完整的流水线，并选择只为特性分支定义构建和测试任务，还有更多。Jenkins 不仅检测所有分支并保持该列表的更新，而且，如果某分支被删除，它也会删除一个相应的子项目。

我们来试试 Multibranch Workflow 和 Jenkinsflle。首先打开 books-ms-multibranch 的作业，你会看到消息说该项目扫描 SCM 中的分支，并为每个分支生成一个作业，但你没有配置过分支。请单击 Branch Indexing，然后单击左侧菜单中的 Run Now 链接。Jenkins 将索引我们在配置中设置的过滤器匹配的所有分支。一旦分支索引了，它将为每个分支创建子项目并启动构建。趁着构建在进行，下面探讨作业的配置。

请打开 books-ms-multibranch 配置页面。作业配置的唯一重要的地方在于 Branch Sources，我们用它来定义代码库。请注意 "Advanced" 按钮，点击后，你会看到只有名称中包含 workflow 的分支在里面。这样设置有两个原因：第一个是演示选择哪些分支将被包括在内的过滤器，另一个则是避免你在虚拟机容量如此有限（cd 节点只有一个 CPU 和 1GB 的 RAM）的情况下建立太多的分支。

这时，分支索引可能已经完成。你如果返回到 books-ms-multibranch 作业屏幕，会看到两个与过滤器匹配的子项目：jenkins-workflow 和 jenkins-workflow-simple，Jenkins 启动了两者的构建。由于 cd 节点被配置为只有一个执行器，所以第二个构建得等到第一个构建先完成。

我们来看看这些分支的 Jenkinsfile，Jenkins-workflow 里的 Jenkinsfile 如下所示：

```
node("cd") {
    def serviceName = "books-ms"
    def prodIp = "10.100.198.201"
    def proxyIp = "10.100.198.201"
    def registryIpPort = "10.100.198.200:5000"

    git url: "https://github.com/vfarcic/${serviceName}.git"
    def flow = load "/data/scripts/workflow-util.groovy"
    flow.provision("prod2.yml")
    flow.buildTests(serviceName, registryIpPort)
    flow.runTests(serviceName, "tests", "")
    flow.buildService(serviceName, registryIpPort)
    flow.deploy(serviceName, prodIp)
    flow.updateProxy(serviceName, "prod")
    flow.runTests(serviceName, "integ", "-e DOMAIN=http://${proxyIp}")
}
```

这个脚本与我们之前在研究 Jenkins 作业 books-ms 中嵌入的 Jenkins Workflow 时定义的脚本几乎相同。唯一的区别是，这次脚本中定义了变量，而不是使用 Jenkins 属性。由于项目组现在完全负责这个过程，所以不需要在外部定义这些变量。我们得到了与以前相同的结果，但是这次我们将脚本移动到代码库。

jenkins-workflow-simple 分支中的 Jenkinsfile 稍微简单一些，代码如下：

```
node("cd") {
    def serviceName = "books-ms"
    def registryIpPort = "10.100.198.200:5000"

    git url: "https://github.com/vfarcic/${serviceName}.git"
    def flow = load "/data/scripts/workflow-util.groovy"
    flow.buildTests(serviceName, registryIpPort)
    flow.runTests(serviceName, "tests", "")
}
```

通过研究这个脚本，可以得出结论，这个分支的开发人员希望每次他做提交时 Jenkins 都会运行测试。他从中删除了部署和部署后测试，因为代码可能尚未准备好部署到生产环境，或者策略是仅部署主分支或其他所选分支中的代码。一旦合并他的代码，如果没有引入任何错误而且过程成功的话，一个不同的脚本将会运行，并且这个更改将被部署到生产环境中。

`Multibranch Workflow` 和 `Jenkinsfile` 的引进很大程度上改进了我们的部署流水线。我们在 `cd` 节点上有了一个工具脚本，以便其他人可以重用常用功能。然后，允许每个团队在他们的代码库的 Jenkins 文件中放置其脚本。此外，我们给予他们决定如何构建、测试和部署他们的服务，以及根据每个分支来调整过程的自由。

最后的想法
Final Thoughts

这是一个专门对 CI/CD 工具和 Jenkins 的简要介绍。Jenkins 不仅是一个 CI/CD 工具，还将是第 13 章的基石之一。我们将其用作蓝绿部署工具集的一部分。如果你是 Jenkins 的新手，我建议你先从本书中出来，花一些时间阅读几个教程，尝试不同的插件。花时间在 Jenkins 上真的是一项有价值的投资，将会很快得到回报。

一起引入 Jenkins Workflow 与 Docker 和 Multibranch 插件是对工具箱的宝贵补充。一方面，使用了 Jenkins UI 提供的所有功能，同时也保持了将脚本用于部署流水线的灵活性。Workflow DLS 和 Groovy 的工作结合了两个领域最好的东西。通过 Workflow 领域专用语言（DSL），有了专门用于部署目的的语法和功能。另一方面，Groovy 本身提供了我们可能需要而 DSL 没能提供的所有功能。同时，可以使用 Jenkins 提供的几乎任何功能。Docker 加上 Workflow，为我们提供了有用的捷径，Multibranch 与 Jenkinsfile 一起则允许我们将流水线（或其一部分）应用于所有分支（或我们选择的分支）。总之，将高层的工具和低层工具结合在一起，是一个强大而易用的组合。

通过 Ansible 创建 Jenkins 作业的方式远谈不上完美。我们可以使用其中一个 Jenkins 插件，如 `Template Project Plugin` 来创建模板。然而，它们都不是真正优秀的方法，它们都有一些缺点。CloudBees 的 Jenkins 企业版确实有解决模板和许多其他问题的工具。然而，我们现在使用的所有例子都是基于开源软件的，在本书的其余部分也会基于开源软件。这并不意味着付费解决方案不值得投资，而是应该考虑付费软件。如果你选择使用 Jenkins，并且你的项目或组织的大小有条件投资，我建议你评估 Jenkins 企业版。它相对于开源版本来说有了很多改进。

考虑到我们已有的工具而且为了保证部署步骤的相对统一，目前的解决方案可能是我们能做得最好的了，现在，转向下一个主题，探讨蓝绿部署的益处。

在继续第 13 章之前，先销毁我们在这章用的虚拟机。

```
exit
vagrant destroy -f
```

第 13 章

蓝绿部署
Blue-Green Deployment

产品新版本发布的传统做法是用新版本替代旧版本。我们把旧版本停掉，然后把新版本放上来。这种方法的问题在于，从旧版本停掉到新版本真正开始运行的这段时间，服务是不可用的。无论这个过程有多快，总会有停机时间。也许是一毫秒，也有可能持续几分钟，在某些极端情况下还可能达到几小时。如果是单块应用，那么问题还不止这些，比如，等应用初始化就需要很长时间。人们试了很多方法来解决这个问题，大多数采用的都是蓝绿部署的变体。背后的原理很简单：在任何时候，都会有一个版本在运行。这意味着，在部署流程中，我们需要与旧版本并行部署新版本。我们把新旧版本分别表示为蓝和绿，如图 13-1 所示。

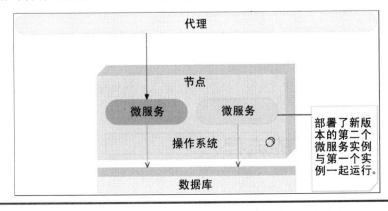

图 13-1　任何时候都至少有一个版本在运行

我们使用一个颜色作为当前版本，在运行当前版本的同时，启动用另一种颜色表示的新版本，等新版本完全可用之后，再把所有的流量从当前版本转移到新版本上。这个转移通常借助于路由器或者代理服务来完成。

蓝绿部署不仅使我们免于部署停机时间的困扰，还降低了部署可能引入的风险。不管软件在到达生产结点之前测试得多么完备，总是有在上线后出点问题的可能性。当发生这种情况时，我们还可以依靠当前版本来维持服务。只有等新版本测试完全了，保证在任何生产结点上都没有问题，我们才能把流量转移到新版本上去。通常来说，这意味着集成测试在部署之后"流量转移"之前实行。即使当流量转移到新版本之后出现了问题，我们也能及时将流量再转移回旧版本，将系统恢复成以前的状态。相比从备份中恢复应用或者重做一次部署，这样回滚，效率要高得多。

如果把蓝绿部署和不可变部署结合起来（通过以前的虚拟机和现在的容器），会产生极大的威力，部署过程会变得更加安全、可靠。如果把它应用在基于微服务和容器的框架中，则使用一个生产结点就能执行这个流程，一起运行两个版本。

这种方法对数据库提出了很大的挑战。大多数情况下，我们需要升级数据库，使得它能支持两个版本再进行部署。数据库升级可能产生的问题与两个版本相隔的时间有关。如果版本更换频繁，对数据库做的改动就比较小，维护两个版本之间的兼容会更容易些。如果版本之间相隔数周或者数月，数据库改动太大，向后兼容可能根本无法做到，甚至不值得做。如果要持续交付或者持续部署，两个版本之间的时间间隔应该要短，如若不然，引入的代码改动就应该较小。

13.1　蓝绿部署的流程
The blue-green deployment process

在基于微服务和容器的基础上进行蓝绿部署的流程如下。

当前版本（比如蓝色结点）正运行在服务器上。流量通过代理服务到达此处。不可变微服务部署在容器上，如图 13-2 所示。

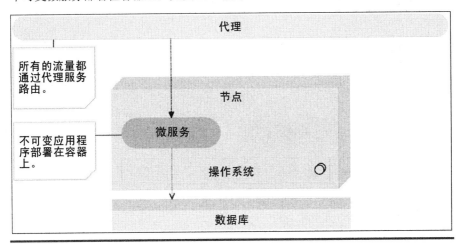

图 13-2　不可变微服务部署在容器上

当准备部署新版本（比如绿色结点）时，我们应与当前版本并行运行新版本。这样就能在不影响用户的情况下测试新版本，因为所有的流量仍然被送到了当前版本这里，如图 13-3 所示。

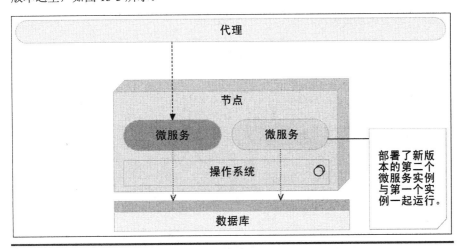

图 13-3　不可变微服务的新版本和旧版本一起部署

一旦新版本如我们所期望的一样正常工作之后，就可以更改代理服务配置，将流量发送到新版本上。大多数代理服务的规则是让现有请求仍然由旧的代理服务处理，这样请求就不会被打断，如图 13-4 所示。

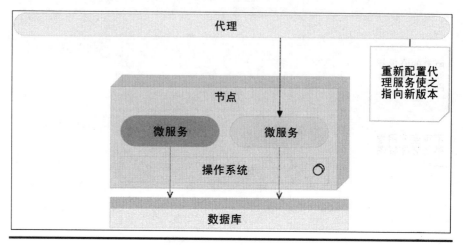

图 13-4　重新配置代理服务使之指向新版本

当所有发送到旧版本的请求都收到了回应后，服务的当前版本就可以移除了，如图 13-5 所示，更好的做法是不移除，先停止运行。如果采用不直接移除而是先停止运行的选项，一旦新版本出现问题，就可以立即进行回滚，因为我们所要做的无非是将旧版本再启动而已。

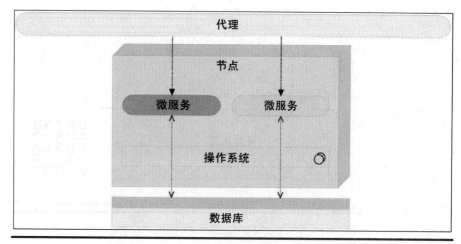

图 13-5　移除旧版本

　　明白了蓝绿部署背后的基本原理后，现在可以试着自己搭建了。我们先从手动执行命令行开始，一旦熟悉了它是如何实践的，再尝试将这个流程自动化。

　　通常来说，我们需要有两个结点在运行，所以先创建虚拟机。

```
vagrant up cd prod

vagrant ssh cd

ansible-playbook /vagrant/ansible/prod2.yml \
-i /vagrant/ansible/hosts/prod
```

13.2　手动执行蓝绿部署
Manually running the blue-green deployment

　　请注意，我们会在前文的基础上进行蓝绿部署的搭建。不仅要并行运行两个版本，还要保证在不同的阶段都测试完全。与假设一切正常相比，这样会让整个蓝绿部署过程更加复杂。大多数实现都没有考虑在更改代理服务之前要先做测试。我们会考虑这一点，而且不仅限于此。此外，我们会给出可供手动执行的步骤来帮助理解整个过程。接着，我们会采用已经熟悉了的工具来将所有步骤自动化。之所以选择这种方式，是为了保证你能完全掌握持续部署和蓝绿部署结合的难点、重点。只有在真正理解如何亲手实践它之后，你才能有足够的信息判断我们接下来描述的工具优势在哪里。

　　下面从下载 Docker Compose 和前文用到的 nginx 配置开始。

```
mkdir books-ms

cd books-ms

wget https://raw.githubusercontent.com/vfarcic\
/books-ms/master/docker-compose.yml

wget https://raw.githubusercontent.com/vfarcic\
/books-ms/master/nginx-includes.conf

wget https://raw.githubusercontent.com/vfarcic\
/books-ms/master/nginx-upstreams-blue.ctmpl
```

```
wget https://raw.githubusercontent.com/vfarcic\
/books-ms/master/nginx-upstreams-green.ctmpl
```

现在所有的配置文件已经就绪，下面开始配置第一个版本。前文我们提到的工具可以派上用场了。我们使用 Consul 来注册服务，使用 Registrator 来注册和撤销注册容器，使用 Nginx 作为代理服务，使用 Consul Template 来生成配置文件和重载 Nginx。

部署蓝色版本
Deploying the blue release

由于此时我们还没有启动 books-ms 服务，所以把第一个版本称为蓝色版本。现在只需要确定我们要运行的容器名称包含 blue 这个词，这样就不会跟下一个版本有冲突。由于要用 Docker Compose 运行容器，所以这里先快速过一下刚下载的 docker-compose.yml 文件里定义的目标（下面只显示了相关目标）。

```
... base:
  image: 10.100.198.200:5000/books-ms
  ports:
    - 8080
  environment:
    - SERVICE_NAME=books-ms

app-blue:
  extends:
    service: base
  environment:
    - SERVICE_NAME=books-ms-blue
  links:
    - db:db

app-green:
extends:
    service: base
  environment:
    - SERVICE_NAME=books-ms-green
  links:
    - db:db
...
```

不能直接把 app 用作目标名，因为我们要为两个颜色部署不同的目标以免彼此覆盖。我们还想在 Consul 里区分它们，因此环境变量 SERVICE_NAME 应该是独一无二的。要达到这个效果，可以将两个目标分别命名为 app-blue 和 app-green。名字的扩展方式与前文相同。两个目标 app-blue 和 app-green 之间的唯一区别就是环境变量 SERVICE_NAME 设置的不同。

定义了这两个目标之后，就可以开始部署蓝色版本了。

```
export DOCKER_HOST=tcp://prod:2375

docker-compose pull app-blue

docker-compose up -d app-blue
```

我们把最新的版本从镜像库中拉下来，把它部署起来，作为服务的蓝色版本，如图 13-6 所示。为了安全起见，我们快速确认一下服务是否已经运行起来并注册在 Consul 里。

```
docker-compose ps
curl prod:8500/v1/catalog/service/books-ms-blue \
    | jq '.'
```

上述两个命令的输出如下：

```
Name                    Command                 State   Ports
-----------------------------------------------------------------
booksms_app-blue_1      /run.sh                 Up      0.0.0.0:32768->8080/tcp
booksms_db_1            /entrypoint.sh mongod   Up      27017/tcp
...
[
{
    "ModifyIndex": 38,
    "CreateIndex": 38,
    "Node": "prod",
    "Address": "10.100.198.201",
    "ServiceID": "prod:booksms_app-blue_1:8080",
    "ServiceName": "books-ms-blue",
    "ServiceTags": [],
    "ServiceAddress": "10.100.198.201",
    "ServicePort": 32768,
    "ServiceEnableTagOverride": false
  }
]
```

第一个命令的结果显示了 app-blue 和 db 容器都在运行中。第二个命令的结果展示了 Consul 中注册的 `books-ms-blue` 的详细信息。现在，我们已经让第一个版本的服务运行起来了，但是还没有与 nginx 集成，所以，还不能访问到 80 端口。可以向服务发送一个请求来确认。

```
curl -I prod/api/v1/books
```

结果如下。

```
HTTP/1.1 404 Not Found
Server: nginx/1.9.9
Date: Sun, 03 Jan 2016 20:47:59 GMT
Content-Type: text/html
Content-Length: 168
Connection: keep-alive
```

请求响应是 `404 Not Found` 的错误信息，这证明了我们还没有配置代理，如图 13-6 所示。

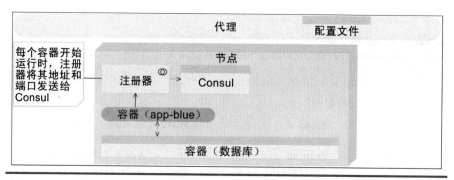

图 13-6　部署蓝色容器

集成蓝色版本
Integrating the blue release

可以使用与之前类似的方法来集成服务。唯一的区别是，目标服务是注册在 Consul 里的。

下面从之前下载过的 nginx Consul 模板 `nginx-upstreams-blue.ctmpl` 开始。

```
upstream books-ms {
    {{range service "books-ms-blue" "any"}}
    server {{.Address}}:{{.Port}};
    {{end}}
}
```

服务名字是 `books-ms-blue`，可以使用 Consul Template 来生成最终的 nginx upstreams 配置。

```
consul-template \
    -consul prod:8500 \
    -template "nginx-upstreams-blue.ctmpl:nginx-upstreams.conf" \
    -once
```

这个命令可以用来生成 nginx upstrams 配置文件，然后重启服务。

下面检查配置文件是否正确生成。

```
cat nginx-upstreams.conf
```

输入如下。

```
upstream books-ms {
    server 10.100.198.201:32769;
}
```

最后要做的就是把配置文件复制到 prod 服务器上，然后重新加载 nginx。当输入密码的问句出现时，设置 vagrant 作为密码。

```
scpnginx-includes.conf \
    prod:/data/nginx/includes/books-ms.conf
```

```
scpnginx-upstreams.conf \
    prod:/data/nginx/upstreams/books-ms.conf
```

```
docker kill -s HUP nginx
```

将两个配置文件复制到服务器上，然后发送 HUP 信号来重启 nginx。

下面检查服务是否已经和代理集成了。

```
curl -I prod/api/v1/books
```

输出如下。

```
HTTP/1.1 200 OK
Server: nginx/1.9.9
Date: Sun, 03 Jan 2016 20:51:12 GMT
Content-Type: application/json; charset=UTF-8
Content-Length: 2
Connection: keep-alive
Access-Control-Allow-Origin: *
```

我们看到响应码是 200 OK，这意味着服务确实已经对请求发出了回应。

基本流程如图 13-7 所示。

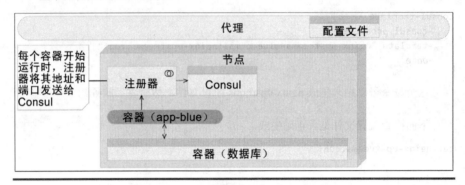

图 13-7　蓝色容器与代理服务集成

我们在最简化的场景下完成了第一个（蓝色）版本的部署。下面将会看到部署第二个（绿色）版本的方法也差不多。

部署绿色版本
Deploying the green release

可以使用部署第一个（蓝色）版本的步骤来部署第二个（绿色）版本。唯一的区别在于，部署的目标是 books-ms-green 而不是 books-ms-blue。

跟之前的部署不太一样，这次，新（绿色）版本会和当前（蓝色）版本一起运行。

```
docker-compose pull app-green
```

```
docker-compose up -d app-green
```

新版本被拉取并运行。可以通过执行 docker-compose ps 命令来确认。

```
docker-compose ps
```

结果如下。

名称	命令	状态	端口
booksms_app-blue_1	/run.sh	Up	0.0.0.0:32769->8080/tcp
booksms_app-green_1	/run.sh	Up	0.0.0.0:32770->8080/tcp
booksms_db_1	/entrypoint.sh mongod	Up	27017/tcp

输出显示了两个服务都在运行中。同样，我们应确认两个版本是否都已经注册到 Consul 中了。

```
curl prod:8500/v1/catalog/services \
    | jq '.'
```

输出如下。

```
{
  "dockerui": [],
  "consul": [],
  "books-ms-green": [],
  "books-ms-blue": []
}
```

如前，我们再次检查新部署的服务的详细信息。

```
curl prod:8500/v1/catalog/service/books-ms-green \
    | jq '.'
```

最后，确认代理与旧版本仍然是相通的。

```
curl -I prod/api/v1/books
```

```
docker logs nginx
```

最后一条命令的输出应该与下面的日志类似（为了简略，省去了时间戳）。

```
"GET /api/v1/books HTTP/1.1" 200 201 "-" "curl/7.35.0" "-"
10.100.198.201:32769
"GET /api/v1/books HTTP/1.1" 200 201 "-" "curl/7.35.0" "-"
10.100.198.201:32769
```

要注意，在你的计算机上部署的服务的端口可能跟前述例子中的端口不一样。

Ngnix 的日志应该显示我们的请求已经被重定向到蓝色版本的端口了。可以看到，到达这个端口的最近请求就是我们在部署绿色版本之前发出的那个。

基本流程如图 13-8 所示。

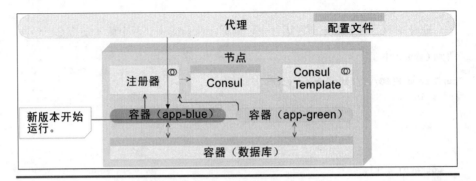

图13-8 绿色容器与蓝色容器一起部署

现在，我们有蓝色和绿色两个版本同时在运行，代理服务仍然把所有的请求定向到旧版本（蓝色版本）。下一步是在更改代理配置之前测试新版本。我们暂时先跳过测试，等到自动化环节更深入地研究绿色版本与Nginx集成的时候再介绍。

集成绿色版本
Integrating the green release

下面将第二个版本也就是绿色版本与代理服务集成起来，流程与前面介绍的类似。

```
consul-template \
    -consul prod:8500 \
    -template "nginx-upstreams-green.ctmpl:nginx-upstreams.conf" \
    -once

scpnginx-upstreams.conf \
    prod:/data/nginx/upstreams/books-ms.conf

docker kill -s HUP nginx
```

可以给代理发送一个请求，然后从日志中查看它是否已经指向了新（绿色）版本。

```
curl -I prod/api/v1/books

docker logs nginx
```

nginx 日志应该与下面的日志类似（为了简略，省去了时间戳）。

```
"GET /api/v1/books HTTP/1.1" 200 201 "-" "curl/7.35.0" "-"
10.100.198.201:32769
"GET /api/v1/books HTTP/1.1" 200 201 "-" "curl/7.35.0" "-"
10.100.198.201:32769
"GET /api/v1/books HTTP/1.1" 200 201 "-" "curl/7.35.0" "-"
10.100.198.201:32770
```

很明显，最后一个请求去向的端口是 32770，与之前的端口 32769 不同。我们已经把代理从蓝色版本转到了绿色版本。在这个过程中没有停机时间，因为我们是在等新版本完全运行起来之后更改的代理配置。而且，nginx 足够智能，不会把新配置一下子应用到所有的请求上去，而是只对重载后的请求应用新配置。换句话说，在重载之前开始的请求继续导向旧版本，而重载后的则都发往了新版本。这样我们使用最小的代价实现了零停机时间，而不用借助其他的工具。我们采用了 nginx 作为代理、Consul（以及 Registrator 和 Consul Template）来存取服务信息。基本流程如图 13-9 所示。

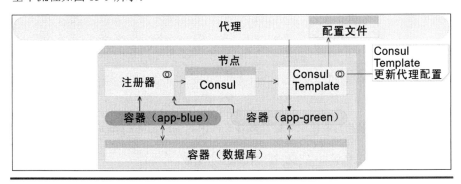

图 13-9　绿色容器与代理服务集成

做了这些工作之后，新版本和旧版本一起部署了，而代理已经指向了新版本。现在可以安全地移除掉旧版本了。

移除蓝色版本
Removing the blue release

移除一个版本很容易，之前我们已经做过很多次。我们只需要保证执行 stop 命令时指定的目标是正确的就可。

```
docker-compose stop app-blue
docker-compose ps
```

第一个命令停止了蓝色版本，第二个命令列出了 Docker Compose 的所有目标进程。列出进程命令的输出如下。

```
Name                       Command                    State      Ports
-----------------------------------------------------------------------------------------
booksms_app-blue_1        /run.sh                               Exit 137
booksms_app-green_1       /run.sh                    Up         0.0.0.0:32770->8080/tcp
booksms_db_1              /entrypoint.sh mongod      Up         27017/tcp
```

请注意，booksms_app-blue_1 的状态是 Exit 137。只有绿色版本和数据库容器在运行。

也可以通过向 Consul 发送请求确认这一点。

```
curl prod:8500/v1/catalog/services | jq '.'
```

Consul 的响应如下。

```
{
  "dockerui": [],
  "consul": [],
  "books-ms-green": []
}
```

Registrator 探测到蓝色版本已经被移走，因此也把它从 Consul 中移除了。

还应该检查绿色版本是否仍然和代理服务集成在一起。

```
curl -I prod/api/v1/books
```

意料之中，nginx 仍然将所有的请求发送给绿色版本。我们的任务算是完成了（从当下来说）。总结一下，我们将新版本和旧版本一起部署，先将代理服务指向新版本，一旦所有给旧版本的请求收到响应后，就移除掉旧版本，如图 13-10 所示。

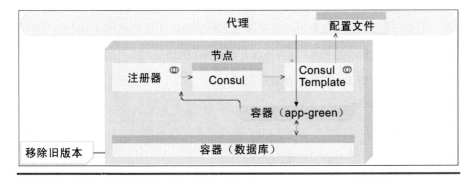

图 13-10　移除蓝色容器

在着手自动化之前，还剩下一件事，就是找出一个方法来发现应该部署哪个版本（蓝色还是绿色）。在手动部署的时候，这不是问题，我们只需列出 docker 的进程或者注册在 Consul 里的服务，就可以轻松地知道哪个版本没有在运行。自动化部署则需要不同的方法来发现运行哪个版本。

我们删除容器，然后重新开始。

```
docker-compose stop
```

```
docker-compose rm -f
```

发现应部署哪个版本以及回滚
Discovering which release to deploy and rolling back

要知道接下来应该部署哪个版本，其中一个方法是把已经部署了的版本保存到 Consul 里以备下次部署使用。换句话说，我们应该做两件事：版本发现以及版本注册。

现在思考一下版本发现的用例。有以下三种可能的组合。

（1）在部署第一个版本时，Consul 中没有其他颜色版本注册。

（2）蓝色版本正在运行，而且注册到 Consul 中了。

（3）绿色版本正在运行，而且注册到 Consul 中了。

可以把这三种组合减少到两个。如果蓝色版本注册了，下一个版本就是绿色。否则，下一个版本是蓝色，这涵盖了两种情况，一种是绿色版本正在运行的情况，一种是没有颜色注册（服务还没开始部署）的情况。基于这个策略，我们编写了以下的 bash 脚本（请先不要运行它）。

```bash
#!/usr/bin/env bash

SERVICE_NAME=$1
PROD_SERVER=$2

CURR_COLOR=`curl \
    http://$PROD_SERVER:8500/v1/kv/$SERVICE_NAME/color?raw`

if [ "$CURR_COLOR" == "blue" ]; then
    echo "green"
else
    echo "blue"
fi
```

　　由于要在很多服务中复用这一个脚本，因此它得有两个参数，一个是我们要部署的服务名字和目标（生产）服务器。然后，可以在生产服务器上向 Consul 查询并把结果写进 CURR_COLOR 变量。接下来就是简单的 if else 语句，把 green 或者 blue 的字符串送到标准输出。使用这个脚本，可以轻松获得我们接下来要部署的服务版本。

　　再新建如下脚本。

```bash
echo '#!/usr/bin/env bash

SERVICE_NAME=$1
PROD_SERVER=$2

CURR_COLOR=`curl \
    http://$PROD_SERVER:8500/v1/kv/$SERVICE_NAME/color?raw`

if [ "$CURR_COLOR" == "blue" ]; then
    echo "green"
else
    echo "blue"
fi
' | tee get-color.sh

chmod +x get-color.sh
```

我们创建了这个 get-color.sh 脚本，并给出了可执行权限。现在，可以用它来获取下一个颜色，并重复之前执行过的流程。

```
NEXT_COLOR=`./get-color.sh books-ms prod`

export DOCKER_HOST=tcp://prod:2375

docker-compose pull app-$NEXT_COLOR

docker-compose up -d app-$NEXT_COLOR
```

与之前运行的命令相比，唯一的区别在于我们使用的是 NEXT_COLOR 变量，而不是写死了的值 blue 和 green。就这样，第一个版本也就是蓝色版本开始运行了。基本流程如图 13-11 所示。

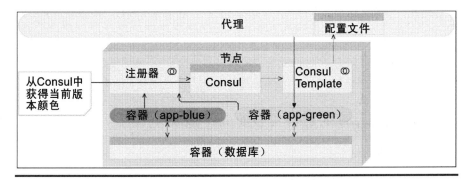

图 13-11　从 Consul 中获取当前版本颜色

现在讨论一下测试。一方面，我们希望在更改代理配置使之指向新版本之前能尽量进行充分测试。另一方面，我们在代理配置改变之后，还需要一轮测试来确定一切（包括代理的变化）都运作正常。我们把这两种测试分别称为集成前测试和集成后测试。要记住，测试范围要限制在部署前测试覆盖不到的用例里。以（相对较轻量级的）books-ms 服务为例，如果集成前测试证明了服务能与数据库通信，那就够了。在这种情况下，集成后测试唯一要确认的事情是 nginx 的新配置是正确的。

下面从集成前测试开始。我们使用 curl 来模拟测试。由于代理服务现在还没有指向新部署的服务，所以需要找出新版本的服务端口是哪个。我们可以从

Consul 找到端口，然后新建一个与 get-color.sh 类似的脚本。脚本内容可以由如下命令组成：

```
echo '#!/usr/bin/env bash

SERVICE_NAME=$1
PROD_SERVER=$2
COLOR=$3

echo `curl \
  $PROD_SERVER:8500/v1/catalog/service/$SERVICE_NAME-$COLOR \
  | jq".[0].ServicePort"`
' | tee get-port.sh

chmod +x get-port.sh
```

这次，我们把这个脚本命名为 get-port.sh，它有三个参数，即服务名字、生产服务器的地址和颜色。使用这三个参数，可以从 Consul 中查询信息并把结果显示在标准输出上。

现在动手试试。

```
NEXT_PORT=`./get-port.sh books-ms prod $NEXT_COLOR`

echo $NEXT_PORT
```

由于 Docker 分配给服务的端口是随机的，所以不同的用例输出的结果也不尽相同。我们把端口号放在如下的变量名中，可以在与代理服务集成前进行测试。

```
curl -I prod:$NEXT_PORT/api/v1/books
```

服务返回了状态码 200 OK，一切正常，可以按照之前我们使用过的方法继续开始集成。询问密码的时候，输入 vagrant 作为密码。

```
consul-template \
    -consul prod:8500 \
    -template "nginx-upstreams-$NEXT_COLOR.ctmpl:nginx-upstreams.conf" \
    -once

scpnginx-upstreams.conf \
    prod:/data/nginx/upstreams/books-ms.conf

docker kill -s HUP nginx
```

服务集成之后，我们再次进行测试，不过这次没有端口号。

```
curl -I prod/api/v1/books
```

最后，我们要停止其中一个容器。停止哪个容器由测试结果决定。如果集成前测试失败，则应该停止运行新版本。没必要管代理，因为此时它还在把所有的请求都发送给旧版本。如果集成后测试失败，不仅应该停止新版本，而且要把代理服务的修改都撤回，这样所有的流量就可以导回旧版本了。此时，我们不会把有可能会测试失败的路径全都遍历一遍，这得留到接下来的自动化时再做。现在，只是把这个颜色版本注册到 Consul 中，然后停止旧版本。

```
curl -X PUT -d $NEXT_COLOR \
    prod:8500/v1/kv/books-ms/color

CURR_COLOR=`./get-color.sh books-ms prod`

docker-compose stop app-$CURR_COLOR
```

这些命令把新颜色版本注册到 Consul 中，获得下一个要部署的颜色，它应该与当前旧版本的颜色相同（见图 13-12），最后，停止旧版本。因为是从头开始的，这是第一个版本，所以没有旧版本可以停止。然而，下一次进行这些步骤的时候，旧版本应该被停止。

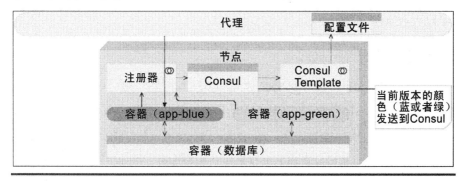

图 13-12 当前版本的颜色发送到 Consul

这样，我们总结出了手动进行蓝绿部署的流程。它很容易被自动化。在往下进行之前，我们先把所有的命令多运行几次，观察颜色从蓝色变成绿色，再从绿色变成蓝色，以此类推。所有的命令集如下。

```
NEXT_COLOR=`./get-color.sh books-ms prod`

docker-compose pull app-$NEXT_COLOR

docker-compose up -d app-$NEXT_COLOR

NEXT_PORT=`./get-port.sh books-ms prod $NEXT_COLOR`

consul-template \
    -consul prod:8500 \
    -template "nginx-upstreams-$NEXT_COLOR.ctmpl:nginx-upstreams.conf" \
    -once

scpnginx-upstreams.conf \
    prod:/data/nginx/upstreams/books-ms.conf

docker kill -s HUP nginx

curl -I prod/api/v1/books

curl -X PUT -d $NEXT_COLOR \
    prod:8500/v1/kv/books-ms/color

CURR_COLOR=`./get-color.sh books-ms prod`

docker-compose stop app-$CURR_COLOR

curl -I prod/api/v1/books

docker-compose ps
```

最后一个命令用于显示 Docker 进程。从以上命令可以看到，第一次运行之后，绿色版本在运行，而蓝色版本会处于 Exited 状态；第二次运行之后，蓝色版本在运行，而绿色版本会处于 Exited 状态，以此类推。我们可以零停机地部署这些新的版本。唯一可能停机的例外是集成后测试失败，然而，这个可能性非常小，因为唯一的起因就是代理服务配置错误而出问题。由于马上要完全自动化，所以这个可能性非常小。另外一个可能导致集成后测试失败的原因是代理服务自己挂了。消除这种可能性的唯一做法是使用多个代理服务实例（不在本书讨论范畴之列）。

也就是说，还是来看看 nginx 的日志。

```
docker logs nginx
```

你会注意到，每次我们发出的请求被发送到一个不同的端口，这意味着在另一个端口上部署了一个新容器。

现在，在实践了所有的命令和实验之后，准备开始蓝绿部署的自动化。

我们会摧毁所有的虚拟机，然后重新开始，以保证所有的一切都运行正常。

```
exit
vagrant destroy -f
```

13.3　使用 Jenkins workflow 自动化蓝绿部署
Automating the blue-green deployment with Jenkins workflow

首先创建虚拟机，配置 prod 结点，启动我们选择的部署工具 Jenkins。

```
vagrant up cd prod

vagrant ssh cd

ansible-playbook /vagrant/ansible/prod2.yml \
    -i /vagrant/ansible/hosts/prod

ansible-playbook /vagrant/ansible/jenkins-node.yml \
    -i /vagrant/ansible/hosts/prod

ansible-playbook /vagrant/ansible/jenkins.yml \
    -c local
```

趁还没完全就绪，现在讨论一下哪些需要自动化以及如何自动化。我们已经对 Jenkins workflow 很熟悉，它很好用，所以没有理由替换它。我们会使用它来自动化蓝绿部署过程，如图 13-13 所示。这个流程有很多步，我们会把它们分解成函数，一是方便我们更好消化，二是可以为 workflo 开发一些工具脚本。接下来会更详细探讨以及实现这些函数。

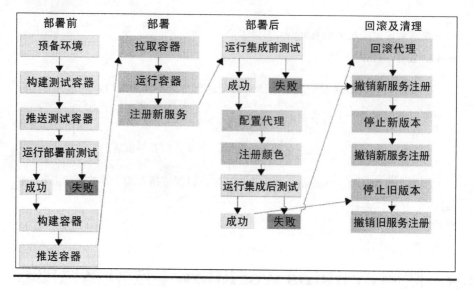

图 13-13 蓝绿部署自动化工作流

蓝绿部署角色
Blue-green deployment role

我们会采用 Jenkins 的 Multibranch Workflow 作业 books-ms-blue-green。它过滤出了 vfarcic/books-ms 库下面所有名字里包含 blue-green 的分支。

由于第一次运行可能会花很长时间，所以可以给 branch 建立索引，这样开发脚本时 Jenkins 可以运行子项目，如图 13-14 所示。

打开 Jenkins Multibranch Workflow 作业 books-ms-blue-green，点击 Branch Indexing，然后单击左侧菜单栏的 "Run Now" 运行索引。一旦分支被索引，Jenkins 就会发现 blue-green 分支与作业内的过滤器匹配，创建具有相同名称的子项目并开始运行。索引状态可以在位于屏幕左下部分的主节点执行器中看到。

图 13-14　Jenkins Multibranch Workflow 作业 books-ms-blue-green 和
　　　　　blue-green 子项目

下面让 Jenkins 自己运行和分析 blue-green 分支里的 Jenkinsfile。

```
node("cd") {
    def serviceName = "books-ms"
    def prodIp = "10.100.198.201"
    def proxyIp = "10.100.198.201"
    def proxyNode = "prod"
    def registryIpPort = "10.100.198.200:5000"

    def flow = load "/data/scripts/workflow-util.groovy"

    git url: "https://github.com/vfarcic/${serviceName}.git"
    flow.provision("prod2.yml")
    flow.buildTests(serviceName, registryIpPort)
    flow.runTests(serviceName, "tests", "")
    flow.buildService(serviceName, registryIpPort)

    def currentColor = flow.getCurrentColor(serviceName, prodIp)
    def nextColor = flow.getNextColor(currentColor)

    flow.deployBG(serviceName, prodIp, nextColor)
    flow.runBGPreIntegrationTests(serviceName, prodIp, nextColor)
    flow.updateBGProxy(serviceName, proxyNode, nextColor)
    flow.runBGPostIntegrationTests(serviceName, prodIp, proxyIp,
proxyNode, currentColor, nextColor)
}
```

该文件首先声明一些变量，然后加载 workflow-util.groovy 脚本。随后调用
提供环境、构建和运行测试，以及构建服务的功能。到目前为止，这个脚本与我
们在第 12 章中探讨的一样。

接下来，新增了两个工具函数 getCurrentColor 和 getNextColor，并用它们的返回值给 currentColor 变量和 nextColor 变量赋值。函数定义如下。

```
def getCurrentColor(serviceName, prodIp) {
    try {
        return sendHttpRequest("http://${prodIp}:8500/v1/
kv/${serviceName}/color?raw")
    } catch(e) {
        return ""
} }

def getNextColor(currentColor) {
    if (currentColor == "blue") {
        return "green"
    } else {
        return "blue"
    }
}
```

如你所见，这些函数与之前手动执行的命令的内在逻辑相同，只是被翻译成 Groovy 语言了。当前颜色通过向 Consul 查询获得，然后用来获得接下来要部署的下一个颜色。

现在已经知道当前运行的颜色是什么，也已知道下一个要运行的颜色是什么，因此可以使用 deployBG 来部署新版本。函数定义如下。

```
def deployBG(serviceName, prodIp, color) {
    stage "Deploy"
    withEnv(["DOCKER_HOST=tcp://${prodIp}:2375"]) {
        sh "docker-compose pull app-${color}"
        sh "docker-compose -p ${serviceName} up -d app-${color}"
    }
}
```

我们新建了 DOCKER_HOST 环境变量，指向生产结点上的 Docker CLI。这个变量的作用域只局限在花括号里面，花括号里面使用 Docker Compose 拉取并运行最新的版本。与第 12 章研究的 Jenkinsfile 脚本相比，这里唯一的重要区别在于，由于颜色的变化而不断动态生成的目标。要被使用的目标取决于调用这个函数的 nextColor 的实际值。

脚本到这里就部署了一个新版本，但是这个新版本还没有和代理服务集成。

我们服务的用户仍然在使用老版本，这样就有机会在让新版本上线之前先对它进行一番测试。这个测试称为集成前测试。它是通过调用 workflow-util.groovy 脚本里的工具函数 runBGPreIntegrationTests 完成的。

```
def runBGPreIntegrationTests(serviceName, prodIp, color) {
    stage "Run pre-integration tests"
    def address = getAddress(serviceName, prodIp, color)
    try {
        runTests(serviceName, "integ", "-e DOMAIN=http://${address}")
    } catch(e) {
        stopBG(serviceName, prodIp, color);
        error("Pre-integration tests failed")
    }
}
```

该函数首先从 Consul 查询到新部署的服务的地址，检索是通过调用 getAddress 函数来实现。请通过检查 workflow-util.groovy 脚本来查看这个函数的详细信息。接下来，我们在 try ... catch 块中运行测试。由于新版本还没有与 nginx 集成，因此无法通过端口 80 访问到，新版本的地址通过环境变量 DOMAIN 传递。如果执行测试失败，脚本将跳转到 catch 块，并调用 stopBG 函数来停止新版本。由于服务器正在运行[Registrator]，一旦新版本停止，其数据信息将从 Consul 中删除。其他就没什么可做的了。代理服务将继续指向旧版本，这样，用户将继续使用已经验证并可以正常工作的旧版本的服务。请参阅 workflow-util.groovy 脚本以查看 stopBG 函数的详细信息。

如果集成前测试通过，就调用 updateBGProxy 函数来更新代理服务，从而使新版本可供用户使用。函数如下。

```
def updateBGProxy(serviceName, proxyNode, color) {
    stage "Update proxy"
    stash includes: 'nginx-*', name: 'nginx'
    node(proxyNode) {
        unstash 'nginx'
    sh "sudo cp nginx-includes.conf /data/nginx/
includes/${serviceName}.conf"
        sh "sudo consul-template \
            -consul localhost:8500 \
            -template \"nginx-upstreams-${color}.ctmpl:/data/nginx/
upstreams/${serviceName}.conf:docker kill -s HUP nginx\" \
```

```
        -once"
        sh "curl -X PUT -d ${color} http://localhost:8500/v1/
kv/${serviceName}/color"
    }
}
```

与 第 12 章 中 使用 的 updateProxy 函数相比，主要的区别是现在使用
nginx-upstreams-${color}.ctmpl 作为模板的名称。根据传递给该函数的值，决
定是使用 nginx-upstream-blue.ctmpl 还是 nginx-upstream-green.ctmpl。除此之
外，我们会向 Consul 发送请求，以存储与新部署的版本相对应的颜色。此函数的
其余部分与 updateProxy 的相同。

最后，现在已经部署了新的版本，也重新配置了代理服务，接下来要进行另
一轮测试，以确定新版本与代理的集成是成功的。可以通过调用 workflow-util.
groovy 脚本中的 runBGPostIntegrationTests 函数来做到这一点。

```
def runBGPostIntegrationTests(serviceName, prodIp, proxyIp, proxyNode,
currentColor, nextColor) {
    stage "Run post-integration tests"
    try {
        runTests(serviceName, "integ", "-e DOMAIN=http://${proxyIp}")
    } catch(e) {
        if (currentColor != "") {
            updateBGProxy(serviceName, proxyNode, currentColor)
        }
        stopBG(serviceName, prodIp, nextColor);
        error("Post-integration tests failed")
    }
    stopBG(serviceName, prodIp, currentColor);
}
```

首先运行集成测试，这次是使用指向代理的公共域。如果测试失败，将通过
调用 updateBGProxy 函数还原对代理服务器的更改。updateBGProxy 把
currentColor 作为传递变量，将 nginx 重新配置成与旧版本协同工作。测试失败的
第二条指令是以 nextColor 变量作为输入调用 stopBG 函数来停止新版本。另一方
面，如果所有测试都通过，就停止旧版本。

如果你是 Groovy 的新手，这个脚本可能对你而言太难了。然而，只需要一点
练习，就会发现，用 Groovy 可以非常容易地实现我们的目标，加上 Jenkins

Workflow DSL，那更是如虎添翼。

值得注意的是，Workflow 插件是有限制的。出于安全考虑，一些 Groovy 类和函数的调用需要额外的批准。在 `jenkins.yml` Ansible playbook 定义中，我已经为你做了这一切，作为配置过程的一部分。如果你想查看最终结果或需要进行新的批准，请打开 Manage Jenkins 内的"In-process Script Approval"页面。看上去，这些安全限制级别可能过于高了，但是考虑到背后的原因，这其实是完全必要的。由于 Workflow 脚本可以访问 Jenkins 平台的几乎每个角落，所以脚本运行的任何内容可能会产生非常严重的后果。因此，只有一部分指令是默认被允许的，而其他指令需要被批准。如果由于此限制导致 Workflow 脚本失败，则可在"In-process Script Approval"页面中看到一个新条目，等待你的批准（或不批准）。这些批准背后的 XML 位于 `/data/jenkins/scriptApproval.xml` 文件中。

运行蓝绿部署
Running the blue-green deployment

到这时候，这个子项目很可能已经运行完毕。你可以通过打开蓝绿子项目控制台页面来监视这个过程。一旦这个子项目第一次运行完毕，就可以手动确定一切正常运行。我们将借此机会展示尚未使用的几个 `ps` 参数。第一个参数将是 `--filter`，可以用于（你可能已经猜到）过滤出 `ps` 命令结果返回的容器。第二个参数是 `--format`。由于 `ps` 命令的标准输出可能很长，所以使用这个参数来仅获取容器的名称。

```
export DOCKER_HOST=tcp://prod:2375

docker ps -a --filter name=books --format "table {{.Names}}"
```

`ps` 命令的输出结果如下。

```
NAMES
booksms_app-blue_1
booksms_db_1
```

可以看到蓝色版本已经和链接的数据库部署到一起了。也可以确认一下服务信息已经存在 Consul 里了。

```
curl prod:8500/v1/catalog/services | jq '.'
```

```
curl prod:8500/v1/catalog/service/books-ms-blue | jq '.'
```

Consul 对这两个请求的回复如下：

```
{
  "dockerui": [],
  "consul": [],
  "books-ms-blue": []
}
...
[
  {
    "ModifyIndex": 461,
    "CreateIndex": 461,
    "Node": "prod",
    "Address": "10.100.198.201",
    "ServiceID": "prod:booksms_app-blue_1:8080",
    "ServiceName": "books-ms-blue",
    "ServiceTags": [],
    "ServiceAddress": "10.100.198.201",
    "ServicePort": 32780,
    "ServiceEnableTagOverride": false
  }
]
```

现在除了注册到 dockerui 和 consul 外，books-ms-blue 已经注册成为一个服务。第二个输出结果显示了这个服务的详细信息。

最后，应该确认这个颜色已经被存储到 Consul 中，而且服务本身已经和 nginx 集成。

```
curl prod:8500/v1/kv/books-ms/color?raw
```

```
curl -I prod/api/v1/books
```

第一个命令返回值为蓝色，而且这个通过代理发往服务的请求的响应状态是 200 OK。看样子一切工作正常。

请把这个 job 运行多次，每次运行你需要打开 books-ms-blue-green 作业，然后单击右手边的 Schedule a build for blue-green。

你可以打开 blue-green 子项目控制台页面来监视这一过程，如图 13-15 所示。

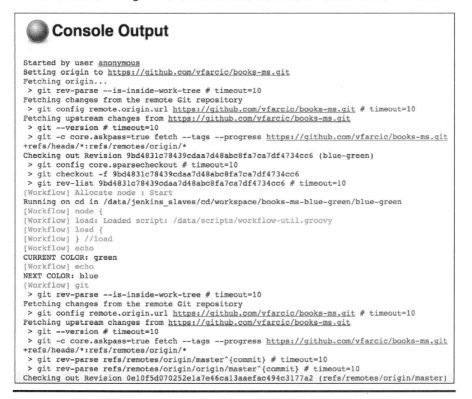

```
Console Output

Started by user anonymous
Setting origin to https://github.com/vfarcic/books-ms.git
Fetching origin...
 > git rev-parse --is-inside-work-tree # timeout=10
Fetching changes from the remote Git repository
 > git config remote.origin.url https://github.com/vfarcic/books-ms.git # timeout=10
Fetching upstream changes from https://github.com/vfarcic/books-ms.git
 > git --version # timeout=10
 > git -c core.askpass=true fetch --tags --progress https://github.com/vfarcic/books-ms.git
+refs/heads/*:refs/remotes/origin/*
Checking out Revision 9bd4831c78439cdaa7d48abc8fa7ca7df4734cc6 (blue-green)
 > git config core.sparsecheckout # timeout=10
 > git checkout -f 9bd4831c78439cdaa7d48abc8fa7ca7df4734cc6
 > git rev-list 9bd4831c78439cdaa7d48abc8fa7ca7df4734cc6 # timeout=10
[Workflow] Allocate node : Start
Running on cd in /data/jenkins_slaves/cd/workspace/books-ms-blue-green/blue-green
[Workflow] node {
[Workflow] load: Loaded script: /data/scripts/workflow-util.groovy
[Workflow] load {
[Workflow] } //load
[Workflow] echo
CURRENT COLOR: green
[Workflow] echo
NEXT COLOR: blue
[Workflow] git
 > git rev-parse --is-inside-work-tree # timeout=10
Fetching changes from the remote Git repository
 > git config remote.origin.url https://github.com/vfarcic/books-ms.git # timeout=10
Fetching upstream changes from https://github.com/vfarcic/books-ms.git
 > git --version # timeout=10
 > git -c core.askpass=true fetch --tags --progress https://github.com/vfarcic/books-ms.git
+refs/heads/*:refs/remotes/origin/*
 > git rev-parse refs/remotes/origin/master^{commit} # timeout=10
 > git rev-parse refs/remotes/origin/origin/master^{commit} # timeout=10
Checking out Revision 0e10f5d070252e1a7e46ca13aaefac494c3177a2 (refs/remotes/origin/master)
```

图 13-15 Jenkins blue-green 子项目控制台页面

如果进行多次验证，就会注意到第二次运行时绿色版本将开始运行，而蓝色版本则停止运行。第三次时将会反转颜色，蓝色版本开始运行，而绿色版本会停止。正确的颜色将存储在 Consul 中，代理服务将始终将请求重定向到最新版本，并且在部署过程中不会有停机时间。

尽管马上就到本章的末尾了，但是我们并不会就此结束蓝绿色部署的实践。尽管我们会改变运行这个过程的方式，但是，它将会是本书后续探讨的更多实践的一个组成部分。我们实现了零停机部署，但在达到零停机时间系统之前，仍然有很多工作要做。我们当前的流程在部署过程中不会产生停机时间，这并不意味着整个系统是容错的。

我们达到了一个重要的里程碑，但还有很多障碍需要我们去克服。其中一个障碍是集群和扩展。我们的解决方案在单个服务器上运行良好，而且可以轻而易举地扩展到更多服务器，也许可以到十个。然而，服务器数量越多，寻求更好的管理集群和扩展的方法就越有必要。这将是第 14 章的主题。在进入下一章之前，让我们销毁一直以来使用的环境，这样可以从头开始。

```
exit

vagrant destroy -f
```

第 14 章

服务集群和扩展
Clustering and Scaling Services

设计系统的组织，其产生的设计等价于组织内、组织间的沟通结构。

——M.康威

许多人吹牛说他们的系统是可扩展的。毕竟，扩展是很容易的事情。你先购买一个服务器，然后安装 WebLogic（或者随便哪个你正在使用的巨型应用程序服务器）并部署应用程序。等几个星期过去，你会发现系统变慢了。然后你做什么呢？做扩展。你购买更多的服务器，部署好应用程序。系统的哪一部分是瓶颈？没有人知道。你为什么复制所有的东西？因为你不得不这么做。然后又一段时间过去了，你继续扩展，直到把钱花光，同时，你的员工也要发疯了。现在我们不这样做扩展，可扩展性不是这样的。可扩展性是弹性的，它可以根据你的业务流程和业务增长情况，快速、轻松地进行扩容和缩容，而在此过程中，你不会破产。几乎每个公司都需要扩大业务，而可扩展性可以让 IT 部门不再是沉重的财政负担。

14.1　可扩展性
Scalability

让我们先讨论为什么想要扩展应用。主要原因是为了获得高可用性。为什么想要高可用性？因为我们希望业务在任何负载下都可用。负载越大越好（DDoS 除外），因为这意味着业务正在蓬勃发展。高可用性可提高客户的满意度。我们都想要快，如果加载时间太长，许多人就离开网站了。我们希望业务不要中断，因为业务不可用的每一分钟都可以转化为相应的金钱损失。如果在线商店不可用了，你会怎么办？也许第一次你不会去别的商店，也许第二次你也不会去，但迟早你会厌烦然后转去其他商店。我们习惯了一切都快速响应，而且替代品很多，不需要三思就可以做其他尝试。如果说这有其他什么好处的话……一个人挣得少了意味着另一个人挣得多了。那么可扩展性可以帮助解决所有问题吗？差远了。还有许多其他因素决定了应用程序的可用性。然而，可扩展性是其中的重要组成部分，这恰好是本章的主题。

什么是可扩展性？可扩展性是一个系统的属性，它用于表明这个系统能够优雅地处理增加的负载的能力，或者随着需求的增加而扩大的潜力，它是指系统增加容量或流量的能力。

事实是，设计应用程序的方式决定了可扩展性。在应用设计时如果没有考虑可扩展性，应用程序就不会很好地扩展。这并不是说没有设计为可扩展的应用程序就没法扩展了。一切都可以扩展，但不是所有的都可以扩展好。

常见的场景如下：

我们从一个超级简单的架构开始，搭建几个应用服务器和一个数据库，有时有负载均衡有时没有。一切都很赞，没什么复杂度，我们可以很快速地开发新功能。运营成本低，收入高（考虑到刚刚开始），每个人都很满意，积极性很高。

生意在扩张，业务量在增加。然后故障开始出现，性能逐渐下降。我们添加了防火墙，设置了额外的负载均衡器，扩展了数据库，添加了更多的应用程序服务器等。事情还是相对比较简单。我们面临着新的挑战，但是障碍总是可以及时克服。即使复杂度在增加，也仍然可以相对轻松地处理。换句话说，我们或多或少还在做相同的事情，只是摊子铺得更大了。生意挺红火的，但相对来说规模还是比较小。

然后你期待已久的事情发生了。也许是其中一个营销活动搔中了痒处，也许你的竞争对手变差了，也许最新的功能真的是杀手锏，无论原因如何，业务得到了爆发式的增长。然而，经过短暂的幸福之后，你的痛苦增加了十倍。添加更多的数据库似乎还不够。成倍添加应用服务器似乎不能满足需求。你开始添加缓存，但没什么用。你开始感觉到，每次添加的东西，用处也不是很大。成本增加了，需求却还是没能满足。数据库复制速度太慢了。新添加的应用服务器不再发挥那么明显的作用。运营成本以你意料之外的速度飞快地增长，企业和团队的利益受到了损害。你开始意识到，你曾经无比自豪的架构并不能承受这样的负载，但没法拆分它。你没法扩展最需要扩展的部分。你没法重新开始，所能做的就是继续添加东西，尽管带来的好处越来越少。

上述情况很常见。一开始做得好好的系统，当需求增加时可能不再适用。因此，我们要在适可而止原则和长期愿景之间做一个平衡。一方面，我们不可能在刚开始的时候就上一个给大公司用的系统，一是太昂贵，二是当业务量还小的时候也不会发挥太多作用。另一方面，我们不能忽视业务的主要需求。我们需从第一天就开始考虑到扩展。设计可扩展的架构并不意味着从一开始就要有一百台服务器的集群，也并不意味着从一开始就要开发又大又复杂的东西。这意味着刚开始的时候系统应该是小的，但是当生意做大了，又很容易扩展。虽然微服务并不是完成这一目标的唯一途径，但它们确实是解决这个问题的好方法。贵的不是开发成本，而是运营成本。如果运营做到了自动化，则可以快速消化成本并且不需要对其进行巨额投资。正如你已经看到（并将在接下来的部分看到）的一样，我们有很多优秀的开源工具可以利用。自动化的最大优点是在自动化上花的钱比手动完成维护成本更低。

我们已经在极小的规模上讨论了微服务和自动化部署，现在是时候把这个小规模变成大规模了。在跳入实际部分之前，让我们来探讨一些可能的扩展方法。

我们经常为设计所限，应用程序如何构建，会很大程度地影响我们对扩展方式的选择。在各种不同的扩展方法中，最常见的是轴线扩展。

轴线扩展
Axis Scaling

最能代表轴线扩展的是三维立体图形：X 轴扩展、Y 轴扩展和 Z 轴扩展。每一维都描述了一种扩展方式，如图 14-1 所示。

X 轴：水平复制。

Y 轴：功能分解。

Z 轴：数据分区。

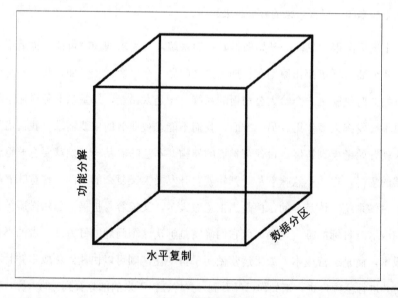

图 14-1 扩展三维图

现在让我们依次看看各个轴的扩展方式。

X 轴扩展

简言之，X 轴扩展通过运行多个应用程序或服务的实例来实现。大多数情况下，上层有一个负载均衡器，使得流量在所有实例之间共享。X 轴扩展的最大优点是简单。我们所要做的就是在多个服务器上部署同一个应用程序。因此，这是最常用的扩展类型。然而，它应用于单体应用时会带来一系列缺陷。大型应用程序通常需要很大的缓存，对内存的需求很高。当这样的应用程序被复制时，所有都会被复制，也包括缓存。

另一个问题往往更为严重：资源的不当使用。性能问题一般不会与整个系统都相关。并不是所有的模块都受到相同的影响，而我们却把所有东西都加以复制。这意味着，即使只有应用的一小块通过复制可以获得更好的性能，但我们也把所有的复制了。无论应用架构如何，X 轴扩展都是很重要的。主要区别在于这样扩展的效果如何。在微服务的架构下，与 X 轴扩展方式相比，其他扩展方式有更明显的效果。使用微服务，可以对扩展力度进行精确调整。可能有很多服务的实例都背负着很沉重的负载，而只有少部分实例使用的比较少，或需要更少的资源。最重要的是，由于它们很小，所以可能永远不会达到服务的限制。大服务器里的小型服务需要接收很多的负载才会出现扩展的需求。扩展微服务更多情况下是为了容错而不是为了提高性能。我们运行多个副本，是为了保证即便其中一个挂了，其他副本也可以立刻接管，直到之前的服务恢复，如图 14-2 所示。

Y 轴扩展

Y 轴扩展是将应用程序分解成较小的服务。虽然有很多种不同的方法来实现这种分解，但微服务可能是我们能采取的最好的方法。当将微服务与不可变性、自给自足相结合时，确实没有比这个更好的选择（至少从 Y 轴扩展来看是这样的）。与 X 轴扩展不同，Y 轴扩展不是通过运行相同应用程序的多个实例实现的，而是通过在集群中分布多个不同的服务来实现的。

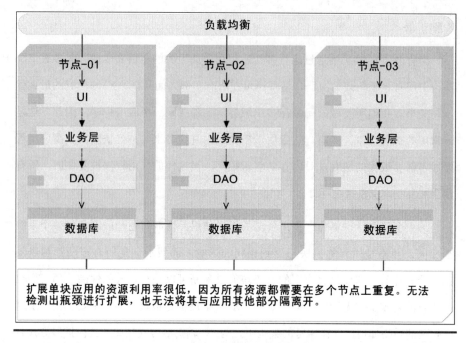

图 14-2 在一个集群内扩展单体应用

Z 轴扩展

Z 轴扩展很少应用于应用程序或服务。其最主要的和最常见的用法是用于数据库之间。这种扩展方式的原理是在多个服务器之间分配数据，从而减少每个服务器运行的工作量。数据被分区和分配在各个服务器上，使得每个服务器仅需要处理数据的一个子集。这种分离通常称为分片，并且有许多数据库专门为此而设计。Z 轴扩展在 I/O 和缓存与内存利用率方面作用最为显着。

集群
Clustering

服务器集群是由一组互相连接在一起工作的服务器组成的，其可以看成是单个系统。它们通常通过高速局域网（LAN）互相连接。集群和一组服务器之间的主要区别在于，集群是以单个系统的形式工作的，以提供高可用性、负载均衡和并行处理。

如果将应用程序或服务部署到单独管理的服务器，并将其视为单独的单元，那么资源的使用率是次优的，因为无法提前知道哪一组服务部署到哪台服务器上能最大限度地利用资源。更重要的是，资源的使用情况往往会有波动。一些服务可能在早上需要大量的内存，到了下午可能就只需要很少内存了。预定义的服务器不允许我们弹性地、以最好的方式对资源的使用做一个平衡。即使并不需要这么大程度的弹性空间，预定义服务器也容易在出错时产生问题，从而导致我们必须手动将受影响的服务重新部署到能正常工作的结点上，如图 14-3 所示。

图 14-3　容器部署到预定义的服务器的集群

当我们不再从单个独立的服务器考虑问题而是将所有服务器看成一个整体时，才算是真正实现了集群。从更低层面来讲，可能更容易说明白。当部署应用程序时，我们可能会决定这个应用需要多少内存或 CPU。但是，我们不会决定应用程序将使用哪些内存插槽，哪些 CPU 应该使用哪些内存插槽。例如，我们不会指定某些应用程序应该使用 CPU 4、CPU 5、CPU 7，这样很低效且有潜在的危险。我们只会决定需要三个 CPU。同样，在更高层次上也应该这么做。我们不应该关心应用程序或服务的部署在哪个服务器上，而应该关心它需要什么资源。我们应该能够确定服务有一定的要求，然后让某个工具将它部署到集群中的任何服务器上，只要这个服务器能满足要求。最好的（如果不是唯一的）方法是将整个集群视为一个实体。我们可以通过添加或删除服务器来增加或减少该集群的容量，但无论我们做什么，它仍然应该是一个实体。我们制定一个策略，然后将服务根据策略部署在集群内的某个地方。那些使用亚马逊网络服务（AWS）、微软 Azure 和 Google Cloud Engine（GCP）等云端服务提供商的用户已经习惯了这种方法，尽管他们可能没有意识到这一点。

在本章的其余部分将探讨如何创建集群，并研究可以帮助我们达成目标的工具。现在将在本地模拟集群，但这并不意味这些方法策略就不能应用于公有或私有云和数据中心。恰恰相反，如图 14-4 所示。

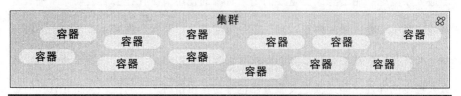

图 14-4　容器基于预定义的策略部署到服务器的集群

Docker 集群工具大比拼——Kubernetes、Docker Swarm 和 Mesos 对比

Docker Clustering Tools Compared – Kubernetes versus Docker Swarm versus Mesos

Kubernetes 和 Docker Swarm 可能是集群中部署容器最常用的两种工具。二者都是辅助平台，可用于管理容器的集群，并将所有服务器视为一个单元。虽然其目标有些类似，但其做法差别很大。

Kubernetes

Kubernetes 是 Google 基于多年来在 Linux 容器上的经验实现的。在某种程度上，它是 Google 在 Linux 容器上工作成果的复制品，但这次适用于 Docker。Kubernetes 在很多方面都做得很好，最重要的原因是 Google 在这方面有了很多经验。如果你在 Docker 1.0 版（或更早版本）之前就开始使用 Kubernetes，那么 Kubernetes 的体验是非常棒的，它解决了 Docker 本身拥有的许多问题。我们可以挂载永久卷，允许迁移容器而不会丢失数据，它使用 flannel 在容器之间创建网络，它集成了负载均衡器，它使用 etcd 进行服务发现等。然而，Kubernetes 是有代价的。与 Docker 相比，它使用了不同的 CLI、不同的 API 和不同的 YAML 定义。换句话说，你不能使用 Docker CLI，也不能使用 Docker Compose 来定义容器。一切需要在从零开始就用 Kubernetes 做。就好像这个工具不是为 Docker 写的（这在某种程度上是真的）。Kubernetes 将集群提升到一个新的水平，但代价是可用性较差，而且学习曲线也很陡峭。

Docker Swarm

Docker Swarm 走的是另外一条路。它天生就是为 Docker 做集群的，它最大的优点是暴露了标准的 Docker API，这意味着能与 Docker（Docker CLI、Docker Compose、Dokku、Krane 等）通信的任何工具都可以一样与 Docker Swarm 合作。这既是优势，同时也是劣势。能使用熟悉的工具固然很好，但也因此受到 Docker API 的限制。如果 Docker API 不支持某些功能，那么 Swarm API 就没有办法了，这时就需要用一些巧妙的方法来转圜。

Apache Mesos

可以用于管理集群的下一个工具是 Apache Mesos，这是一个久经沙场的老将了。Mesos 从（物理的或虚拟的）机器中抽取 CPU、内存、存储和其他资源，使容错和弹性的分布式系统能够轻松有效地构建和运行。

Mesos 与 Linux 的内核原理相同，只是抽象的级别不同。Mesos 内核在每台机器上运行，并为应用程序提供整个数据中心和云环境的资源管理和调度的 API。与 Kubernetes 和 Docker Swarm 不同，Mesos 不限于容器，它可以用于几乎任何类型的部署，包括 Docker 容器。

Mesos 使用 Zookeeper 进行服务发现。它使用 Linux 容器隔离进程。例如，如果在不使用 Docker 的情况下部署 Hadoop，那么 Mesos 会将其部署为 Linux 容器运行，并提供与打包成 Docker 容器类似的功能。

Mesos 提供了 Swarm 目前没有的几个功能，其中最重要的是更强大的调度器。除了调度器外，Mesos 的吸引力在于可以将其用于 Docker 和非 Docker 部署。

许多组织可能不想使用 Docker，或者他们可能决定使用 Docker 和非 Docker 部署的组合，在这种情况下，如果他们不想使用两套集群工具，一个用于容器，一个用于其他，Mesos 就是一个很好的选择。

但是，Mesos 对于我们要完成的工作来说太旧了，太大了。更重要的是，Docker 是后来才出现的。Mesos 平台最初设计的时候并没有考虑到这一点，而是在后来才增加了对 Docker 的支持。同时使用 Docker 和 Mesos 总是不太舒服，很显然，从最开始，就不应该同时使用二者。鉴于 Swarm 和 Kubernetes 的存在，对于那些决定采用 Docker 的人来说，Mesos 没有什么可取之处。Mesos 落后了，相比其他两个工具，它的主要优点是应用广泛。许多人在 Docker 出现之前就开始使用它，这些人可能会选择坚持使用它。而对于那些可以重新开始的新人来说，应该在 Kubernetes 和 Docker Swarm 之间做出选择。

下面将探索 Kubernetes 和 Docker Swarm 的更多细节，而对 Mesos 不做更多讨论。现在主要探讨它们为集群中运行容器提供的设置和功能。

搭建
Setting It Up

搭建 Docker Swarm 环境很简单、直接而且灵活。我们要做的就是安装一个服务发现工具，并在所有节点上运行 swarm 容器。由于其发行版本身打包在 Docker 容器中，因此无论操作系统如何，它都以相同的方式工作。运行 swarm 容器，暴露一个端口，并把服务发现的地址通知它。不能更简单了。我们甚至可以在不使用任何服务发现工具的情况下试用它，看看我们是否喜欢，当成为更重度的使用者后，再添加 etcd、Consul 或其他一些支持的工具。

Kubernetes 的搭建要复杂得多。其安装方法根据操作系统和提供商各有不同。每个操作系统或主机提供商都附带一套说明，每个操作系统都有一个独立的维护团队维护不同方面的问题。举个例子，如果你选择与 Vagrant 一起试用，就只能使用 Fedora。这并不意味着你无法在比如 Ubuntu 或 CoreOS 上运行 Vagrant。你可以这么做，但是需要搜索官方 Kubernetes 入门文档之外的说明。无论你的需求如何，社区可能都有解决方案，但是仍然需要花一些时间来寻找，而且找到的方案还不一定能一次成功。更大的问题是，安装依赖于 bash 脚本。如果我们没有生活在这么一个必须进行管理的时代，那本身谈不上是什么大不了的事。我们可能不想要为了运行脚本，而把 Kubernetes 变成 Puppet、Chef 或 Ansible 定义的一部分。同样，这也是可以克服的。你可以找出运行 Kubernetes 的 Ansible playbook，或者你可以自己编写。这些都不是大问题，但与 Swarm 相比，这些问题还挺让人头疼的。既然使用了 Docker，那么就不应该有安装说明（除了几个 docker 运行参数），我们应该运行容器。Swarm 满足了这个需求，而 Kubernetes 没有。

有些人可能不在乎使用哪种发现工具，但我很喜欢 Swarm 的简单，而且它遵循 "batteries included but removable" 的逻辑。虽然一切都可以开箱即用，但是我们仍然可以选择替换某个组件。不同于 Swarm，Kubernetes 很自以为是，你需要适应它为你做出的选择。如果你想使用 Kubernetes，则必须使用 etcd。我并不是想说 etcd 不好（相反，其实很好），而是说如果使用 Consul，你就会面临一个非常复杂的情况，需要使用其中一个为 Kubernetes 服务而另一个去满足服务发现其他的需求。另外，我不喜欢 Kubernetes 的是，在安装前需要提前知道很多信息。你需要告诉它所有节点的地址、每个节点的角色、集群中有几个部件等。使用 Swarm，我们只需要发送一个节点，并告诉它已加入网络。不需要提前设置任何东西，因为集群的信息会通过 gossip 协议传播。

安装可能并不是这些工具最显著的区别。无论选择哪种工具，它们迟早都会启动并运行起来，你会忘记在安装过程中可能遇到的所有麻烦。你可能会说，我们不应该只因为一个工具更容易安装就决定选择这个而放弃另外一个。这么说没错，接下来就谈谈使用这些工具运行容器的差异。

运行容器
Running Containers

如何使用 Swarm 定义运行 Docker 容器所需的所有参数？用不着！其实，你还是要定义这些参数，但跟你以前定义参数用的方式完全不一样。如果你习惯通过 Docker CLI 运行容器，那么可以使用（几乎）相同的命令继续使用它。如果你喜欢使用 Docker Compose 来运行容器，那么可以继续在 Swarm 集群中使用它。无论以哪种方式运行容器，你都可以继续使用 Swarm，只是规模更大了。

要使用 Kubernetes，需要学习其 CLI 和配置。你不能使用之前创建的 docker-compose.yml 中的定义，你要在 Kubernetes 中创建相应的定义。你也不能使用之前学到的 Docker CLI 命令，而要学习 Kubernetes CLI，并且可能需要组织所有的成员学习。

不管使用什么工具进行集群部署，你可能都很熟悉 Docker 了。你可能已经习惯了使用 Docker Compose 来为要运行的容器定义参数。花了几个小时使用它之后，你已经把它当作 Docker CLI 的替代品，用它运行容器、看日志、扩展容器等。另一方面，你可能是一个铁杆 Docker 用户，不喜欢使用 Docker Compose，而喜欢通过 Docker CLI 做所有事情，或者用 bash 脚本来运行容器。无论选择使用什么工具，它应该都适用于 Docker Swarm。

如果使用 Kubernetes，就要做好同一个事物有多种定义的准备。你会需要在 Kubernetes 之外使用 Docker Compose 运行容器。刚开始的环境可能是也可能不是大集群，开发人员还是要在笔记本电脑上运行容器。

换句话说，一旦采用 Docker，就不可避免要使用 Docker Compose 或者 Docker CLI。你或多或少会用到。一旦你开始使用 Kubernetes，就会发现所有的 Docker Compose 定义（或者是其他你在用的东西）都需要翻译成 Kubernetes 描述事物的方式，从此以后，你要同时对二者进行维护。使用 Kubernetes，一切都必须重复，从而导致更高的维护成本。不仅仅是配置需要重复，在集群外运行的命令也与集群里运行的不一样。你熟悉的 Docker 命令都必须在集群里以 Kubernetes 的方式再来一份。

Kubernetes 的开发者不是故意迫使你使用"他们的方式"来做事，而是来给你的生活增加痛苦。Swarm 和 Kubernetes 差异如此之大的原因在于它们对同样的问题采用了不同的解决方法。Swarm 团队决定将其 API 与 Docker 相匹配。因此，Swarm 和 Docker（几乎）完全兼容。几乎所有可以使用 Docker 做的事情，也可以使用 Swarm 做，只是规模更大。没什么别的要做，不需要重复配置，不用学新东西。无论你是直接使用 Docker CLI 还是通过 Swarm，API（或多或少）都是一样的。不好的方面是，如果你想要 Swarm 做某件 Docker API 力所不能及的事情，那么就要失望了。简单来说，如果你想要用 Docker API 在集群中部署容器，Swarm 就是解决方案。另一方面，如果你想要一个能克服 Docker 限制的部署工具，就应该使用 Kubernetes。Kubernetes 意味着强大，而 Swarm 意味着简单。或者说，至少迄今为止还是这样。

唯一还没有回答的问题是它们有哪些限制。最重要的问题有网络、持久卷，以及如果一个或多个容器或整个节点停止工作时自动故障转移的问题。

直到 Docker Swarm 发布 1.0 之前，我们都无法连接在不同服务器上运行的容器。虽然还是无法连接它们，但现在有跨主机网络来帮助我们连接在不同服务器上运行的容器。这是一个非常强大的功能。Kubernetes 使用 `flannel` 来实现了跨主机网络，到现在，从 Docker 版本 1.9 开始，该功能在 Docker CLI 也实现了。

另一个问题是持久卷。Docker 在 1.9 版本中引进了它们。到现在为止，持久卷意味着容器与该卷所在的服务器绑定。它不能移动，除非使用一些麻烦的窍门，比如将卷目录从一个服务器复制到另一个服务器。这个操作本身就很缓慢，与 Swarm 这种工具的目标相违背。此外，即使你有时间将卷从一个服务器复制到其他服务器，也不知道复制到哪里去，因为集群工具往往将整个数据中心视为一个整体。你的容器会部署到最合适的位置（运行的容器数量最少，可用的大多数 CPU 或内存等）。现在有 Docker 本身支持的持久卷了。

最后，自动故障转移可能是 Kubernetes 相对于 Swarm 的唯一功能优势。然而，Kuberentes 提供的故障转移解决方案是不完整的。如果一个容器挂了，那么 Kubernetes 会检测到它，并在一个健康的节点上再次启动它。问题是容器或整个节点通常不会无故失败。相比简单的重新部署，还需要做更多的工作，比如相关人士需要得到通知，发生故障前的信息需要进行评估，等等。如果你只需要重新部署，Kubernetes 是一个很好的解决方案。如果需要做更多的工作，Swarm 由于其 "batteries included but removable" 的理念，会允许你自己构建解决方案。关于故障转移，是要一个难以扩展的现成解决方案（Kubernetes），还是自己设计容易扩展的解决方案（Swarm），就仁者见仁智者见智了。

网络和持久性卷都是 Kubernetes 支持了很久的功能，也是许多人选择它而不选择 Swarm 的原因，然而，这个优势到了 Docker 1.9 版本就消失了。在寻求现成解决方案的情况下，自动故障转移仍然是 Kubernetes 对 Swarm 的一个优势。如果采用 Swarm，则需要自己开发故障转移策略。

选择
The Choice

要决定是选择 Docker Swarm 还是 Kubernetes 时，考虑以下几点。你想依赖 Docker 解决与集群相关的问题吗？如果答案为是，则选择 Swarm。Docker 不支持的，Swarm 也不太可能支持，因为它依赖于 Docker API。另一方面，如果你希望工具能够对 Docker 的限制做变通，Kubernetes 可能是正确的选择。Kubernetes 并不是基于 Docker 而是基于 Google 在容器方面的经验做出来的。它很自以为是，试图以自己的方式工作。

真正的问题是 Kubernetes 的工作方式，与使用 Docker 的方式差别很大，这一点被 Kubernetes 本身的优点所掩盖。或者，我们应该将赌注放在 Docker 本身，期待 Docker 能够解决这些问题吗？回答这些问题之前，请查看 Docker 的 1.9 版本。有了持久卷和软件网络，还有了 `unless-stopped` 的重启策略，以管理意外宕机。到现在，Kubernetes 和 Swarm 之间的三点差异都谈不上是区别。实际上，现在 Kubernetes 对 Swarm 的优势很少。Kubernetes 特有的自动故障转移是一把双刃剑。另一方面，Swarm 使用 Docker API，这意味着你可以保留所有命令和 Docker Compose 配置。就个人而言，我赌 Docker 引擎会持续改进，我选择在其之上运行的 Docker Swarm。两者之间的差异很小。两个都是生产环境可用的，但是 Swarm 更易安装，更易于使用，可以保留在移动到集群之前构建的所有内容；集群和非集群之间无需重复配置。

我的建议是使用 Docker Swarm。Kubernetes 太自以为是，难以安装，与 Docker CLI/API 的区别太大，而且在 Docker 1.9 版本之后，它除了自动故障转移之外，并没有其他对 Swarm 的优势。这并不是说 Swarm 不支持的功能 Kubernetes 也没有，而是说它们走的是两个不同的方向，在功能上有差异。然而，在我看来，随着 Docker 新版本的发布，它们的差距越来越小。实际上，对于许多用例来说，它们没有什么区别，而 Docker Swarm 更容易搭建、学习和使用。

让我们给 Docker Swarm 一点时间，看它是否能成事。

14.2 Docker Swarm 漫步
Docker Swarm walkthrough

要搭建 Docker Swarm，需要一个服务发现工具。Consul 挺好用的，我们将继续使用它来做服务发现。它与 Swarm 的配合也很好。我们将搭建三台服务器，一台作为主机，另外两台作为集群节点，如图 14-5 所示。

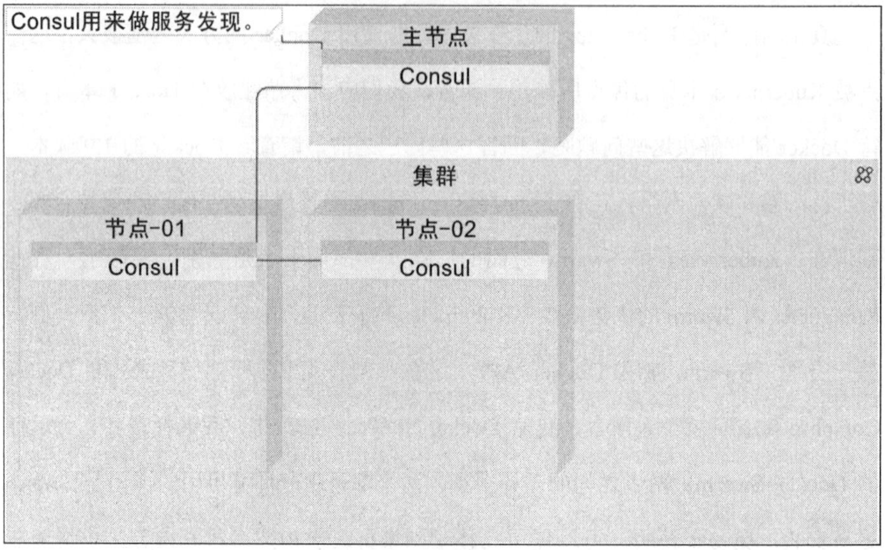

图 14-5　Consul 用于服务发现的 Docker Swarm 集群

　　Swarm 将使用 Consul 实例来注册和检索有关节点和部署在其中的服务信息。每当开始运行一个新的节点，或者暂停一个现有的节点时，这些信息将被传播到所有的 Consul 实例，并且发送给 Docker Swarm，接着 Docker Swarm 就知道在哪里部署我们的容器。主节点服务器上运行 Swarm 主节点。我们将使用其 API 来指示 Swarm 部署什么以及部署要求（CPU 数量、内存量等）。节点服务器部署 Swarm 节点。每当 Swarm 主节点接收到部署容器的指令时，它会评估集群的当前情况，并向其中一个节点发送指令以执行部署，如图 14-6 所示。

　　我们将从扩展策略开始，也就是使节点上运行容器数量最少的部署策略。一开始，节点上是空的，当收到部署第一个容器的指令时，Swarm 主节点会将其传播到其中一个节点，因为这些节点当前都是空的，如图 14-7 所示。

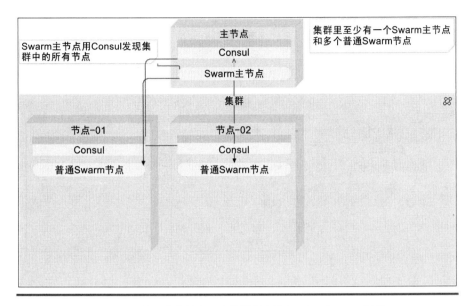

图 14-6 有一个主节点两个普通节点的 Docker Swarm 集群

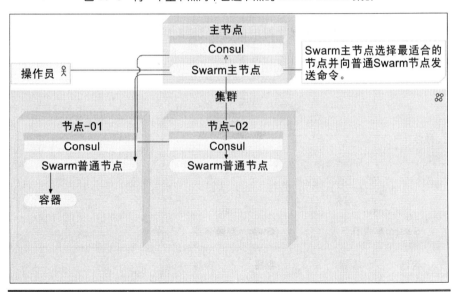

图 14-7 Docker Swarm 集群部署了第一个容器

当收到第二条部署容器的指令时，Swarm 主机会决定将其传播到另一个

Swarm 节点，因为第一个节点已经有一个容器在运行了，如图 14-8 所示。

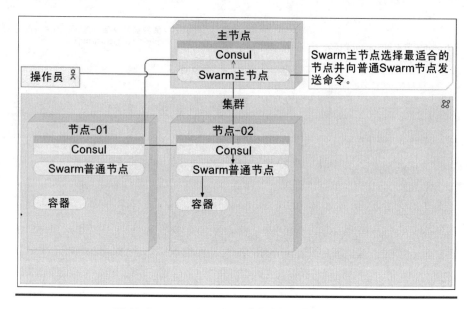

图 14-8　Docker Swarm 集群部署了第二个容器

　　如果继续部署容器，到某个时间点，小规模集群就会达到饱和，因此需要在服务器崩溃之前做点事情，如图 14-9 所示。

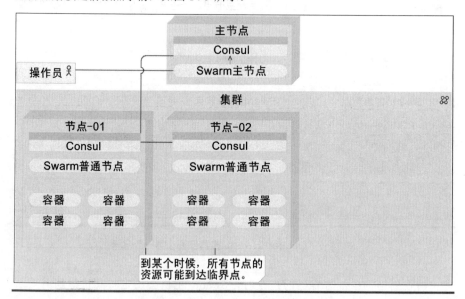

图 14-9　Docker Swarm 集群所有节点都满了

要增加集群容量，只需要使用 Consul 和 Swarm 来启动一个新的服务器节点。一旦这样的一个节点被搭建起来，其消息就会广播到所有的 Consul 实例上以及 Swarm 主节点上。从那时起，Swarm 会将所有新来的部署要求都部署到该节点上。由于这个服务器最开始是没有容器的，而我们使用的是很简单的传播策略，所以所有新的部署都会在该服务器上完成，直到它之上运行容器数量达到其他服务器的数量为止，如图 14-10 所示。

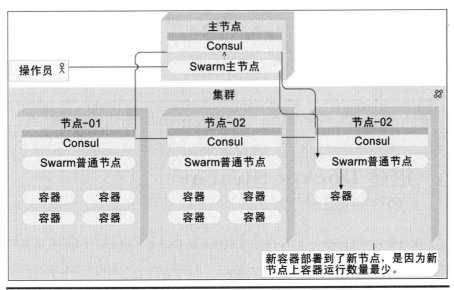

图 14-10 Docker Swarm 集群容器部署到了一个新节点

当某个节点由于故障停止响应时，我们看到的情况恰恰相反。Consul 集群检测到其中一个节点没有响应，并在整个集群中广播该消息，并告知到 Swarm 主节点。从那一刻起，所有新的部署将被发送到一个健康的节点，如图 14-11 所示。

现在深入探讨刚才提到的简单例子。随后将探讨其他策略，以及在设置了某些如 CPU、内存之类的约束条件时 Swarm 的行为方式。

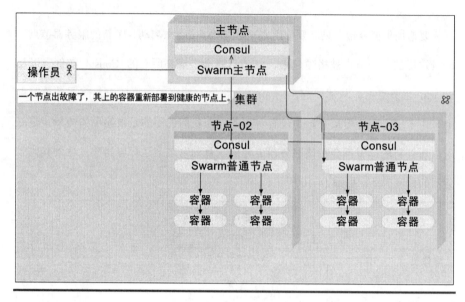

图 14-11　Docker Swarm 集群一个节点故障，在其上的容器分发到其他健康节点

14.3　搭建 Docker Swarm
Setting Up Docker Swarm

我们模拟一个 Ubuntu 集群，以在实践中观察 Docker Swarm 的行为。我们将搭建一个 cd 节点用于编排，一个将作为 Swarm 主节点的节点和将构成集群的两个节点。到目前为止，我们一直使用的是 Ubuntu 14.04 LTS（long term support），因为它很稳定且在长期维护中。下一个长期支持版本将是 15.04 LTS（在本书撰写时尚未发布）。由于本章稍后将探讨的一些功能需要相对较新的内核，所以 swarm 节点将运行 Ubuntu 15.04。如果你打开 Vagrantfile，就会注意到 Swarm 主节点和节点显示以下行：

```
d.vm.box = "ubuntu/vivid64"
```

vivid64 是 Ubuntu 15.04 的代号。

再启动以下几个节点：

```
vagrant up cd swarm-master swarm-node-1 swarm-node-2
```

四个节点都启动和运行之后，就可以往下创建 Swarm 集群了。像以前一样，将使用 Ansible 进行配置：

```
vagrant ssh cd
ansible-playbook /vagrant/ansible/swarm.yml \
    -i /vagrant/ansible/hosts/prod
```

当 Ansible 在配置服务器的时候，我们可以合理利用这段时间来研究 swarm.yml playbook。swarm.yml 文件的内容如下：

```
- hosts: swarm
  remote_user: vagrant
  serial: 1
  sudo: yes
  vars:
    - debian_version: vivid
    - docker_cfg_dest: /lib/systemd/system/docker.service
    - is_systemd: true
  roles:
    - common
    - docker
    - consul
    - swarm
    - registrator
```

先从安装 docker 开始。由于这次使用的是不同版本的 Ubuntu，所以需要将这些区别指定为变量，以便使用正确的源（变量为 debian_version），重载正确的服务配置（变量为 is_systemd）。我们还设置了 docker_cfg_dest 变量，让配置文件发送到正确的位置。

我们在 hosts/prod 文件里设置了几个变量：

```
[swarm]
10.100.192.200 swarm_master=true consul_extra="-server -bootstrap-expect
1" docker_cfg=docker-swarm-master.service
10.100.192.20[1:2] swarm_master_ip=10.100.192.200 consul_server_
ip=10.100.192.200 docker_cfg=docker-swarm-node.service
```

稍后会探讨 swarm_master 变量和 swarm_master_ip 变量。现在，请记住，它们是在 prod 文件中定义的，这样，可以根据服务器类型（主节点还是普通节点）应用或忽略它们。是在配置主节点还是普通节点，取决于 Docker 配置文件是 docker-swarm-master.service 还是 docker-swarm-node.service。

现在来看看在 role/docker/templates/docker-swarm-master.service 中定义的主节点 Docker 配置的 ExecStart 部分（其余部分与 Docker 软件包附带的标准配置相同），如下：

```
ExecStart=/usr/bin/docker daemon -H fd:// \
        --insecure-registry 10.100.198.200:5000 \
        --registry-mirror=http://10.100.198.200:5001 \
        --cluster-store=consul://{{ ip }}:8500/swarm \
        --cluster-advertise={{ ip }}:2375 {{ docker_extra }}
```

我们告诉 Docker 允许（位于 cd 节点的）私有 registr 运行在 IP/端口上的不安全的注册。我们还指定 Swarm 集群信息应该存储运行在同一个节点的 Consul 中，并且通告到端口 2375：

定义在 roles/docker/templates/docker-swarm-node.service 中的节点配置有如下几个参数：

```
ExecStart=/usr/bin/docker daemon -H fd:// \
        -H tcp://0.0.0.0:2375 \
        -H unix:///var/run/docker.sock \
        --insecure-registry 10.100.198.200:5000 \
        --registry-mirror=http://10.100.198.200:5001 \
        --cluster-store=consul://{{ ip }}:8500/swarm \
        --cluster-advertise={{ ip }}:2375 {{ docker_extra }}
```

除了这些与主节点相同的参数外，我们还告诉 Docker 允许端口 2375（-H tcp://0.0.0.0:2375）以及通过套接字（-H unix:///var/run/docker.sock）的通信。

主节点和普通节点配置遵循 Docker Swarm 官方文档建议的与 Consul 配合使用时的标准设置。

swarm.yml playbook 中用到的其他角色有 consul、swarm 和 registrator。由于已用到了 Consul 和 Registrator 的角色，所以这里只讨论在 roles/swarm/tasks/

`main.yml` 文件中定义的属于 swarm 角色的任务：

```
- name: Swarm node is running
  docker:
    name: swarm-node
    image: swarm
    command: join --advertise={{ ip }}:2375 consul://{{ ip }}:8500/
swarm env:
       SERVICE_NAME: swarm-node
  when: not swarm_master is defined
  tags: [swarm]
- name: Swarm master is running
  docker:
    name: swarm-master
    image: swarm
    ports: 2375:2375
    command: manage consul://{{ ip }}:8500/swarm
    env:
       SERVICE_NAME: swarm-master
  when: swarm_master is defined
  tags: [swarm]
```

正如你所看到的，运行 Swarm 非常简单。我们所要做的就是运行 swarm 容器，然后在主节点和一般节点上运行不同的命令。如果服务器作为 Swarm 普通节点，则命令是 `join --advertise={{ ip }}:2375 consul://{{ ip }}:8500/swarm`，翻译成大白话，意思是它应该加入集群，通知其存在于端口 2375 上，并使用运行在同一服务器上的 Consul 进行服务发现。Swarm 主节点使用的命令更短；`manage consul://{{ ip }}:8500/swarm`。我们要做的就是指定使用这个 Swarm 容器来管理集群，与 Swarm 节点一样，使用 Consul 进行服务发现。

早些时候运行的 playbook 可能已经执行完毕。如果没有，先喝点咖啡，等完成后再继续阅读。下面检查 Swarm 集群是否如预期工作。

因为还在 cd 节点里，所以要告诉 Docker CLI 使用另一个主机。

```
export DOCKER_HOST=tcp://10.100.192.200:2375
```

在 cd 节点上运行 Docker client，可以使用 swarm-master 节点作为主机，可以远程控制 Swarm 集群。首先，我们可以检查集群的信息。

```
docker info
```

输出如下：

```
Containers: 4
Images: 4
Role: primary
Strategy: spread
Filters: health, port, dependency, affinity, constraint
Nodes: 2
 swarm-node-1: 10.100.192.201:2375
  └ Status: Healthy
  └ Containers: 3
  └ Reserved CPUs: 0 / 1
  └ Reserved Memory: 0 B / 1.535 GiB
  └ Labels: executiondriver=native-0.2, kernelversion=3.19.0-42-generic,
operatingsystem=Ubuntu 15.04, storagedriver=devicemapper
 swarm-node-2: 10.100.192.202:2375
  └ Status: Healthy
  └ Containers: 3
  └ Reserved CPUs: 0 / 1
  └ Reserved Memory: 0 B / 1.535 GiB
  └ Labels: executiondriver=native-0.2, kernelversion=3.19.0-42-generic,
operatingsystem=Ubuntu 15.04, storagedriver=devicemapper
CPUs: 2
Total Memory: 3.07 GiB
Name: b358fe59b011
```

是不是很棒？只用一个命令就可以得到整个集群的概况。尽管这时只有两个服务器（swarm-node-1 和 swarm-node-2），如果有上百个，甚至更多的节点，docker info 就会提供所有这些节点的信息。在案例里，可以看到四个容器正在运行，并有四个镜像。对的，因为每个节点都运行 Swarm 容器和 Registrator 容器。接着，可以看到 Role、Strategy 和 Filters。下一行是构成集群的节点，以及每个节点的信息。可以看到每个节点上运行的容器有多少个（目前为两个），为容器预留了多少 CPU 和内存，以及与每个节点相关联的标签。最后，可以看到整个集群的 CPU 和内存总数。由 docker info 呈现的一切不仅能显示信息，同时能提供 Swarm 集群的功能。现在，所有这些信息都可以查看。稍后将探讨如何才能最大限度地利用它们。

Docker Swarm 的最大优点在于它与 Docker 共享相同的 API，所以本书中使用的所有命令都可以在 Docker Swarm 上使用。唯一的区别是，在单个服务器上运行 Docker，而在整个集群上使用 Swarm。例如，可以列出整个 Swarm 群集中所有的镜像和进程：

```
docker images
```

```
docker ps -a
```

通过运行 docker images 和 docker ps -a，可以观察到有两个镜像被拉入集群中，并且有四个容器运行（两台服务器中的两个容器）。这些容器唯一可见的区别是容器名称的前缀是它们所在的服务器的名字。例如，名为 registrator 的容器被显示为 swarm-node-1/registrator 和 swarm-node-2/registrator。这两个命令的输出如下：

```
REPOSITORY              TAG          IMAGE ID          CREATED
VIRTUAL SIZE

swarm                   latest       a9975e2cc0a3      4 weeks
ago         17.15 MB
gliderlabs/registrator  latest       d44d11afc6cc      4 months
ago         20.93 MB
...
CONTAINER ID        IMAGE               COMMAND
CREATED             STATUS              PORTS
NAMES
a2c7d156c99d        gliderlabs/registrator          "/bin/
registrator -ip"    2 hours ago         Up 2 hours
swarm-node-2/registrator

e9b034aa3fc0        swarm                           "/swarm join
--advert"           2 hours ago    Up 2 hours         2375/tcp
swarm-node-2/swarm-node
a685cdb09814        gliderlabs/registrator          "/bin/
registrator -ip"    2 hours ago         Up 2 hours
swarm-node-1/registrator
5991e9bd2a40        swarm                           "/swarm join
--advert"   2 hours ago         Up 2 hours         2375/tcp
swarm-node-1/swarm-node
```

现在我们知道，Docker 命令在运行远程服务器（swarm-master）时可以同样的方式工作，并且可用于控制整个集群（swarm-node-1 和 swarm-node-2），下面试试部署 books-ms 服务。

使用 Docker Swarm 部署
Deploying with Docker Swarm

我们会重复以前进行的部署过程作为开端，部署过程基本相同，不同的是这次我们将向 Swarm 主节点发送命令：

```
git clone https://github.com/vfarcic/books-ms.git

cd ~/books-ms
```

我们克隆了 books-ms 代码库，现在可以用 Docker Compose 运行服务了：

```
docker-compose up -d app
```

由于 app 目标与 db 相连，所以 Docker Compose 两者都会运行。到目前为止，一切看起来跟我们在没有 Docker Swarm 的情况下运行的命令一样。下面来看看所创建的进程：

```
docker ps --filter name=books --format "table {{.Names}}"
```

输出结果如下：

```
NAMES
swarm-node-2/booksms_app_1
swarm-node-2/booksms_app_1/booksms_db_1,swarm-node-2/booksms_app_1/
db,swarm-node-2/booksms_app_1/db_1,swarm-node-2/booksms_db_1
```

由以上输出结果可以看到，两个容器都运行在 swarm-node-2 上。在你的环境下，有可能为 swarm-node-1，因为并没有决定在哪里部署容器。Swarm 替我们做了决定。由于采用默认策略，即在不指定其他约束条件的情况下，在运行容器数最少的服务器上运行容器。由于 swarm-node-1 和 swarm-node-2 都是空的（或者都一样满），所以 Swarm 简单地选择将容器放在任意一个服务器上。在这里，它选择了 swarm-node-2。

刚刚执行的部署的问题在于两个目标（app 和 db）互相链接。在这种情况下，Docker 没有其他选择，只能将两个容器放在同一台服务器上。在某种程度上，解决这个问题也是下面要实现的目标。我们希望将容器部署到集群中，而且可以轻松扩展它们。如果两个容器都要在同一个服务器上运行，那么 Swarm 正确分发它们的能力就受到限制。在下面这个例子中，这两个容器将更好地在单独的服务器上运行。如果在部署这些容器之前，这两个服务器运行的容器数目相等，那么在一个服务器上运行 app，在另一个服务器上运行 db 就更有意义了，这样可以更好地分配利用资源，而不是像现在这样，swarm-node-2 什么都要做，而swarm-node-1 是空的。首先要消除掉 app 和 db 之间的链接。

现在先停掉正在运行的容器，重新开始。

```
docker-compose stop
```

```
docker-compose rm -f
```

这是另一个显示 Swarm 优势的例子。我们将 stop 和 rm 命令发送到 Swarm 主节点，它为我们定位了容器的所在。从现在开始，所有的行为与以前是一样的，在某种意义上，可以通过 Swarm 主节点将整个集群视为一个整体，而忽略每个服务器的个体性。

使用 Docker Swarm 无链接部署
Deploying with Docker Swarm without Links

要将容器正确部署到 Docker Swarm，需要一个不同的文件对 Docker Compose 进行定义：docker-compose-no-links.yml。如下所示：

```
app:
  image: 10.100.198.200:5000/books-ms
  ports:
    - 8080

db:
  image: mongo
```

在 docker-compose.yml 和 docker-compose-swarm.yml 中定义的 app 和 db 目标之间唯一显著的差异在于后者没有链接。你马上会看到，这允许我们在集群中自由分发容器。

下面看看无链接地启动 db 和 app 容器会发生什么。

```
docker-compose -f docker-compose-no-links.yml up -d db app
```

```
docker ps --filter name=books --format "table {{.Names}}"
```

命令 docker ps 的输出结果如下：

```
NAMES
swarm-node-1/booksms_db_1
swarm-node-2/booksms_app_1
```

可以看出，这一次，Swarm 决定将每个容器放在不同的服务器上。它先启动第一个容器，因为从这一刻开始，一个服务器上的容器数量比另外一个容器的多，所以 Swarm 选择在另一个节点上启动第二个容器。

通过删除容器之间的链接，虽然解决了一个问题，但引入了另外一个问题。现在容器可以更有效地分发，但是它们之间不能相互通信。现在可以使用代理服务（nginx、HAProxy 等）来解决这个问题。但是，db 目标没有暴露出任何端口。一个不错的做法是仅暴露服务可公开访问的端口。因此，app 目标公开端口 8080，而 db 目标不公开任何端口，因为 db 目标只在内部使用，只能由 app 目标使用。自 Docker 1.9 版本以来，因为 networking 新功能的出现，所以不推荐使用链接。

让我们删除容器，然后使能 networking 功能后再启动它们。

```
docker-compose -f docker-compose-no-links.yml stop
```

```
docker-compose -f docker-compose-no-links.yml rm -f
```

使用 Docker Swarm 和 Docker Networking 部署
Deploying with Docker Swarm and Docker Networking

撰写本章时，Docker 已经推出了新版本 1.9。毫无疑问，这是自 1.0 版起最好的版本。它推出了两个我们期待已久的功能：跨主机网络和持久卷。networking 出现后，Docker 不再建议使用链接，可用这个功能链接多个主机上的容器，不再需要使用内部代理服务来连接容器。这并不是说代理不是有用的，而是应该使用代理作为公共接口，连接容器的服务和网络从而组成一个逻辑组。Docker 的新功能 networking 和代理服务具有不同的优点，应用于不同的用例。代理服务提供负载均衡，并可以控制对服务的访问。Docker networking 则可以很便捷地连接单个服务的单独容器并使之在同一网络上。Docker networking 的典型用例是用来连接数据库。我们可以通过networking来连接服务和数据库。此外，服务本身可能需要进行扩展，而且运行多个实例。具有负载均衡器的代理服务器应该可以满足这个需求。其他服务也可能需要访问此服务。想享受到负载均衡的好处，那也应该通过代理来访问，如图 14-12 所示。

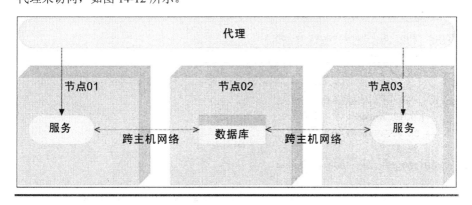

图 14-12 跨主机网络与代理、负载均衡服务

图 14-12 显示了一个常见的用例。我们分别在 nodes-01 和 nodes-03 上运行了两个实例。所有这些服务的通信都通过一个负责负载均衡和安全的代理服务来实现。任何服务（无论是外部还是内部）想要访问服务都需要通过代理。服务内部使用数据库。服务实例和数据库之间的通信是内部的，并通过跨主机网络实现。这样设置允许我们在集群内轻松扩展的同时，容器之间的所有内部通信仍然构成一个单一的服务。换句话说，构成单一服务的容器之间的所有通信是通过 networking 实现的，而服务与服务之间的通信则是通过代理完成的。

有很多不同的方法用来创建跨主机网络。现在可以手动设置网络，如下：

```
docker network create my-network

docker network ls
```

命令 network ls 的输出如下：

```
NETWORK ID              NAME                        DRIVER
5fc39aac18bf            swarm-node-2/host           host
aa2c17ae2039            swarm-node-2/bridge         bridge
267230c8d144            my-network                  overlay
bfc2a0b1694b            swarm-node-2/none           null
b0b1aa45c937            swarm-node-1/none           null
613fc0ba5811            swarm-node-1/host           host
74786f8b833f            swarm-node-1/bridge         bridge
```

你可以看到之前创建的网络 my-network，它跨越了整个 Swarm 集群，可以使用--net 参数来指定它，如下：

```
docker run -d --name books-ms-db \
    --net my-network \
    mongo

docker run -d --name books-ms \
    --net my-network \
    -e DB_HOST=books-ms-db \
    -p 8080 \
    10.100.198.200:5000/books-ms
```

我们启动了组成一个服务的两个容器，books-ms-db 是数据库，books-ms 是与 books-ms-db 进行通信的 API。由于两个容器都有--net my-network 参数，所以它们都属于 my-network 网络。这样，Docker 更新了 hosts 文件，为每个容器提供了可用于内部通信的别名。

现在进入 books-ms 容器内部看看这个 hosts 文件，如下：

```
docker exec -it books-ms bash

cat /etc/hosts

exit
```

命令 exec 的输出结果如下：

```
10.0.0.2    3166318f0f9c
127.0.0.1   localhost
::1 localhost ip6-localhost ip6-loopback
fe00::0 ip6-localnet
ff00::0 ip6-mcastprefix
ff02::1 ip6-allnodes
ff02::2 ip6-allrouters
10.0.0.2    books-ms-db
10.0.0.2    books-ms-db.my-network
```

hosts 文件有趣的地方在于最后两项。Docker 检测到 books-ms-db 容器与 books-ms 容器使用同一个网络就更新了 hosts 文件，添加了 books-ms-db 和 books-ms-db.my- network 别名。如果使用一些约定，可以很容易地使用别名编写我们的服务编码使之与单个容器的资源（在这个例子里是数据库）进行通信。

我们还将环境变量 DB_HOST 传递给了 books-ms，它指示我们的服务使用哪个主机来连接数据库。可以通过输出容器的环境来看到这一点：

```
docker exec -it books-ms env
```

命令输出结果如下：

```
PATH=/usr/local/sbin:/usr/local/bin:/usr/sbin:/usr/bin:/sbin:/bin
HOSTNAME=eb3443a66355
DB_HOST=books-ms-db
DB_DBNAME=books
DB_COLLECTION=books
HOME=/root
```

可以看到，books-ms-db 的其中一个环境变量就是 DB_HOST。

现在使用 Docker 网络创建了主机别名 books-ms-db，并指向 Docker 创建的网络的 IP。我们还有 books-ms-db 的环境变量 DB_HOST。该服务的代码使用该变量连接到数据库。

可以将 network 指定为 Docker Compose 规范的一部分。在这么尝试之前，先删除这两个容器和网络。

```
docker rm -f books-ms books-ms-db
```

```
docker network rm my-network
```

　　这一次，我们将通过 Docker Compose 运行容器。在 docker-compose-swarm.yml 中使用 net 参数，然后执行之前做过的相同的过程。也可以使用 Docker Compose 新参数 --x-networking 来创建网络，但是此时它还处于实验阶段，并不完全可靠。在继续之前，让我们快速查看 docker-compose-swarm.yml 文件中的相关目标：

```
app:
  image: 10.100.198.200:5000/books-ms
  ports:
    - 8080
  net: books-ms
  environment:
    - SERVICE_NAME=books-ms
    - DB_HOST=books-ms-db

db:
  container_name: books-ms-db
  image: mongo
  net: books-ms
  environment:
    - SERVICE_NAME=books-ms-db
```

　　唯一重要的区别在于增加了 net 参数，其他的跟之前的大多数目标差不多。

　　现在来创建网络，使用 Docker Compose 运行容器。

```
docker network create books-ms
docker-compose -f docker-compose-swarm.yml \
    up -d db app
```

　　命令的输出如下：

```
Creating booksms_app_1
Creating books-ms-db
```

　　在创建服务 app 和 db 之前，我们创建了一个名为 books-ms 的新网络。网络名称与 docker-compose-swarm.yml 文件中指定的 net 参数的值相同。

　　现在可以通过运行 docker network ls 命令确定网络创建成功：

```
docker network ls
```

输出结果如下：

```
NETWORK ID          NAME                               DRIVER
6e5f816d4800        swarm-node-1/host                  host
aa1ccdaefd70        swarm-node-2/docker_gwbridge       bridge
cd8b1c3d9be5        swarm-node-2/none                  null
ebcc040e5c0c        swarm-node-1/bridge                bridge
6768bad8b390        swarm-node-1/docker_gwbridge       bridge
8ebdbd3de5a6        swarm-node-1/none                  null
58a585d09bbc        books-ms                           overlay
de4925ea50d1        swarm-node-2/bridge                bridge
2b003ff6e5da        swarm-node-2/host                  host
```

可以看到，overlay 的网络 books-ms 已经创建出来。

也可以通过容器内已经被更新了的 hosts 文件再次确认：

```
docker exec -it booksms_app_1 bash

cat /etc/hosts

exit
```

输出结果如下：

```
10.0.0.2    3166318f0f9c
127.0.0.1   localhost
::1 localhost ip6-localhost ip6-loopback
fe00::0 ip6-localnet
ff00::0 ip6-mcastprefix
ff02::1 ip6-allnodes
ff02::2 ip6-allrouters
10.0.0.3    books-ms-db
10.0.0.3    books-ms-db.my-network
```

最后，看看 Swarm 是如何分发容器的：

```
docker ps --filter name=books --format "table {{.Names}}"
```

输出结果如下：

```
NAMES
swarm-node-2/books-ms-db
swarm-node-1/booksms_app_1
```

Swarm 将 app 容器部署到 swarm-node-1 节点，将 db 容器部署到 swarm-node-2
节点。

最后来测试 book-ms 服务是否工作正常。我们不知道 Swarm 在哪里部署容器，
暴露哪个端口。由于还没有代理，所以将从 Consul 获得服务的 IP 和端口，发送一
个 PUT 请求，将一些数据存储到部署在另一个容器的数据库中，最终，发送一个
GET 请求检查我们是否可以获得这些数据记录。由于没有代理服务可以确保请求
被重定向到正确的服务器和端口，所以必须从 Consul 获得 IP 和端口：

```
ADDRESS=`curl \
   10.100.192.200:8500/v1/catalog/service/books-ms \
  | jq -r '.[0].ServiceAddress + ":" + (.[0].ServicePort |
tostring)'`

  curl -H 'Content-Type: application/json' -X PUT -d \
  '{"_id": 2,
  "title": "My Second Book",
  "author": "John Doe",
  "description": "A bit better book"}' \
  $ADDRESS/api/v1/books | jq '.'

curl $ADDRESS/api/v1/books | jq '.'
The output of the last command is as follows.
[
  {
    "author": "John Doe",
    "title": "My Second Book",
    "_id": 2
  }
]
```

如果服务无法与位于另一节点上的数据库通信，则将无法发送也不能获取数
据。部署到不同服务器的容器之间的 networking 可以做到这件事！我们所要做的就
是使用 Docker Compose（net）的参数，并确保服务代码利用 hosts 文件的信息。

Docker networking 的另外一个优点是：如果一个容器停止工作，则可以将其
重新部署（可能是到另一个服务器上）；假设服务可以处理暂时的连接丢失，则可
以继续使用它，就像什么也没有发生一样。

使用 **Docker Swarm** 扩展服务
Scaling Services with Docker Swarm

你已经看到，使用 Docker Compose 进行扩展很容易。虽然现在运行的示例仅限于单个服务器，但 Docker Swarm 可以扩展到整个集群。现在有一个 boos-ms 实例在运行，可以将其进行扩展，比如扩展到三个：

```
docker-compose -f docker-compose-swarm.yml \
    scale app=3

docker ps --filter name=books \
    --format "table {{.Names}}"
```

命令 ps 的输出如下：

```
NAMES
swarm-node-2/booksms_app_3
swarm-node-1/booksms_app_2
swarm-node-2/books-ms-db
swarm-node-1/booksms_app_1
```

可以看到 Swarm 继续均匀地分发容器。每个节点当前都运行两个容器。由于我们要求 Docker Swarm 将 books-ms 容器扩展到三个，所以其中两个现在正在不同的服务器上运行，第三个容器与数据库部署在一起。之后，当开始将 Docker Swarm 集群的部署自动化时，还要确保代理中正确设置了所有服务实例。

我们可能想要在 Consul 中记录实例数目，以备未来不时之需。等会，如果想增加或减少这个数字，那么它可能会派上用场：

```
curl -X PUT -d 3 \
    10.100.192.200:8500/v1/kv/books-ms/instances
Services can be as easily descaled. For example, the traffic might drop,
later during the day, and we might want to free resources for other
services.
docker-compose -f docker-compose-swarm.yml \
    scale app=1

curl -X PUT -d 1 \
    10.100.192.200:8500/v1/kv/books-ms/instances
```

```
docker ps --filter name=books \
    --format "table {{.Names}}"
```

由于我们告诉 Swarm 要收缩到一个实例，而此时有三个实例在运行，所以 Swarm 删除了实例二和实例三，只剩下一个运行。这可以从 docker ps 命令的输出看出：

```
NAMES
swarm-node-2/books-ms-db
swarm-node-1/booksms_app_1
```

缩小规模，回到开始每个目标只有一个实例运行的状态。

下面即将探讨几个 Swarm 选项。在继续之前，先停止并删除正在运行的容器，然后重新开始：

```
docker-compose stop

docker-compose rm -f
```

根据预留的 CPU 和内存调度容器
Scheduling Containers Depending on Reserved CPUs and Memory

到目前为止，Swarm 调度部署到运行次数最少的服务器。这是在没有其他约束规定时应用的默认策略。希望每个容器对资源的需求相同通常是不现实的。因此可以通过向 Swarm 提供对容器的需求预测来进一步改善 Swarm 部署。例如，可以指定某个特定容器需要多少 CPU。下面试试看。

```
docker info
```

命令输出中相关部分如下：

```
...
Nodes: 2
 swarm-node-1: 10.100.192.201:2375
   └ Containers: 2
   └ Reserved CPUs: 0 / 1
   └ Reserved Memory: 0 B / 1.535 GiB
...
```

```
swarm-node-2: 10.100.192.202:2375
 └ Containers: 2
 └ Reserved CPUs: 0 / 1
 └ Reserved Memory: 0 B / 1.535 GiB
...
```

即使每个节点（Registrator 和 Swarm）上运行了两个容器，既没有预留 CPU 也没有预留内存。运行这些容器时，没有指定要预留 CPU 或内存。

现在试着运行 Mongo DB，并为该进程预留一个 CPU。请记住，这只是一个暗示，不会妨碍其他已经部署在这些服务器上的容器使用该 CPU。

```
docker run -d --cpu-shares 1 --name db1 mongo

docker info
```

由于每个节点只分配一个 CPU，所以不能分配多个 CPU。docker info 命令输出的相关部分如下：

```
...
Nodes: 2
 swarm-node-1: 10.100.192.201:2375
   └ Status: Healthy
   └ Containers: 3
   └ Reserved CPUs: 1 / 1
   └ Reserved Memory: 0 B / 1.535 GiB
...
 swarm-node-2: 10.100.192.202:2375
   └ Status: Healthy
   └ Containers: 2
   └ Reserved CPUs: 0 / 1
   └ Reserved Memory: 0 B / 1.535 GiB
...
```

这时，swarm-node-1 预留了一个（总共只有一个）CPU。由于该节点上没有更多的可用 CPU，所以，如果重复该过程并再次启动一个具有相同限制条件的 Mongo DB，那么 Swarm 将不得不将其部署到第二个节点。下面试试看。

```
docker run -d --cpu-shares 1 --name db2 mongo

docker info
```

docker info 命令输出的相关部分如下：

```
...
Nodes: 2
 swarm-node-1: 10.100.192.201:2375
   └ Status: Healthy
   └ Containers: 3
   └ Reserved CPUs: 1 / 1
   └ Reserved Memory: 0 B / 1.535 GiB
...
 swarm-node-2: 10.100.192.202:2375
   └ Status: Healthy
   └ Containers: 3
   └ Reserved CPUs: 1 / 1
   └ Reserved Memory: 0 B / 1.535 GiB
...
```

这一次，两个节点都预留了所有的 CPU。现在可以看一下进程，以确定这两个数据库确实在运行：

```
docker ps --filter name=db --format "table {{.Names}}"
```

输出如下：

```
NAMES
swarm-node-2/db2
swarm-node-1/db1
```

确实，两个容器正在运行，且每个节点上一个。

现在来看看如果尝试再增加一个需要 CPU 的容器，会发生什么：

```
docker run -d --cpu-shares 1 --name db3 mongo
```

这次，Swarm 返回了如下错误信息：

```
Error response from daemon: no resources available to schedule container
```

我们要求部署一个需要 CPU 的容器，而 Swarm 回答我们说没有符合这个要求的可用节点。在继续探讨其他限制之前，请记住，CPU 共享在 Swarm 上和在单个服务器上运行 Docker 时的工作方式不是一回事。有关这种情况的更多信息，请访问 https://docs.docker.com/engine/reference/run/#cpu-share-constraint 页面了解更多信息。现在先删除容器并重新开始：

```
docker rm -f db1 db2
```

我们也可以使用内存作为约束条件。例如，可以指示 Swarm 部署预留一个

CPU 和 1GB 内存的容器：

```
docker run -d --cpu-shares 1 -m 1g --name db1 mongo
docker info
```

docker info 命令的输出如下（仅限相关部分）：

```
...
Nodes: 2
 swarm-node-1: 10.100.192.201:2375
   └ Status: Healthy
   └ Containers: 3
   └ Reserved CPUs: 1 / 1
   └ Reserved Memory: 1 GiB / 1.535 GiB
...
 swarm-node-2: 10.100.192.202:2375
   └ Status: Healthy
   └ Containers: 2
   └ Reserved CPUs: 0 / 1
   └ Reserved Memory: 0 B / 1.535 GiB
...
```

这次不仅预留了一个 CPU，几乎还预留了所有的内存。由于节点只有一个 CPU，在使用 CPU 约束条件时无法充分证明，因此我们使用内存约束条件，这样就可以有更大的实验空间。例如，可以启动三个 Mongo DB 实例，为每个预留 100 MB 内存：

```
docker run -d -m 100m --name db2 mongo
```

```
docker run -d -m 100m --name db3 mongo
```

```
docker run -d -m 100m --name db4 mongo
```

```
docker info
```

docker info 命令的输出如下（仅限相关部分）：

```
...
Nodes: 2
 swarm-node-1: 10.100.192.201:2375
   └ Status: Healthy
   └ Containers: 3
   └ Reserved CPUs: 1 / 1
   └ Reserved Memory: 1 GiB / 1.535 GiB
...
 swarm-node-2: 10.100.192.202:2375
   └ Status: Healthy
```

```
   └ Containers: 5
   └ Reserved CPUs: 0 / 1
   └ Reserved Memory: 300 MiB / 1.535 GiB
...
```

很明显，这三个容器全都部署到了 swarm-node-2。Swarm 意识到 swarm-node-1 上的可用内存较少，决定将新容器部署到 swarm-node-2。由于使用了相同的约束条件，所以两次都决定部署到 swarm-node-2。结果，swarm-node-2 现在已经运行了所有这三个容器，并为它们预留了 300 MB 的内存。现在可以通过检查正在运行的进程来确认：

```
docker ps --filter name=db --format "table {{.Names}}"
```

输出如下：

```
NAMES
swarm-node-2/db4
swarm-node-2/db3
swarm-node-2/db2
swarm-node-1/db1
```

还有许多其他方式可以给 Swarm 提供部署容器的位置的暗示。这里就不探讨这些了。建议查看 Docker 的策略文档（https://docs.docker.com/swarm/scheduler/strategy/）和 Filters（https://docs.docker.com/swarm/scheduler/filter/）。

此时，我们的知识已经足够来尝试自动化部署到 Docker Swarm 集群。

继续之前，先删掉所有运行的容器。

```
docker rm -f db1 db2 db3 db4
```

14.4　使用 Docker Swarm 和 Ansible 自动化部署
Automating Deployment with Docker Swarm and Ansible

已经熟悉了 Jenkins Workflow，再将这些知识扩展到 Docker Swarm 部署应该是比较容易的。

第一件事是要在 cd 节点上配置 Jenkins，代码如下：

```
ansible-playbook /vagrant/ansible/jenkins-node-swarm.yml \
    -i /vagrant/ansible/hosts/prod

ansible-playbook /vagrant/ansible/jenkins.yml \
    -c local
```

这两个 playbook 在两个节点上部署了 Jenkins 实例。这一次，运行的从节点是 cd 和 swarm-master。在其他作业中，该 playbook 基于 Multibranch Workflow 创建了 books-ms-swarm 作业。这个作业与之前运行的那些多分支作业的唯一区别在于"Include branches"过滤器，这次设置为 swarm 了，如图 14-13 所示。

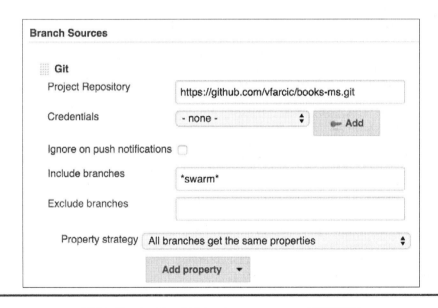

图 14-13 Jenkins 作业 books-ms-swarm 的配置界面

现在索引分支，在作业执行过程中，可以去研究一下 books-ms-swarm 分支中的 Jenkinsfile 文件。

请打开 books-ms-swarm 作业，然后单击 Branch Indexing，再单击 Run Now。由于只有一个分支匹配该过滤器，所以 Jenkins 将创建一个名为 swarm 的子项目并开始构建它。如果想知道构建的进度如何，则可以打开构建控制台来监视进度。

检验 Swarm 部署 playbook
Examining the Swarm Deployment Playbook

Jenkinsfile 里定义的 Jenkins workflow 内容如下：

```
node("cd") {
    def serviceName = "books-ms"
    def prodIp = "10.100.192.200" // Modified
    def proxyIp = "10.100.192.200" // Modified
    def proxyNode = "swarm-master"
    def registryIpPort = "10.100.198.200:5000"
    def swarmPlaybook = "swarm.yml" // Modified
    def proxyPlaybook = "swarm-proxy.yml" // Added
    def instances = 1 // Added

    def flow = load "/data/scripts/workflow-util.groovy"

    git url: "https://github.com/vfarcic/${serviceName}.git"
    flow.provision(swarmPlaybook) // Modified
    flow.provision(proxyPlaybook) // Added
    flow.buildTests(serviceName, registryIpPort)
    flow.runTests(serviceName, "tests", "")
    flow.buildService(serviceName, registryIpPort)

    def currentColor = flow.getCurrentColor(serviceName, prodIp)
    def nextColor = flow.getNextColor(currentColor)

    flow.deploySwarm(serviceName, prodIp, nextColor, instances) //
Modified
    flow.runBGPreIntegrationTests(serviceName, prodIp, nextColor)
    flow.updateBGProxy(serviceName, proxyNode, nextColor)
    flow.runBGPostIntegrationTests(serviceName, prodIp, proxyIp,
proxyNode, currentColor, nextColor)
}
```

我对（与第 13 章的 Jenkinsfile 进行比较）有修改和添加的行添加了注释，以便探究与 blue-green 分支中定义的 Jenkinsfile 的差异。

变量 prodIp 和 proxyIp 已改为指向 swarm-master 节点。这一次，我们使用两个 Ansible playbooks 来配置集群。swarmPlaybook 变量保存了配置整个 Swarm 群集的 playbook 的名称，而 proxyPlaybook 变量表示负责在 swarm-master 节点上设置 nginx 代理的 playbook。在现实世界情况下，Swarm master 和代理服务应该分开，

但在本例中，我没有选择额外增加一个虚拟机以节省计算机上的一些资源。最后，脚本中添加了默认值为 1 的 instances 变量。下面马上会探讨其用法。

唯一显著的区别是 deploySwarm 函数代替了 deployBG 函数，它是在 workflow-util. groovy 脚本中定义的工具函数。其内容如下：

```
def deploySwarm(serviceName, swarmIp, color, instances) {
    stage "Deploy"
    withEnv(["DOCKER_HOST=tcp://${swarmIp}:2375"]) {
        sh "docker-compose pull app-${color}"
        try {
            sh "docker network create ${serviceName}"
        } catch (e) {}
        sh "docker-compose -f docker-compose-swarm.yml \
            -p ${serviceName} up -d db"
        sh "docker-compose -f docker-compose-swarm.yml \
            -p ${serviceName} rm -f app-${color}"
        sh "docker-compose -f docker-compose-swarm.yml \
            -p ${serviceName} scale app-${color}=${instances}"
    }
    putInstances(serviceName, swarmIp, instances)
}
```

像以前一样，首先从镜像库中拉取最新的容器。新增的是 Docker network 的创建。由于它只能创建一次，多次尝试创建会导致错误，sh 命令被包装在 try/catch 块中，以防脚本运行失败。

网络创建之后是部署 db 和 app 目标。在这种情况下，db 总是部署为单个实例，但是 app 目标则不一样，它可能需要进行扩展。因此，db 是通过 Docker Compose 的 up 命令部署的，而 app 是通过 scale 命令部署的。scale 命令使用 instances 变量来确定版本应该部署的副本数量。可以通过更改 Jenkinsfile 中的 instances 变量来增加或减少副本数量。一旦改动被提交到代码库，Jenkins 就会运行一个新的 build 并部署指定数量的实例。

最后执行一个简单的 Shell 命令，通过调用辅助函数 putInstances，将实例数量传递给 Consul。即使现在不会使用这些信息，在第 15 章开始构建自修复系统时，它会派上用场。

就是这样。只需要将几个改动应用于 Jenkinsfile 就可以将 `blue-green` 部署从单个服务器扩展到整个 Swarm 集群。Docker Swarm 和 Jenkins Workflow 都是非常容易使用的，维护也很容易，而且功能非常强大。

到这个时候，`swarm` 子项目的构建可能已经结束。我们可以从构建控制台屏幕或直接打开 `books-ms-swarm` 作业来验证，并确认最后一个 build 的状态显示是蓝色球，如图 14-14 所示。如果你好奇为什么成功用蓝色而不是绿色表示，请阅读为什么 Jenkins 用蓝色球？文章在 `https://jenkins.io/blog/2012/03/13/why-does-jenkins-have-blue-balls/`。

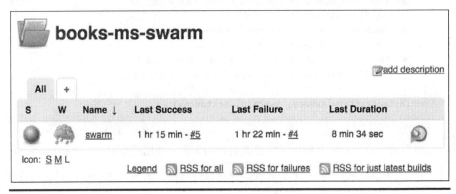

图 14-14　Jenkins 作业 books-ms-swarm 的界面

现在已经了解了 Jenkinsfile 脚本背后的原理，并且构建完成，下面可以手动验证一切都正常。

运行 Swarm Jenkins Workflow

`swarm` 子项目的初次运行是在它建立索引分支后由 Jenkins 自动启动的。剩下要做的就是仔细检查整个过程是否确实执行正确。

这是第一次部署，所以蓝色版本应该在集群内的某处运行。现在来看看 Swarm 决定在哪里部署容器：

```
export DOCKER_HOST=tcp://10.100.192.200:2375
```

```
docker ps --filter name=books --format "table {{.Names}}"
```

命令 ps 的输出如下:

```
NAMES
swarm-node-2/booksms_app-blue_1
swarm-node-1/books-ms-db
```

在这个例子里，Swarm 把 books-ms 容器部署到了 swarm-node-2，把 Mongo DB 部署到了 swarm-node-1。现在也可以验证服务信息是否已经正确存储在了 Consul 里。

```
curl swarm-master:8500/v1/catalog/service/books-ms-blue \
    | jq '.'

curl swarm-master:8500/v1/kv/books-ms/color?raw

curl swarm-master:8500/v1/kv/books-ms/instances?raw
```

这三个命令的输出如下:

```
[
  {
    "ServicePort": 32768,
    "ServiceAddress": "10.100.192.202",
    "ServiceTags": null,
    "ServiceName": "books-ms-blue",
    "ServiceID": "swarm-node-2:booksms_app-blue_1:8080",
    "Address": "10.100.192.202",
    "Node": "swarm-node-2"
  }
]
...
blue
...
1
```

Consul 显示，该版本已部署到 swarm-node-2（10.100.192.202），端口号为 32768。现在正在运行蓝色版本，并且只有一个实例运行。

最后，可以通过发送几个请求来再次确认该服务是否正常工作:

```
curl -H 'Content-Type: application/json' -X PUT -d \
  '{"_id": 1,
  "title": "My First Book",
  "author": "John Doe",
  "description": "Not a very good book"}' \
```

```
swarm-master/api/v1/books | jq '.'
```

```
curl swarm-master/api/v1/books | jq '.'
```

第一个请求是 PUT，它向服务发送了信号表示我们想要存储本书的信息。第二个请求获得了所有书的列表。

第一次运行，自动化进程看上去运行正常。下面将再次构建并部署绿色版本。

第二次运行 Swarm 部署 Playbook

现在来部署下一个版本。

请打开 swarm 子项目，然后单击 Build Now 链接。构建将开始，我们可以从控制台屏幕进行监视。几分钟后，构建结束，现在可以检查结果：

```
docker ps -a --filter name=books --format "table {{.Names}}\t{{.Status}}"
```

命令 ps 的输出如下：

```
NAMES                                 STATUS
swarm-node-2/booksms_app-green_1      Up 7 minutes
swarm-node-2/booksms_app-blue_1       Exited (137) 15 seconds ago
swarm-node-1/books-ms-db              Up 10 hours
```

由于我们运行的是绿色版本，所以蓝色版本处于退出状态。现在可以从 Consul 观察到当前正在运行的版本的信息，如下：

```
curl swarm-master:8500/v1/catalog/service/books-ms-green \
    | jq '.'
```

Consul 的响应如下：

```
[
  {
    "ModifyIndex": 3314,
    "CreateIndex": 3314,
    "Node": "swarm-node-2",
    "Address": "10.100.192.202",
    "ServiceID": "swarm-node-2:booksms_app-green_1:8080",
    "ServiceName": "books-ms-green",
    "ServiceTags": [],
    "ServiceAddress": "10.100.192.202",
    "ServicePort": 32770,
```

```
      "ServiceEnableTagOverride": false
    }
  ]
```

现在可以测试服务本身，如下：

```
curl swarm-master/api/v1/books | jq '.'
```

由于我们已经运行了 Consul UI，所以请在浏览器里打开地址 http://10.100.192.200:8500/ui 来获取部署的服务的视图。

作为练习，请复制 books-ms 代码库，并在修改作业配置后加以使用。打开 swarm 分支中的 Jenkinsfile，将其更改为部署服务的三个实例，然后推送该改动。再次构建，完成后，确认三个实例部署到集群中。

清除

Docker Swarm 旅程到此结束，第 15 章会更多地使用它。在进行到下一个主题之前，先删除这些虚拟机。等我们需要时，将再次创建它们：

```
exit
```

```
vagrant destroy -f
```

我们提出的解决方案还有很多问题，如系统不容错，而且难以监控。第 15 章将通过创建自修复系统来解决不容错的问题。

第 15 章

自我修复系统
Self-Healing Systems

治愈是需要勇气的。我们都有这样的勇气，只是需要我们自己去挖掘。

—— Tori Amos

面对现实吧，我们创建的系统并不完美。迟早，某个应用程序会失败，某个服务会无法处理增加的负载，提交的某次代码会引入一个致命的 bug，某块硬件会坏掉，或者完全想不到的事情会发生。

如何对抗这种意外？大多数人正在努力开发一个完美的系统。我们试图创造以前没有人做过的事情。我们努力实现终极完美，希望系统没有任何 bug，运行在永远不会出故障的硬件上，并且可以处理任何负载。我有不同的看法：世上没有完美的东西。当然，这并不是说我们不应该追求完美，如果时间和资源允许，我们应该追求完美。我只是提倡一种更现实的做法：接受系统的不完美，把它设计成能够从故障中恢复。我们应该抱最好的期望，做最坏的打算。

生活中有很多自我修复的例子。没有比生命自我修复能力更强的系统。以人为例，人体拥有的一种迷人的自我修复的能力。我们可以从自己身上借鉴很多东西，并将这些知识应用于软件和硬件中。

人体有很好的治愈能力。人体最基本的单位是细胞。在我们的一生中，身体内的细胞努力使我们恢复平衡状态。每个细胞都是一个动态的生命单位，它不断监测和调整自己的程序，根据原有的 DNA 恢复自身，维持身体内的平衡。细胞具有治愈自身的能力，以及制造新的细胞来替代已被永久损伤或破坏的细胞。即使大量细胞被破坏，周围的细胞也可以复制产生新的细胞，迅速替换被破坏的细胞。这种能力不会让个体免于死亡，但它确实能让我们轻易恢复健康。我们不断受到病毒攻击，我们向病魔屈服，但在大多数情况下，我们成功活下来了。但是，只从个体的角度看待我们自己意味着没有以整体的角度看待人类。即使我们自己的生命结束，人类的生命仍然会延续下去，蓬勃发展，不断适应新环境。

可以将计算机系统看成是由各种细胞组成的人体，这些细胞可以是硬件或软件。软件单元越小，就越容易自我修复，当需要时从故障恢复、增加甚至销毁。我们称这些小单位为微服务，实际上，它们的行为跟我们在人体中观察到的行为极类似。我们创建可自我修复的微服务系统，这并不是说我们要研究的自我修复只适用于微服务，并不是这样。然而，与大多数我们研究的其他技术一样，自愈可以应用于几乎任何类型的架构，但是当与微服务结合使用时，可以产生最佳效果。就像个体组成的生命体形成一个整体生态系统一样，每个计算机系统也是更大系统的一部分。它与其他系统进行通信、协作和适配，从而形成一个更大的整体。

15.1　自我修复等级和类型
Self-Healing Levels and Types

在软件系统中，术语自我修复描述了一种应用程序、服务或系统在没有任何人为干预的情况下，发现自己没有正常工作，并进行必要的更改以将其自身恢复到正常或某个计划的状态。自我修复是系统能够不断检查和优化自己的状态并自动适应不断变化的条件，其目标是成为能根据需求对变化进行响应并从故障中恢复的具有容错性的、快速响应的系统。

根据监控和操纵资源的大小和类型，自我修复系统可以分为三个层次。这些级别如下。

- 应用级别。

- 系统级别。

- 硬件级别。

下面将分别探讨这三种类型。

应用程序级别的自我修复
Self-Healing on the Application Level

应用程序级别的恢复是应用程序或服务在内部自我修复的能力。传统上，我们习惯于通过异常来捕获问题，并且大多数情况下会在日志里记录下这些异常以待后期检查。当这样的异常发生时，我们倾向于（在日志里记录下来之后）忽略它然后继续执行，就像什么都没有发生过一样，希望在未来不会再出现。其他情况下，如果出现特定类型的异常，我们倾向于停止应用程序。一个例子是与数据库的连接。如果连接在应用程序启动时没能建立，那么可能会停止整个程序。如果经验更丰富一点，就可能会试着重复连接到数据库。重复尝试的次数通常是有限的，否则，可能很容易进入一个永无止境的循环，除非数据库连接只是暂时失败，之后就重新连上了。再往后，我们有更好的方法来处理应用程序中的问题。其中一个是 Akka，它的主要作用是监管，其推出的设计模式是能够创建内部的自我修复应用程序和服务。Akka 并不是唯一的解决方案，还有许多其他库和框架能够让我们创建可以从潜在的灾难性情况中恢复过来的具有容错性的应用程序。由于我们试图与编程语言无关地探究这个课题，所以我会留给你们作业，研究如何在内部自我修复你的应用程序。请记住这里说的自我修复是指进程内部层面的，并不负责比如恢复发生故障而失败的进程。而且，如果采用微服务体系结构，也可以很快获得使用不同语言编写的服务，使用不同的框架，等等。每个服务的开发人员都可以把它设计成为可自我修复以及从失败中恢复的服务。

让我们进入第二个层级。

系统级别的自我修复
Self-Healing on the System Level

不同于依赖于内部应用的编程语言和设计模式的应用程序级别的自我修复，系统级别的自我修复可以泛化，不考虑其内部结构而应用于所有服务和应用程序。这是我们可以在整个系统层面上设计的自我修复的类型。虽然在系统层面可能会发生很多事情，但是最常见的两类是进程失败和响应时间不够。如果进程失败，则需要重新部署该服务，或者重新启动该进程。另一方面，如果响应时间不够，就要根据是否达到最高或者最低的响应时间来扩缩。光从失败的进程中恢复通常是不够的。虽然这种操作可能会把系统恢复到所期望的状态，通常还是需要人力干预的。我们需要调查失败的原因，更正服务的设计，或者修复一个 bug。也就是说，自我修复往往与调查失败的原因并驾齐驱。系统自动修复，我们（人）尝试从这些失败中学习，并改进整个系统。因此，这种情况下也要发出通知来告知事件的发生。在这两种情况下（故障和业务量增加），系统需要监控自身并采取一些行动。

系统如何监控自身？它如何检查其组件的状态？有很多种方法，但最常用的两种是 TTL 和 ping。

Time-To-Live

TTL（生存时间）检查期望服务或应用程序能周期性地确认其运行正常。接收 TTL 信号的系统跟踪给定 TTL 最后已知的报告状态。如果该状态在预定期间内未更新，则监控系统假定服务失败，需要恢复到某个计划的状态。例如，健康的服务可以发送一个 HTTP 请求，宣布它是活着的。如果服务正在运行的进程失败，则它将无法发送请求，TTL 会过期，服务会采取相应的反应措施。

TTL 的主要问题是耦合。应用和服务需要与监控系统相关联。实现 TTL 是一种反微服务的模式，因为我们本来试图以尽可能自治的方式设计微服务，此外，微服务应有明确的功能和单一的目的。在微服务内部实现 TTL 请求将增加额外的功能并使开发复杂化（见图 15-1）。

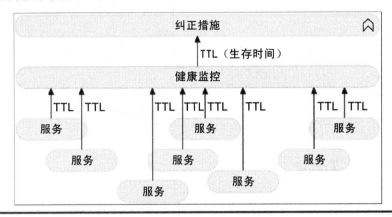

图 15-1　TTL 类型的系统级别的自我修复

Pinging

Ping 的原理是从外部检查应用程序或服务的状态。监控系统应定期对每个服务发送 Ping，如果没有收到回复，或者回复内容不丰满，则执行修复措施。Ping 可以有多种形式。如果服务公开 HTTP API，Ping 通常是一个简单的请求，期望的响应应为 HTTP 状态在 2XX 范围内。在其他情况下，当 HTTP API 未公开时，Ping 可以使用脚本实现，或者其他可以验证服务状态的方法。

Ping 与 TTL 相反，如果使用 Ping 可行的话，则它是一种检查系统各个部分状态更好的方法。它可以消除在每个服务中实现 TTL 可能发生的重复、耦合和并发问题（见图 15-2）。

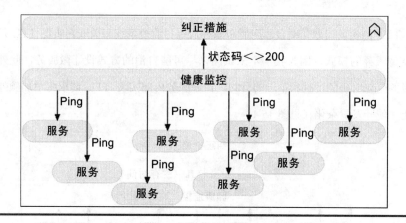

图 15-2　Ping 类型的系统级别的自我修复

硬件级别的自我修复
Self-Healing on the Hardware Level

　　说实话，并没有硬件级别的自我修复这种事。我们不可能自动修复出错的内存、坏掉的硬盘、故障的 CPU，等等。这一级别的修复实际上意味着将服务从不健康的节点重新部署到健康节点之一。与系统级别一样，我们需要定期检查不同硬件组件的状态，并进行相应的操作。实际上，硬件级别的自我修复大多数发生在系统级别。如果硬件不能正常工作，那么这个服务可能会失败，从而在系统级别被修复。硬件级别的修复（见图 15-3）与稍后讨论的预防式检查关系更密切。

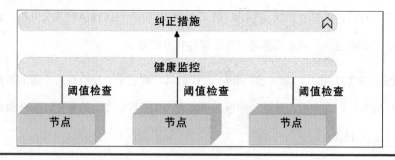

图 15-3　硬件级别的自我修复

　　除了在检查层次方面对自我修复做出划分之外，还可以根据采取的行动进行划分。我们有可能会去应对失败，也有可能试图防患于未然。

反应式自我修复
Reactive healing

大多数实施某种自我修复系统的组织都侧重于反应式自我修复。当系统检测到故障后，会将其自身恢复到计划好的状态。服务进程死机，ping 返回代码 404（not found），采取纠正措施后，服务再次运行。无论服务是因为进程失败而故障，还是因为整个节点而停止运行（假设系统可以将其重新部署到新节点），这都是可行的。这是最重要的自我修复方式，也是最简单的实现方式。只要在恰当的地方都进行了检查，而且发生故障时执行了相应的动作，并且将每个服务扩展到至少两个实例并分布到不同的物理节点上，就应该（几乎）不会有宕机时间。我说几乎从来没有，因为比如整个数据中心的电源可能会松动，从而所有的节点都停止响应。这就属于评估风险以及预防风险的成本的范畴。

有时候，在不同的地方部署两个数据中心是有价值的，在其他情况下则不一定。我们的目的是尽力实现零停机，但是也要接受在有些情况下其实没有必要实现零停机。

无论是在争取实现零宕机时间，还是争取实现近乎零宕机时间，除非系统实在太小，反应式自我修复都应该是必要的，而且它不需要投入太多成本就能实现。你可能投资于备用硬件，或者投资于单独的数据中心，决定如何投资并不直接与自我修复相关，而是与给定情况可承受的风险程度相关。反应式自我修复的投入成本主要在于实现它所需的知识和时间。虽然时间本身也是一种投资，但可以明智地使用它，创造一个几乎适用于所有案例的一般解决方案，从而减少实现这种系统所需花费的时间。

预防式自我修复
Preventive healing

预防式自我修复背后的原理是预测未来可能遇到的问题，并采取行动避免这些问题。我们如何预测未来？更准确地说，我们用什么数据预测未来？

相对简单但不太可靠的预测方法是根据（近乎）实时数据进行预测。例如，如果某个用于检查服务运行状况的 HTTP 请求的响应超过 500 毫秒，那么可能需要扩展该服务，甚至反过来也可以这样。同样，如果接收响应只要不到 100 毫秒，那么可能需要收缩服务，并将这些资源重新分配给另一个可能需要更多资源的服务。通过考虑当前状况来预测未来，要面临的问题是情况为多元的，变数很多。如果请求和响应之间花费的时间很长，这可能确实需要扩展的标志，但原因也可能是临时增加的业务流量，而（在流量高峰过去之后）下一次检查将会推测有收缩的必要。如果应用微服务架构，这可能是一个小问题，因为它们很小，易于移动。它们容易扩展或者收缩。而单块应用如果选择这种策略，通常问题会更多。

如果把历史数据记入考虑范围，预防式自我修复会更加可靠，但同时实现起来也复杂得多。我们需要把信息（响应时间、CPU、内存等）存储在某个地方，然后通常采用复杂的算法来评估趋势，得出结论。例如，我们可能会看到，在最后一个小时内，内存使用量一直在稳步提高，达到了比如 90% 的关键点。这是一个明确的迹象，表示导致这种增加的服务需要扩展。系统也可以将更长一段时间作为考虑对象，并推断山每周 的业务流量突然增加，提前扩展服务，以防止反应时间过长。比如，从部署服务时开始内存使用量稳步增长而新版本发布时突然减少意味着什么？这也有可能是内存泄漏，在这种情况下，当达到某些阈值时，系统需要重新启动应用程序，并希望开发人员能够解决这个问题（因此需要使用通知）。

下面我们改变焦点，转而讨论架构。

15.2　自我修复架构
Self-Healing Architecture

无论内部流程和工具如何，每一个自我修复系统都会有一些共同的元素。

最开始，要有一个集群。单个服务器没有容错功能。如果一块硬件故障了，我们就无能为力，因为没有现成的替代品。因此，系统在最开始必须是集群，它可以由两到两百个服务器组成（见图 15-4）。规模不重要，重要的是能在故障发生的情况下从一块硬件转移到另一块硬件。请记住，我们总是要评估性价比。如果财务上可行，那么至少要有两个物理上和地理位置上分开的数据中心。这样，如果有一个停电，另一个还可以运行。然而，在许多情况下，在财务上这不可行。

图 15-4　自我修复系统架构：一切都从一个集群开始

一旦将集群启动并运行，就可以开始部署我们的服务。但是，在没有编排的情况下，管理集群内的服务是很单调枯燥的。它需要很长时间，而且最终往往导致资源使用非常不平衡，如图 15-5 所示。

图 15-5　自我修复系统架构：服务部署到集群，但是资源使用率非常不平衡

大多数情况下，人们将集群视为一组单独的服务器，这是错误的，现在有些工具可以帮助我们以更好的方式进行编排。使用 Docker Swarm、Kubernetes 或 Apache Mesos，可以解决集群中的编排问题。集群编排很重要，不仅是为了简化

服务部署，而且可以在出现故障（无论是软件性质还是硬件性质）的情况下快速重新部署到健康节点上。请记住，对每个服务，至少需要运行两个实例在一个代理服务器上。在这种情况下，如果一个实例发生故障，其他实例也可以接管其负载，从而避免系统重新部署失败实例时产生停机时间，如图 15-6 所示。

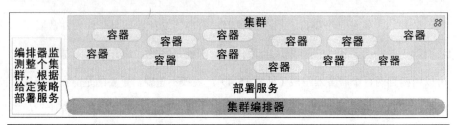

图 15-6　自我修复系统架构：一些部署编排器需要跨集群分布服务

所有自我修复系统的基础在于监视已部署的服务或应用程序以及底层硬件的状态。监视它们的唯一方式是获取其存在的信息。信息可以有许多种不同的形式，从手动维护的配置文件到传统的数据库，再到高可用的分布式服务注册工具，如 Consul、etcd 或 Zookeeper。在某些情况下，可以自己选择服务注册工具，而在其他情况下，集群编排工具自带服务注册。例如，Docker Swarm 比较灵活，可以与好几种注册工具协作，而 Kubernetes 用户则必须绑定使用 etcd，如图 15-7 所示。

无论选择哪个服务注册工具，下一个问题是将信息放入选择好的服务注册表中。原理很简单，需要有机制监控硬件和服务，当有新的加入或者原有的被删除时更新注册表。有很多工具可以做到这一点。我们已经熟悉了 Registrator，它完全能满足我们的需求。与服务注册一样，一些集群编排工具也已经通过自己的方式注册和注销服务。无论选择哪种工具，主要需求是能够实时监控集群并将信息发送到服务注册表，如图 15-8 所示。

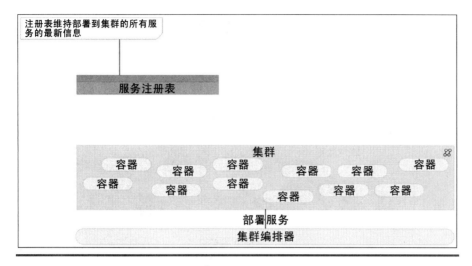

图 15-7 自我修复系统架构：监控系统状态的主要需求是将系统信息存储在服务注册表里

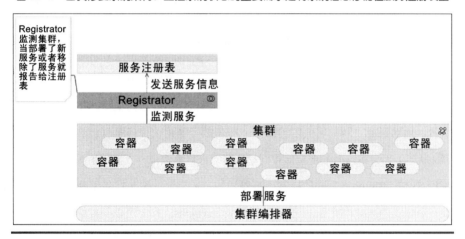

图 15-8 自我修复系统架构：如果没有监测系统存储新信息的机制，服务注册表就失去作用

现在集群里有服务启动和运行，并且服务注册表中已经写入了有关系统的信息，我们可以使用一些健康监视工具来检测异常。这样的工具不仅要知道在每个时刻所期望的状态是什么，也要知道实际情况是什么。Consul Watches 可以承担这个角色，而 Kubernetes 和 Mesos 为这种类型的任务提供了它们自己的工具。在更传统的环境中，Nagios 或 Icinga（仅举几例）也可以承担这一角色，如图 15-9 所示。

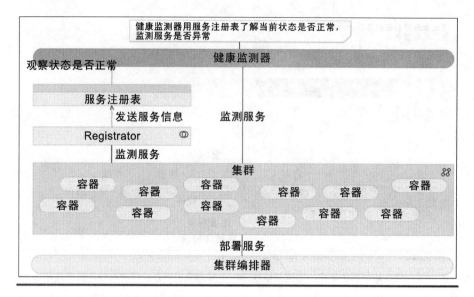

图 15-9 自我修复系统架构：所有的相关信息都存储在服务注册表里，一些健康监测工具可以利用这些信息来验证当前状态是否正常

下一个难题是能够有执行纠正措施的工具。当健康监视器检测到异常时，它会发送一条消息来执行纠正措施。至少这个纠正措施应该向集群编排器发送一个信号，而这又会重新部署失败的服务。即使故障是由硬件问题引起的，集群编排器（临时）也会将该服务重新部署到健康节点来修复故障。大多数情况下，纠正措施没这么简单。应该有一种机制，可以通知有关方面，记录发生了什么事情，恢复到旧版本的服务，等等。我们已经采用了 Jenkins，作为可以从健康监视器收到消息，从而启动纠正措施的工具，Jenkins 足够完美，如图 15-10 所示。

到目前为止，这个过程只涉及反应式自我修复。我们持续监控系统，如果检测到故障，则采取纠正措施，这又会使系统恢复到所需状态。我们可以再进一步，实现预防式自我修复吗？可以预测未来按指示行动吗？在许多情况下可以，在某些情况下则不能。我们不知道明天硬盘会不会出现故障，我们也预测不了今天中午会不会断电。然而，有时候，我们可以看到业务量在不断增加，很快就会达到某个点，需要我们对服务进行扩展。我们可以预测到，即将推出的营销活动将增加负载。我们可以从错误中学习，并教会系统在某些情况下该如何表现。这样一组过程需要的基本要素与在反应式自我修复使用的要素相似。我们需要一个存储数据的地方和收集这些数据的过程。与服务注册不同，服务注册只处理相对较少的数据，享受到分发的好处也有限，而预防式自我修复需要更大的存储和功能，这使得我们能够执行一些分析操作，如图 15-11 所示。

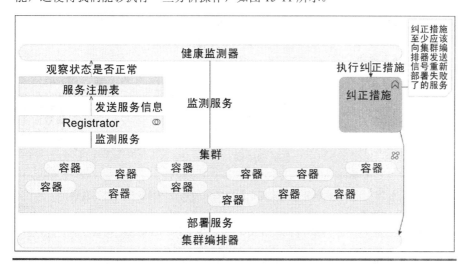

图 15-10　自我修复系统架构：纠正措施至少应该向集群编排器发送信号重新部署失败的服务

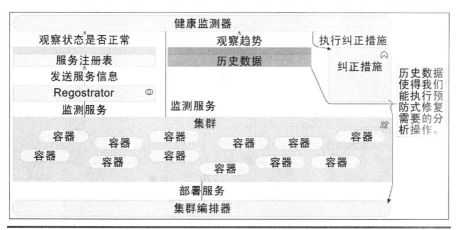

图 15-11　自我修复系统架构：预防式修复需要分析历史数据

与 registrator 服务类似，还需要一些数据收集器发送历史数据。历史数据可能非常庞大，包括但不限于 CPU、HD、网络流量、系统日志和服务日志等。与监听

（主要由集群管理器生成）事件的 registrator 不同，数据收集器应该不断收集数据、消化输入，并产生输出作为历史数据存储起来，如图 15-12 所示。

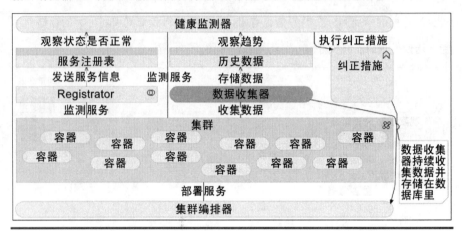

图 15-12 自我修复系统架构：预防式修复需要持续收集大量的数据

我们已经使用了反应式自我修复所需的一些工具。Docker Swarm 可用作集群编排，Registrator 和 Consul 用作服务发现，Jenkins 还负责执行纠正措施（见图 15-13）。我们唯一没有使用的工具是 Consul 的两个子集 check 和 watch。预防式自我修复需要一些新的流程和工具，因此留待以后再介绍。

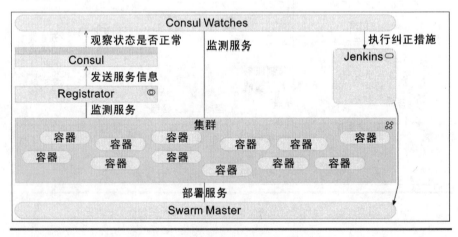

图 15-13 自我修复系统架构：工具集合

现在来看看能不能搭建一个反应式自我修复系统样例。

15.3 Docker、Consul Watches 和 Jenkins 组成的自我修复系统

Self-Healing with Docker, Consul Watches, and Jenkins

好消息是，我们已经用需要的工具来建立了一个反应式的自我修复系统。现在有 Swarm 确保容器将部署到健康的节点（或者至少是可运行的节点），有 Jenkins 可用于执行修复程序，并发送通知。最后，我们不仅可以用 Consul 来存储服务信息，还可以用来执行健康检查并向 Jenkins 发送请求。迄今为止，唯一还没有使用的工具是 Consul watches，可以用它编程来执行健康检查。

有一件事要注意，Consul 进行健康检查的方式与传统方式 Nagios 和其他类似的工具不同。Consul 通过使用 gossip 避免惊群问题，只警告状态变化。

一如往常，我们先创建虚拟机，在本章接下来的内容都会使用它们。将创建我们所熟悉的一个 cd 和三个 swarm 服务器（一个主节点和两个节点）的组合。

搭建环境
Setting Up the Environments

以下命令将创建在本章中使用的四个虚拟机。创建 cd 节点，用它在其他节点上配置 Ansible。这个虚拟机还将托管 Jenkins，这是自我修复流程的重要组成部分。其他三个虚拟机将组成 Swarm 集群。

```
vagrant up cd swarm-master swarm-node-1 swarm-node-2
```

随着所有虚拟机的运行，可以继续并设置 Swarm 集群。我们以与之前相同的方式开始配置集群，然后探讨接下来要如何修改使之具有自我修复能力。

```
vagrant ssh cd
ansible-playbook /vagrant/ansible/swarm.yml \
    -i /vagrant/ansible/hosts/prod
```

最后，到了使用 Jenkins 配置 cd 服务器的时候。

```
ansible-playbook /vagrant/ansible/jenkins-node-swarm.yml \
```

```
   -i /vagrant/ansible/hosts/prod
ansible-playbook /vagrant/ansible/jenkins.yml \
   --extra-vars "main_job_src=service-healing-config.xml" \
   -c local
```

现在整个集群都运行起来了，Jenkins 服务器也即将启动开始运行。现在设置了一个 Swarm 主节点（swarm-master）、两个普通 Swarm 节点（swarm-node-1 和 swarm-node-2）、一个服务器（cd）配置 Ansible 并且马上会运行 Jenkins。当 Jenkins 配置运行时，请随时继续阅读，因为马上用不到了。

搭建 Consul Watches 和健康检查来监测硬件

我们可以向 Consul 发送指令，对服务或整个节点进行定期检查。Consul 不做预定义的检查；而是运行脚本、执行 HTTP 请求或等待我们定义的 TTL 信号进行检查。虽然缺乏预定义检查可能看起来像是一个缺点，但是这样能够自由地设计出我们认为合适的流程。如果使用脚本执行检查，那么 Consul 期望它们在结束时有退出码。如果从退出码为 0 的检查脚本退出，则 Consul 将假设一切正常。退出码为 1 表示警告，退出码为 2 表示错误。

首先创建一些执行硬件检查的脚本。比如，使用 df 命令获取硬盘利用率信息相对来说比较容易。

```
df -h
```

使用-h 参数使得输出可读，输出结果如下。

```
Filesystem     Size    Used    Avail   Use% Mounted on
udev           997M     12K     997M     1% /dev
tmpfs          201M    440K     200M     1% /run
/dev/sda1       40G    4.6G      34G    13% /
none           4.0K       0     4.0K     0% /sys/fs/cgroup
none           5.0M       0     5.0M     0% /run/lock
none          1001M       0    1001M     0% /run/shm
none           100M       0     100M     0% /run/user
none           465G    118G     347G    26% /vagrant
none           465G    118G     347G    26% /tmp/vagrant-cache
```

记住，你的例子可能与我的有轻微不同。

我们真正需要的是根目录的数字（输出中的第三行）。我们可以过滤 df 命令的输出，以便只显示最后一列的值为根目录的行才显示。过滤后，应该提取已用磁盘空间的百分比（第 5 列）。在提取数据的同时，也可以获取磁盘大小（第 2 列）和已用空间的数量（第 3 列）。我们提取的数据应该存储为变量供以后使用。可以用来实现这些的命令如下：

```
set -- $(df -h | awk '$NF=="/"{print $2" "$3" "$5}')
total=$1
used=$2
used_percent=${3::-1}
```

由于表示使用空间百分比的值包含％符号，因此在将值分配给 used_percent 变量之前，我们删除了最后一个字符。

可以通过一个简单的 printf 命令来检查我们创建的变量包含的值是否正确：

```
printf "Disk Usage: %s/%s (%s%%)\n" $used $total $used_percent
```

最后一个命令的输出如下：

```
Disk Usage: 4.6G/40G (13%)
```

唯一剩下要做的就是在达到阈值时以 1（警告）或 2（错误）的代码退出。我们将错误阈值设置为95％，并将警告设置为80％。唯一缺少的是一条简单的 if/elif /else 语句：

```
if [ $used_percent -gt 95 ]; then
  echo "Should exit with 2"
elif [ $used_percent -gt 80 ]; then
  echo "Should exit with 1"
else
  echo "Should exit with 0"
fi
```

为了测试，我们加入了 echo。我们要执行的脚本应该以 2、1 或 0 退出。

现在进入 swarm-master 主节点，创建脚本并进行测试：

```
exit
vagrant ssh swarm-master
```

现在从创建一个用来存放 Consul 脚本的目录开始：

```
sudo mkdir -p /data/consul/scripts
```

用刚刚练习过的命令创建脚本：

```
echo '#!/usr/bin/env bash
set -- $(df -h | awk '"'"'$NF=="/"{print $2" "$3" "$5}'"'"')
total=$1
used=$2
used_percent=${3::-1}
printf "Disk Usage: %s/%s (%s%%)\n" $used $total $used_percent
if [ $used_percent -gt 95 ]; then
  exit 2
elif [ $used_percent -gt 80 ]; then
  exit 1
else
  exit 0
fi
```

```
' | sudo tee /data/consul/scripts/disk.sh
sudo chmod +x /data/consul/scripts/disk.sh
```

现在让我们试试看。由于有相当多的可用磁盘空间，所以脚本应该显示磁盘使用情况并返回零：

```
/data/consul/scripts/disk.sh
```

命令的输出与以下结果类似：

```
Disk Usage: 3.3G/39G (9%)
```

我们可以轻松使用**$?**显示最后一个命令的退出码：

```
echo $?
```

返回值显示为零，看起来脚本执行正确。你可以通过将阈值修改为低于当前磁盘使用量来测试其余的退出码为 1 或者 2。我把这当做一个简单的练习留给你们。

Consul 阈值检查练习

修改 disk.sh 脚本，使得警告和错误阈值低于当前硬盘使用率。通过运行脚本并输出退出码来测试改动是否正确。完成练习后，将脚本恢复为原始值。

现在有了可以检查磁盘使用情况的脚本后，应该告诉 Consul 这个脚本的存在。Cousul 用 JSON 文件来指定用哪个脚本检查。刚刚创建的脚本的定义如下：

```
{
  "checks": [
    {
      "id": "disk",
      "name": "Disk utilization",
      "notes": "Critical 95% util, warning 80% util",
      "script": "/data/consul/scripts/disk.sh",
      "interval": "10s"
    }
  ]
}
```

这个 JSON 文件会告诉 Consul，这里有一个 check，ID 是 disk，名字是 Disk utilization，备注是 Critical 95% util, warning 80% util。名字和备注字段都是用于页面显示的。接着，指定脚本路径为/data/consul/scripts/disk.sh。最后，告诉 Consul 每 10 秒钟运行一次脚本。

我们来创建这样一个 JSON 文件：

```
echo '{
  "checks": [
    {
      "id": "disk",
      "name": "Disk utilization",
      "notes": "Critical 95% util, warning 80% util",
      "script": "/data/consul/scripts/disk.sh",
      "interval": "10s"
    }
  ]
}
```

```
sudo tee /data/consul/config/consul_check.json
```

当开始（通过 Ansible Playbook）使用 Consul 时，我们指定位于/data/consul/config/目录中的配置文件。我们仍然需要重新加载它，让它采用我们刚刚创建的新文件。重新加载 Consul 的最简单的方法是发送 HUP 信号：

```
sudo killall -HUP consul
```

我们在 Consul 内创建了硬盘检查。它将每隔十秒钟运行一个脚本，并根据其退出代码，确定运行节点（这种情况下为 swarm-master）的运行状况，如图 15-14 所示。

图 15-14　Consul 硬盘检查

让我们从浏览器打开 http://10.100.192.200:8500/ui/ 并查看 Consul UI。UI 打开后，请点击 Nodes 按钮，然后点击 swarm-master 主节点。在其他信息中，你将看到两个检查，其中一个是 Serf Health Status，这是 Consul 的基于 TTL 的内部检查。如果其中一个 Consul 节点宕机，那么该信息会在整个集群中传播。名为 Disk utilization 的检查是刚刚创建的，状态是 passing，如图 15-15 所示。

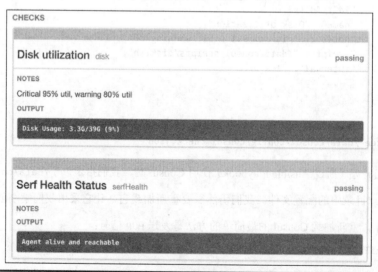

图 15-15　Consul 硬盘检查界面

现在已经知道在 Consul 中添加一个检查是多么容易，我们应该定义检查失败时执行什么操作，可以通过 Consul watch 来做这件事。与检查一样，Consul 不提供开箱即用的解决方案。它为我们提供了一种机制，让我们自己创建满足需求的解决方案。

Consul 支持七种不同类型的 watches。

- key：监视特定的键/值对。

- keyprefix：在键/值库中监视前缀。

- services：监视可用服务的列表。

- nodes：监视节点列表。

- service：监视服务的实例。

- checks：监视健康检查的值。

- event：监视自定义用户事件。

每种类型在某些情况下都是有用的，并且它们能一起为构建自我修复容错的系统提供一个非常全面的框架。我们将专注于 checks 类型，因为它允许我们利用之前创建的硬盘检查。有关更多信息请查阅 watches 文档。

首先创建由 Consul watcher 运行的脚本。manage_watches.sh 脚本如下（请不要运行）：

```bash
#!/usr/bin/env bash

RED="\033[0;31m"
NC="\033[0;0m"

read -r JSON
echo "Consul watch request:"
echo "$JSON"

STATUS_ARRAY=($(echo "$JSON" | jq -r ".[].Status"))
CHECK_ID_ARRAY=($(echo "$JSON" | jq -r ".[].CheckID"))
LENGTH=${#STATUS_ARRAY[*]}
```

```
for (( i=0; i<=$(( $LENGTH -1 )); i++ ))
do
    CHECK_ID=${CHECK_ID_ARRAY[$i]}

    STATUS=${STATUS_ARRAY[$i]}
    echo -e "${RED}Triggering Jenkins job http://10.100.198.200:8080/job/
hardware-notification/build${NC}"
    curl -X POST http://10.100.198.200:8080/job/hardware-notification/build \
    --data-urlencode json="{\"parameter\": [{\"name\":\"checkId\",
\"value\":\"$CHECK_ID\"}, {\"name\":\"status\", \"value\":\"$STATUS\"}]}"
done
```

接着定义了 RED 和 NC 变量，这些变量将帮助我们以红色绘制输出的关键部
分。然后读取 Consul 输入并将其存储到 JSON 变量中。之后创建 STATUS_ARRAY 和
CHECK_ID_ARRAY 数组，该数组将保存 JSON 中每个元素的 Status 和 CheckID 值。
最后，这些数组允许我们遍历每个条目，并向 Jenkins 发送一个 POST 请求，以构
建 hardware-notification 作业（稍后再来看看）。该请求使用 Jenkins 友好的格式
传递 CHECK_ID 和 STATUS 变量。有关更多信息请咨询 Jenkins 远程访问 API。

现在让我们创建脚本，如下：

```
echo '#!/usr/bin/env bash

RED="\033[0;31m"
NC="\033[0;0m"

read -r JSON
echo "Consul watch request:"
echo "$JSON"

STATUS_ARRAY=($(echo "$JSON" | jq -r ".[].Status"))
CHECK_ID_ARRAY=($(echo "$JSON" | jq -r ".[].CheckID"))
LENGTH=${#STATUS_ARRAY[*]}

for (( i=0; i<=$(( $LENGTH -1 )); i++ ))
do
    CHECK_ID=${CHECK_ID_ARRAY[$i]}
    STATUS=${STATUS_ARRAY[$i]}
    echo -e "${RED}Triggering Jenkins job http://10.100.198.200:8080/job/
hardware-notification/build${NC}"
```

```
    curl -X POST http://10.100.198.200:8080/job/hardware-notification/
build \
        --data-urlencode json="{\"parameter\": [{\"name\":\"checkId\",
\"value\":\"$CHECK_ID\"}, {\"name\":\"status\", \"value\":\"$STATUS\"}]}"
done
' | sudo tee /data/consul/scripts/manage_watches.sh

sudo chmod +x /data/consul/scripts/manage_watches.sh
```

现在我们有了脚本，可以在检测到有 warning 或者 critical 状态时将事件通知给 Consul。Consul watches 定义如下：

```
{
  "watches": [
  {
    "type": "checks",
    "state": "warning",
    "handler": "/data/consul/scripts/manage_watches.sh >>/data/consul/
logs/watches.log"
  }, {
    "type": "checks",
    "state": "critical",
    "handler": "/data/consul/scripts/manage_watches.sh >>/data/consul/
logs/watches.log"
  }
  ]
}
```

这个定义应该是不言自明的。我们定义了两个 watches，类型都是 checks。第一个在 warning 的情况下运行，第二个在处于 critical 的情况下运行。我们尽量把事情简化，在两个实例中指定相同的处理程序 manage_watches.sh。在现实世界中，你应该区分这两个状态，并执行不同的操作。

现在创建 watches 文件，代码如下：

```
echo '{
  "watches": [
    {
      "type": "checks",
      "state": "warning",
      "handler": "/data/consul/scripts/manage_watches.sh >>/data/
consul/logs/watches.log"
    }, {
```

```
      "type": "checks",
      "state": "critical",
      "handler": "/data/consul/scripts/manage_watches.sh >>/data/
   consul/logs/watches.log"
     }
    ]
  }'
```

sudo tee /data/consul/config/watches.json

在重载 Consul 之前，先来快速讨论 Jenkins 作业 hardware-notification。当搭建好 Jenkins 时，这个作业已经创建，打开 http://10.100.198.200:8080/job/hardware-notification/configure 就可以看到它的配置。它包含两个参数 checkId 和 status。使用这两个参数，就无须为每个硬件检查都创建单独的作业。每当 Consul watcher 发送 POST 请求构建这个作业时，都会将值传递给这两个变量。在构建阶段，只运行一个 echo 命令，并将这两个变量的值发送到标准输出（STDOUT）。实际情况下，这个作业还会做其他的事情。例如，如果磁盘空间不足，它可能会删除未使用的日志和临时文件。再比如，如果我们正在使用像 Amazon AWS 这样的云服务，它可能会创建额外的节点。而在其他某些情况下，我们无法设置可自动执行的行动。无论如何，除了这些具体行动外，这项作业还应该发送某种通知（电子邮件、即时消息等），以便操作者了解到潜在的问题。由于这些情况很难在本地复现，所以这项作业初步就不对它们进行定义了。我会把它留给你根据自己的需要来扩展。

Jenkins hardware-notification 作业练习

修改 Jenkins hardware-notification 作业，使之在 checkId 值为 disk 时删除日志。在服务器上创建模拟日志（可以随意使用 touch 命令创建文件）并手动运行作业。一旦作业构建完成，确认日志确实被删除，如图 15-16 所示。

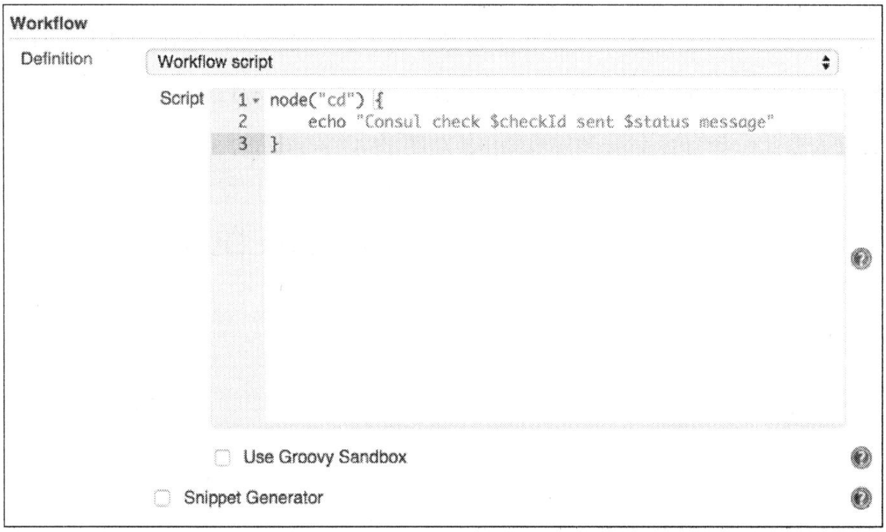

图 15-16　Jenkins 作业 hardware-notification 的设置屏幕

现在的问题为 swarm-master 节点上的硬盘大多是空的，这样无法测试我们刚刚建立的系统。我们需要先更改 disk.sh 中定义的阈值，可以将 80％的警告阈值修改为 2％。目前的硬盘用量肯定比这更多：

```
sudo sed -i "s/80/2/" /data/consul/scripts/disk.sh
```

最后重载 Consul，看看会发生什么：

```
sudo killall -HUP consul
```

首先应该检查的是 watches 日志：

```
cat /data/consul/logs/watches.log
```

相关部分的输出如下：

```
Consul watch request:
[{"Node":"swarm-master","CheckID":"disk","Name":"Disk utilization","Status":"warning","Notes":"Critical 95% util, warning 80% util","Output":"Disk Usage: 3.3G/39G (9%)\n","ServiceID":"","ServiceName":""}]
Triggering Jenkins job http://10.100.198.200:8080/job/hardware-notification/build
```

请注意，Consul 检查运行可能需要几秒钟。如果你没有从日志中收到类似的输出，请重复执行 cat 命令。可以看到发送到脚本的 JSON，以及构建 Jenkins

hardware-notification 作业的请求已经分发出去。还可以通过在浏览器中打开
http://10.100.198.200:8080/job/hardware-notification/lastBuild/console 链
接来查看此作业的 Jenkins 控制台输出，如图 15-17 所示。

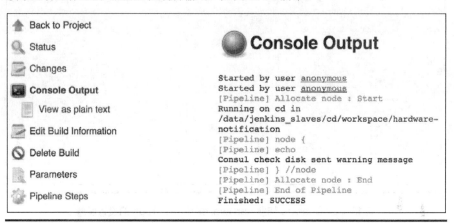

图 15-17　Jenkins 作业 hardware-notification 的控制台输出

现在只有一个磁盘使用情况的 Consul 检查，应该至少再做一次检查。内存检查是一个不错选择。即使在某些硬件检查失败时没有采取任何纠正措施，在 Consul 中保存这些信息本身也已经很有用了。现在了解了流程后，就可以使用 Ansible 来更好地完成它。此外，不仅要在 swarm-master 节点上创建检查，还要在集群的其余部分中进行不同的检查，除非用于学习目的，否则不想手动执行。

在继续之前，让我们退出 swarm-master 节点：

```
exit
```

15.4　自动设置 Consul 健康检查和 watches 来监测硬件
Automatically Setting Up Consul Health Checks and Watches for Monitoring Hardware

此时，我们只在 swarm-master 主节点上配置了一个硬件监视器。现在熟悉

Consul watches 的工作方式，就可以使用 Ansible 将硬件监控部署到 Swarm 集群的
所有节点中。

先运行 Ansible playbook，然后探索用来设置检查的 role。

```
vagrant ssh cd

ansible-playbook /vagrant/ansible/swarm-healing.yml \
    -i /vagrant/ansible/hosts/prod
```

swarm-healing.yml playbook 内容如下：

```
- hosts: swarm
  remote_user: vagrant
  serial: 1
  sudo: yes
  vars:
    - debian_version: vivid
    - docker_cfg_dest: /lib/systemd/system/docker.service
    - is_systemd: true
roles:
  - common
  - docker
  - consul-healing
  - swarm
  - registrator
```

与 swarm.yml playbook 相比，唯一的区别在于对 consul-healing role 的使
用。这两个 role（consul 和 consul-healing）非常相似，主要区别在于后者将几个
文件（roles/consul-healing/files/consul_check.json、roles/consul-healing/
files/disk.sh 和 roles/consul-healing/files/mem.sh）复制到目标服务器。我们
已经手动创建了这些文件，除了与 disk.sh 脚本逻辑类似，用于检查内存的
mem.sh。roles/consul-healing/templates/manage_watches.sh 和 roles/consul-
healing/templates/watches.json 文件被定义为模板，以便可以通过 Ansible 变量
做一些定制。总之，我们主要通过 Ansible 重复手动步骤，从而可以自动完成整个
集群的配置。

请打开 http://10.100.192.200:8500/ui/#/dc1/nodes 链接，然后单击任何节
点。你会注意到，每个节点都有 Disk utilization 和 Memory utilization

watches，这样，如果发生故障，Jenkins 作业 `hardware-notification/` 就会开始构建。

监测硬件资源，在达到阈值的情况下采取预定义的行动很有意思也很有用，但是对于可采取的纠正措施往往存在限制。例如，如果整个节点都宕机，在大多数情况下，纠正措施唯一能做的事情是向工作人员发送通知，然后由工作人员手动查看问题。真正有用的部分在于监测服务。

创建 Consul 健康检查和 watches 来监测服务

在深入研究服务检查和 watch 之前，可以先开始部署 books-ms 容器，这样可以更有效地利用时间，在 Jenkins 启动运行服务的过程中讨论这个问题。

现在先索引 Jenkins 作业 books-ms 中定义的分支。请在浏览器中打开它，点击左侧菜单中的 Branch Indexing 链接，然后点击 Run Now。一旦索引完成，Jenkins 就会检测到与过滤器匹配的 swarm 分支，创建子项目并进行第一次构建。完成后，books-ms 服务已经部署到集群中，这样能够尝试更多的自我修复技术。你可以从控制台屏幕监控构建进度。

自我修复的第一步是识别出哪里出错了。在系统级别，可以观察我们部署的服务，如果其中一个没有响应，则执行一些纠正措施。可以用与内存和磁盘检查相似的方式继续使用 Consul checks。主要的区别是，这次会使用 http 而不是 script checks。Consul 会定期向我们的服务提出请求，并将失败发送给已经搭建好的 watches。

在继续之前，先讨论一下我们应该检查哪些内容。我们应该检查每个服务容器吗？我们应该检查数据库之类的辅助容器吗？我们到底该不该关心容器？每个检查都可以用于某个特定场景。在我们的例子中，会使用更普适的方法来监视整个服务。如果没有分别监控每个容器，会不会失去控制？这个问题的答案取决于我们的目标。我们关心什么？我们是关心所有容器是否都在运行，还是服务是否按预期工作？如果一定要选，我会说后者更重要。如果服务扩展到五个实例，并且即使在两个实例停止工作之后仍然表现良好，那可能没什么可做的。只有当整个服务不能工作，或者不按预期执行，才需要采取一些纠正措施。

系统检查，根据服务与服务的不同，可以有很大差别。为了避免维护服务的团队和负责整个 CD 流程的团队之间的依赖，我们将在服务代码库中保留检查的定义。这样一来，服务团队就有充分的自由来为他们正在开发的服务定义合适的检查。由于 checks 有部分是变量，所以将通过 Consul Template 的格式进行定义。我们也会遵守命名约定，并且用同样的名称来命名。consul_check.ctmpl 描述了对 book-ms 服务的检查，具体如下：

```
{
  "service": {
    "name": "books-ms",
    "tags": ["service"],
    "port": 80,
    "address": "{{key "proxy/ip"}}",
    "checks": [{
      "id": "api",
      "name": "HTTP on port 80",
      "http": "http://{{key "proxy/ip"}}/api/v1/books",
      "interval": "10s",
      "timeout": "1s"
    }]
} }
```

我们不仅定义了 checks，还定义了 books-ms 服务的名字、标签、正在运行的端口和地址。请注意，由于这是整个服务的定义，所以端口是 80。在我们的例子中，无论部署多少个容器，这些容器运行在哪个端口上，都可以通过代理访问整个服务。该地址通过 proxy/ip 键从 Consul 获得。不管现在部署的颜色是蓝色还是绿色，此服务的行为方式都应该是相同的。

定义服务后，我们接着研究检查（在本例里只有一个检查）。每个检查都有一个 ID 和一个名称，它们只用于提供信息。关键条目是 http，它定义了 Consul 用来 ping 该服务的地址。最后，我们指定 ping 应该每隔十秒执行一次，timeout 时间应该是一秒钟。如何使用这个模板？为了回答这个问题，我们需要研究位于 master 分支的 books-ms 库的 Jenkinsfile，代码如下：

```
node("cd") {
    def serviceName = "books-ms"
    def prodIp = "10.100.192.200"
    def proxyIp = "10.100.192.200"
    def swarmNode = "swarm-master"
    def proxyNode = "swarm-master"
    def registryIpPort = "10.100.198.200:5000"
    def swarmPlaybook = "swarm-healing.yml"
    def proxyPlaybook = "swarm-proxy.yml"
    def instances = 1

    def flow = load "/data/scripts/workflow-util.groovy"

    git url: "https://github.com/vfarcic/${serviceName}.git"
    flow.provision(swarmPlaybook)
    flow.provision(proxyPlaybook)
    flow.buildTests(serviceName, registryIpPort)
    flow.runTests(serviceName, "tests", "")
    flow.buildService(serviceName, registryIpPort)

    def currentColor = flow.getCurrentColor(serviceName, prodIp)
    def nextColor = flow.getNextColor(currentColor)

    flow.deploySwarm(serviceName, prodIp, nextColor, instances)
    flow.runBGPreIntegrationTests(serviceName, prodIp, nextColor)
    flow.updateBGProxy(serviceName, proxyNode, nextColor)
    flow.runBGPostIntegrationTests(serviceName, prodIp, proxyIp,
proxyNode, currentColor, nextColor)
    flow.updateChecks(serviceName, swarmNode)
}
```

与以前章节中使用的 Jenkinsfiles 相比，唯一显著的差异在于 roles/jenkins/files/scripts/workflow-util.groovy 工具脚本调用 updateChecks 函数的最后一行。函数如下：

```
def updateChecks(serviceName, swarmNode) {
    stage "Update checks"
    stash includes: 'consul_check.ctmpl', name: 'consul-check'
    node(swarmNode) {
        unstash 'consul-check'
        sh "sudo consul-template -consul localhost:8500 \
            -template 'consul_check.ctmpl:/data/consul/
config/${serviceName}.json:killall -HUP consul' \
            -once"
    }
}
```

简言之，updateChecks 函数将文件 consul_check.ctmpl 复制到 swarm-master 节点，并运行 Consul Template。结果是创建了另一个用来执行服务检查的 Consul 配置文件。

定义了检查之后，我们来仔细观察 roles/consul-healing/templates/ manage_watches.sh 脚本。相关部分如下：

```
if [[ "$CHECK_ID" == "mem" || "$CHECK_ID" == "disk" ]]; then
    echo -e "${RED}Triggering Jenkins job http://{{ jenkins_ip
}}:8080/job/hardware-notification/build${NC}"
    curl -X POST http://{{ jenkins_ip }}:8080/job/hardware-
notification/build \
        --data-urlencode json="{\"parameter\":
[{\"name\":\"checkId\", \"value\":\"$CHECK_ID\"},
{\"name\":\"status\", \"value\":\"$STATUS\"}]}"
    else
    echo -e "${RED}Triggering Jenkins job http://{{ jenkins_ip
}}:8080/job/service-redeploy/buildWithParameters?serviceName=${SERVI
CE_ID}${NC}"
    curl -X POST http://{{ jenkins_ip }}:8080/job/service-
redeploy/buildWithParameters?serviceName=${SERVICE_ID}
    fi
```

由于我们的目标是执行两种类型的检查（硬件和服务），所以引入了 if/else 语句。当发现硬件（内存或磁盘）故障时，发送构建请求到 Jenkins hardware-notification 作业。这部分与之前创建的定义相同。另一方面，假设其他类型的检查与服务相关，并且请求被发送到 service-redeploy 作业。在我们的例子中，当 book-ms 服务失败时，Consul 将发送一个请求来构建 service-redeploy 作业，并将 books-ms 作为 serviceName 参数传递出去。可以使用创建其他作业的方式来创建这个作业。主要区别是 roles/jenkins/templates/service-redeploy. groovy 脚本的用法。内容如下：

```
node("cd") {
    def prodIp = "10.100.192.200"
    def swarmIp = "10.100.192.200"
    def proxyNode = "swarm-master"
    def swarmPlaybook = "swarm-healing.yml"
    def proxyPlaybook = "swarm-proxy.yml"

    def flow = load "/data/scripts/workflow-util.groovy"
```

```
    def currentColor = flow.getCurrentColor(serviceName, prodIp)
    def instances = flow.getInstances(serviceName, swarmIp)

    deleteDir()
    git url: "https://github.com/vfarcic/${serviceName}.git"
    try {
        flow.provision(swarmPlaybook)
        flow.provision(proxyPlaybook)
    } catch (e) {}

    flow.deploySwarm(serviceName, prodIp, currentColor, instances)
    flow.updateBGProxy(serviceName, proxyNode, currentColor)
}
```

你可能已注意到脚本的长度比以前使用的 Jenkinsfile 的短得多。我们可以很轻松地使用相同的脚本来重新部署，就像我们正在使用的部署一样，最终的结果是（几乎）相同的。然而，目标是不同的。其中一个关键的要求是速度：如果服务出现故障，那么我们希望尽可能快地重新部署，而且要考虑到尽可能多的不同场景。还有一个重要的区别是在重新部署期间没有运行测试。所有测试已经在部署过程中已经通过，只要服务在一开始运行起来，就不会部署失败。此外，针对同一版本的同一套测试将始终产生相同的结果，不然就是测试非常不稳定，表明测试过程中存在严重错误。你还会注意到，脚本里没有出现构建和推送到 registry。我们不想构建和部署一个新版本，那是"部署"环节要做的事情。我们要做的是尽快将最新版本恢复生产。我们的需求是将系统恢复到与服务失败之前的那个状态。现在介绍了重新部署脚本中故意忽略的内容，让我们再过一遍。

第一个变化就是如何获得应该运行的实例的数量。到目前为止，位于服务库中的 Jenkinsfile 决定要部署多少个实例。我们在 Jenkins 文件中声明了 def instances = 1。但是，由于此重新部署工作应该用于所有服务，所以需创建一个名为 getInstances 的新函数，并用这个函数获取存储在 Consul 中的实例数量。这个数字表示期望的实例数，对应 Jenkinsfile 中指定的值。没有它，我们只能冒着风险部署固定数量的容器，这有可能不符合其他人的需求。也许开发人员决定运行两个服务实例，也可能在意识到负载太大后将其扩展到五个。因此，我们必须发现需要部署多少个实例，并利用好这个信息。roles/jenkins/files/scripts/workflow-util.groovy 脚本中定义的 getInstances 函数如下：

```
def getInstances(serviceName, swarmIp) {
    return sendHttpRequest("http://${swarmIp}:8500/v1/
kv/${serviceName}/instances?raw")
}
```

getInstances 函数向 Consul 发送一个简单的请求，并返回指定服务的实例数。

接下来，将在 GitHub 克隆代码之前删除作业工作空间的目录。由于 Git 库与各个服务不同，Git 仓库不能克隆在另一个服务器上，所以删除这些文件是有必要的。我们不需要所有的代码，只需要很少的配置文件，特别是 Docker Compose 和 Consul 的配置文件。如果克隆所有的东西，那就更容易了。如果存储库很大，你可以考虑只获取所需的文件。

```
deleteDir()
    git url: "https://github.com/vfarcic/${serviceName}.git"
```

现在我们需要的所有文件（还有更多我们不需要的）都在工作空间中，因此可以启动重新部署。在继续之前，我们先讨论可能导致第一个失败的原因。可以确定三个主要罪魁祸首：其中一个节点停止工作；某个基础架构服务（Swarm、Consul 等）故障，或者我们自己的服务失败。现在将跳过第一种可能性，留到后面再讨论。如果是其中一个基础架构服务停止工作，那么可以通过运行 Ansible playbook 来解决。另一方面，如果集群按预期运行，那么我们所要做的就是重新将服务部署在容器上。

下面让我们来探讨如何使用 Ansible。运行 Ansible playbook 的脚本部分如下：

```
try {
    flow.provision(swarmPlaybook)
    flow.provision(proxyPlaybook)
} catch (e) {}
```

这一次与以前的 Jenkins Workflow 脚本相比，主要区别在于配置放在了 try/catch 块中。这么做的原因是可能的节点故障。如果重新部署的罪魁祸首是节点故障，则配置将失败。而对于脚本的其余部分来说，这不是一个问题。因此，我们在脚本中编写 try/catch 这一块，以保证无论配置结果如何，都可以确保脚本继续运行。毕竟，如果一个节点不能工作，Swarm 将在其他地方重新部署服务（稍后会对此进行更详细的解释）。现在来看看下一个用例：

```
flow.deploySwarm(serviceName, prodIp, currentColor, instances)
flow.updateBGProxy(serviceName, proxyNode, currentColor)
```

Jenkinsfile 的部署脚本中也有相同的两行。唯一的、微妙的区别在于实例的数量不是硬编码的，我们以前就已经发现过。

就是这样。我们探讨的脚本覆盖了三个场景中的两个。如果某个基础服务或某个服务失败，那么我们的系统会自我恢复。我们试试吧。

我们将停止其中一个基础设施服务，看看系统是否恢复到原始状态。可能没有比 nginx 更好的选择了，它是服务基础设施的一部分，没有 nginx，我们的服务就无法工作。没有 nginx，我们的服务不能通过端口 80 访问。Consul 无从知晓 nginx 失败了。然而，Consul 检查会探测到，books-ms 服务不能正常工作，并开始重新构建 Jenkins 作业 service-redeploy。因此，配置和重新部署将被执行。部分 Ansible 配置负责确保其中包括 nginx 正在运行。

现在进入 swarm-master 节点并停止 nginx 容器。

```
exit

vagrant ssh swarm-master

docker stop nginx

exit

vagrant ssh cd
```

nginx 进程死掉之后，books-ms 服务无法访问（至少不能通过端口 80 访问）。我们可以通过向其发送 HTTP 请求来确定。请记住，Consul 将通过 Jenkins 启动重新部署，所以赶紧让它再次运作起来：

```
curl swarm-master/api/v1/books
```

正如你所期望的，curl 返回了拒绝连接错误。

```
curl: (7) Failed to connect to swarm-master port 80: Connection refused
```

我们也可以看看 Consul 界面。Service book-ms check 此时处于 critical 状态。你可以单击 swarm-master 链接，获取有关该节点上运行的所有服务及其状态的更多详细信息。顺便说一句，books-ms 注册为在 swarm-master 服务器上运行，因为代理就在那里。swarm-master 服务器上还有 books-ms-blue 或 books-ms-green 服务，包含部署容器特有的数据，如图 15-18 所示。

图 15-18　一个检查处于 critical 状态的 Consul 状态屏幕

最后，可以看看 service-redeploy 的控制台界面。这个重新部署过程应该正在进行，更有可能已经结束了。

一旦完成了 service-redeploy 作业的构建，一切都应该恢复到原始状态，就可以使用我们的服务：

```
curl -I swarm-master/api/v1/books
```

回复输出如下：

```
HTTP/1.1 200 OK
Server: nginx/1.9.9
Date: Tue, 19 Jan 2016 21:53:00 GMT
Content-Type: application/json; charset=UTF-8
Content-Length: 2
Connection: keep-alive
Access-Control-Allow-Origin: *
```

代理服务确实已经重新部署，一切都按预期工作。

如果停止其中一个基础架构服务，那么会删除整个 books-ms 实例吗？现在来删除服务容器，看看会发生什么：

```
export DOCKER_HOST=tcp://swarm-master:2375
docker rm -f $(docker ps --filter name=booksms --format "{{.ID}}")
```

打开 Jenkins 的 service-redeploy 控制台屏幕。Consul 可能需要几秒钟才能启

动新的版本。一旦开始，就只需要等待一段时间，直到构建完成运行。一旦看到
"Finished: Success" 消息，就可以仔细检查该服务是否确实可以正常工作，如图
15-19 所示。

```
true[Workflow] stage: Update proxy
Entering stage Update proxy
Proceeding
[Workflow] stash
Stashed 4 file(s)
[Workflow] Allocate node : Start
Running on swarm-master in /data/jenkins_slaves/swarm-master/workspace/service-
redeploy
[Workflow] node {
[Workflow] unstash
[Workflow] sh
[service-redeploy] Running shell script
+ sudo cp nginx-includes.conf /data/nginx/includes/books-ms.conf
[Workflow] sh
[service-redeploy] Running shell script
+ sudo consul-template -consul localhost:8500 -template nginx-upstreams-
blue.ctmpl:/data/nginx/upstreams/books-ms.conf:docker kill -s HUP nginx -once
[Workflow] sh
[service-redeploy] Running shell script
+ curl -X PUT -d blue http://localhost:8500/v1/kv/books-ms/color
  % Total    % Received % Xferd  Average Speed   Time    Time     Time  Current
                                 Dload  Upload   Total   Spent    Left  Speed

  0     0    0     0    0     0      0      0 --:--:-- --:--:-- --:--:--     0
100     8  100     4  100     4    782    782 --:--:-- --:--:-- --:--:--   800
true[Workflow] } //node
[Workflow] Allocate node : End
[Workflow] } //node
[Workflow] Allocate node : End
[Workflow] End of Workflow
Finished: SUCCESS
```

图 15-19 service-redeploy 的输出

```
docker ps --filter name=books --format "table {{.Names}}"
```

```
curl -I swarm-master/api/v1/books
```

两个命令的输出结果如下：

```
NAMES
swarm-node-2/booksms_app-blue_1
swarm-node-1/books-ms-db


...


HTTP/1.1 200 OK
Server: nginx/1.9.9
Date: Tue, 19 Jan 2016 22:05:50 GMT
Content-Type: application/json; charset=UTF-8
Content-Length: 2
Connection: keep-alive
Access-Control-Allow-Origin: *
```

我们的服务确实是通过代理运行和访问的。该系统可以自我修复，可以在任何 Swarm 节点上停止几乎任何进程，只要延迟几秒钟，系统就会自动恢复到以前的状态。我们唯一没有尝试的是停掉整个节点，这样的操作需要对脚本进行一些改动，稍后会探讨如何改动。请注意，这是一个演示，并不意味着系统现在已经准备好用于生产环境了。不过，差的也不算太远。经过一些调整，你可以考虑将它应用于你的系统。你可能需要添加一些通知（电子邮件、Slack 等），并根据你的需要调整流程。重要的部分是过程。一旦明白了我们想要什么，以及如何到达那里，其余的通常只是一个时间问题。

到现在，我们的流程如下：

- Consul 定期发送 HTTP 请求，运行自定义脚本或等待来自服务的生存时间（TTL）消息。

- •如果 Consul 的请求没有返回状态码 200，则脚本返回非零退出代码，或者没有收到 TTL 消息，Consul 向 Jenkins 发送请求。

- 收到 Consul 的请求后，Jenkins 启动重新部署过程，发送通知信息等，如图 15-20 所示。

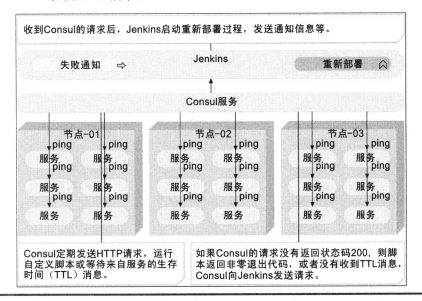

图 15-20　检查并修复 Consul 的 ping 服务

我们探讨了一些反应式自我修复的例子。要建立自己的系统，仅这些是绝对不够的，但希望这能为你提供更深入的探索途径，以适应自己的需求。现在我们把注意力放在可以采取的预防措施上。下面将考察预设服务的扩展和收缩，它是一个很好的能引入预防式自我修复的候选对象，因为它可能是最容易实现的了。

15.5　预设扩展和收缩的预防式自我修复
Preventive Healing through Scheduled Scaling and Descaling

预防式自适应本身是一个巨大的话题，除了最简单的情况外，几乎所有情况下都需要历史数据用来分析系统并预测未来。既然在这一刻既没有数据，也没有生成它们的工具，那么将从一个非常简单的不需要任何东西的例子开始。

现在将探讨的情况如下。我们在经营一家在线书店，营销部门决定，从新年前夕开始，所有读者都可以以折扣买到书籍。这个活动将持续一天，我们期望它会产生巨大的利润。用技术术语来说，这意味着在此 24 小时期间，从 1 月 1 日的午夜开始，我们的系统将承受沉重的负载。我们应该做什么？现在已经有了让我们能够扩展系统（或系统中受影响最大的部分）的流程和工具。我们需要做的是在活动开始之前对选定的服务进行扩展，一旦结束，就将其恢复到原始状态。问题是，没有人想在办公室加班庆祝新年。我们可以使用 Jenkins 很容易地解决这个问题。我们可以创建一个定时作业，扩大服务规模，在这之后，再缩小服务规模。解决了这个问题后，又出现了另一个问题。我们应该扩展多少个实例？可以预先定义一个数字，但存在这个数字可能并不合适的风险。例如，可以决定扩展到三个实例（此时我们只有一个）。从今天到促销开始之间，由于某些其他原因，实例数量可能会增加到五个。在这种情况下，我们不仅没有增加系统的能力，反而会降低的能力。我们预定的作业将把服务实例数量从五个减为三个。使用相对值可能就解决了这个问题。与其指定系统应该缩放到三个实例，不如以将实例的数量增加两个的方式进行设置。如果有一个实例运行，这样，一个进程将再启动两个，并将总数增加到三个。另一方面，如果有人已经将服务扩展到五个，最后在集群中会运行七个容器。促销结束后可以采用类似的逻辑。我们可以创建第二个定时作业，将运行实例的数量减少两个，从三个到一个，从五个到三个。在那一刻正在运行的实例数目是多少并不重要，因为总归会在这个基础上减少两个。

这种预防式自我修复的过程类似于疫苗接种的使用。它们的主要用途不是治愈现有的感染，而是增强免疫力，防止它们开始传播。同样，我们将调度扩展（以及之后的收缩），以防止增加的负载以意想不到的方式影响我们的系统。我们并不是修复受感染的系统，而是防止它变坏。

下面看看这个流程是怎么做的。

请打开 Jenkins books-ms-scale 配置屏幕。

作业的配置非常简单。它有一个名为 scale 的参数，默认值为 2。这个参数可以在开始构建时进行调整。构建触发器设置为以 45 23 31 12 的值周期性地构建。如果你已经使用 cron 做过定时，这应该看起来很熟悉。格式为 MINUTE HOUR DOM MONTH DOW，第一个数字代表分钟，第二个数字代表小时，第三个数字代表月份的一天，接着是月份和一周中的一天。星号可以是任何数。所以，我们正在使用的值是在第二十三个小时的第十五分钟，在第十二个月的第三十一天，换句话说，新年前夕十五分钟。这个时间足够让我们增加活动开始前的实例数量。有关定时格式的详细信息，请单击附图标记位于"Schedule*"右侧的带有问号的图标。

第三也是最后，作业的部分配置如下所示：

```
node("cd") {
    def serviceName = "books-ms"
    def swarmIp = "10.100.192.200"

    def flow = load "/data/scripts/workflow-util.groovy"
    def instances = flow.getInstances(serviceName, swarmIp).
toInteger() + scale.toInteger()
    flow.putInstances(serviceName, swarmIp, instances)
    build job: "service-redeploy", parameters: [[$class:
"StringParameterValue", name: "serviceName", value: serviceName]]
}
```

没必要复制粘贴代码，因为可以直接使用 roles/jenkins/files/scripts/workflow-util.groovy 脚本中定义的辅助函数。

首先定义我们想要运行的实例数。可以将 scale 参数的值（默认为两个）加上服务当前使用的实例数，得到我们想要运行的实例数。也可以通过调用本书的几个案例中已经用到的 getInstances 函数得到服务当前使用的实例数。这个新的实例数值通过 putInstances 函数传递给了 Consul。最后，构建 service-redeploy 作业，该作业负责重新部署。总之，由于 service-redeploy 作业从 Consul 读取实例数，所以脚本中要做的就是在 service-redeploy 构建之前，在Consul中更改 scale 值。从这儿开始，service-redeploy 作业就可以用来扩展容器数量。通过调用 service-redeploy 作业，用不着复制其他地方已经使用过的代码了，如图 15-21 所示。

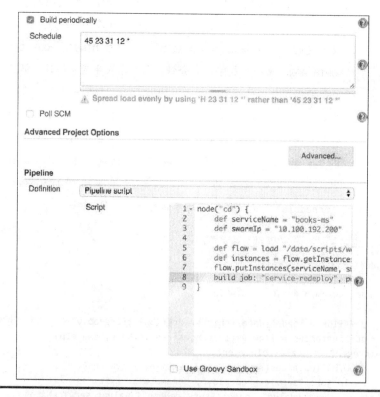

图 15-21　books-ms-scale 作业预设扩展的配置

现在有两条路可以走。一条路是等到新年前夕再确认作业是否有效。我姑且冒失地假设你没有这么多的耐心，并决定采取另一种方案。下面将手动运行作业。在开始运行之前，我们来看一下 Swarm 集群当前的状况：

```
export DOCKER_HOST=tcp://swarm-master:2375

docker ps --filter name=books --format "table {{.Names}}"

curl swarm-master:8500/v1/kv/books-ms/instances?raw
```

这些命令的输出如下：

```
NAMES
swarm-node-1/booksms_app-blue_1
swarm-node-2/books-ms-db
...
1
```

可以看到 books-ms 服务只有一个实例(booksms_app-blue_1)在运行，Consul 的 books-ms/instances 键值为 1。

现在来运行 Jenkins 的 books-ms-scale 作业。如果一切都按预期工作，它应该将 books-ms 的实例数量增加两个，共计三个。请打开 books-ms-scale 构建屏幕，然后单击 Build 按钮。你可以通过打开 books-ms-scale 控制台屏幕来监视进度，你将看到，Consul 在存储新的实例数之后将进行 service-redeploy 作业的构建。几秒钟之后构建将结束，现在可以验证结果：

```
docker ps --filter name=books --format "table {{.Names}}"

curl swarm-master:8500/v1/kv/books-ms/instances?raw
```

这些命令的输出如下：

```
NAMES
swarm-node-2/booksms_app-blue_3
swarm-node-1/booksms_app-blue_2
swarm-node-1/booksms_app-blue_1
swarm-node-2/books-ms-db
...
3
```

从上可以看到，这次服务有三个实例正在运行。可以从 Consul UI 的

key/value books-ms/instances 页面观察到相同的结果，如图 15-22 所示。

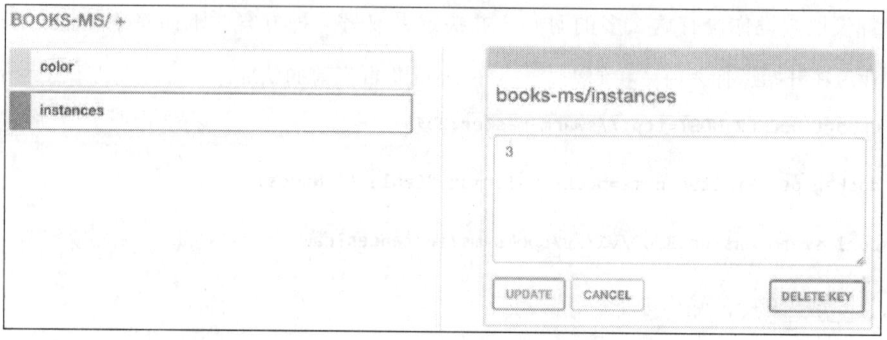

图 15-22　books-ms 键/值对的 Consul 界面

系统现在已经准备好承担这 24 小时内增加的负载。正如你所看到的，我们非常慷慨地安排它在到期日前 15 分钟运行。构建只持续了几秒钟。可以通过跳过 service-redeploy 作业的配置部分来加速。我会把它作为练习留给你。

> **给 service-redeploy 作业添加条件**
>
> 修改 Jenkins service-redeploy 作业，以便配置是可选的。你要添加一个布尔值的参数，并在 workflow 脚本中添加一条 if/else 语句。请确保参数的默认值设置为 true，以便始终执行配置，除非另有说明。一旦完成，切换到 books-ms-scale 作业的配置并修改它，让调用 service-redeploy 作业传递跳过配置的参数。

24 小时过去，促销活动结束了之后会发生什么情况？Jenkins 的 books-ms-descale 作业将运行，它与 books-ms-scale 作业类似，有两个显著的差异。scale 参数设置为 -2，计划在 1 月 2 日以后的午夜 15 分钟（15 0 2 1 *）运行。我们给系统十五分钟的冷却时间。Workflow 脚本是一样的。

可以通过打开 books-ms-descale 构建屏幕并单击 Build 按钮来运行它。它会将实例数减少两个，并运行 service-redeploy 作业的构建。结束后，可以再看一下我们的集群：

```
docker ps --filter name=books --format "table {{.Names}}"

curl swarm-master:8500/v1/kv/books-ms/instances?raw
```

这些命令的输出如下：

```
NAMES
swarm-node-1/booksms_app-blue_1
swarm-node-2/books-ms-db
...
1
```

再回到开始的地方。活动已经结束，服务从三个实例减少到一个实例。Consul 里的值也恢复了。这个系统从在我们的新年前夜打折中幸存下来，并生意兴隆，令人高兴的是，我们成功地服务了所有人，生活一如既往。

可以创造不同的公式来实现我们的目标。它可能就像把现有实例的数量翻倍这么简单。这可能更接近现实的场景一点。与其添加两个新的容器，不如把容器数量增加两倍。如果以前运行了三个实例，那么就运行六个实例。可以想象，这些公式往往会更加复杂。更重要的是，他们需要更多的考虑。如果不是只运行一个服务，而是运行五十个不同的服务，那么我们不会对所有这些服务应用相同的公式。有些需要大量扩展，有些不需要那么多，而其他的则完全不需要。最好的方法是采用某种压力测试来告诉我们哪块系统需要扩展，以及扩展程度如何。有很多工具可以运行这些测试，（我最喜欢的）JMeter 和 Gatling 就是其中几个。

我在本章开头提到预防式自我修复是基于历史数据的。这个例子非常简陋，但非常有效和简单。在这种情况下，历史数据在我们的头脑中。我们知道营销活动将增加服务的负载，并采取行动来避免潜在的问题。创造预防式自我修复的真正方式不只是用更多的记忆就可以的，也更为复杂。它需要能够存储和分析数据的系统。第 16 章将讨论这样一个系统的需求。

采用 Docker 重启策略的预防式自我修复
Reactive Healing with Docker Restart Policies

熟悉 Docker 的人可能会问为什么没有提到 Docker 重启策略。乍一看，它们似乎是恢复故障容器的非常有效的方法，也确实是确定什么时候重新启动容器的最简单的方法。我们可以在 docker run（或 Docker Compose 的等同定义）使用--restart标志，并在退出时重新启动容器。表 15-1 总结了当前支持的重新启动策略。

表 15-1　当前支持的重新启动策略

策　略	结　果
no	退出时不自动重新启动容器。这是默认值
on-failure[:max-retries]	仅当容器以非零退出状态退出时重新启动。可选地，限制 Docker 守护进程尝试重新启动的重试次数
always	无论退出状态如何，始终重启容器。当你指定 always 时，Docker 守护进程将尝试无限次重新启动该容器。容器也将不管容器的当前状态如何，始终在守护进程启动时启动
unless-stopped	不管退出状态如何，始终重新启动容器，但是，如果容器已经处于停止状态，则不要在守护进程启动时启动它

重启策略的使用示例如下（请不要运行）。

```
docker run --restart=on-failure:3 mongo
```

在这种情况下，mongo 将重新启动三次。只有当 mongo 容器中运行的进程以非零状态退出时才会重新启动。如果停掉这个容器，则不会应用重新启动策略。

重启策略的问题是没有考虑极端情况。在容器内运行的进程可能会由于并不与容器直接相关的失败而失败。例如，容器内的服务可能会尝试通过代理连接到数据库。如果连接无法建立，该容器可能会按设计被终止。如果由于某些原因，代理所在的节点不可操作，则重启容器多少次都没用，结果始终是一样的。尝试重启没有错，但需要有人或早或晚能注意到这个问题。可能需要运行配置脚本以将系统恢复到所需的状态。可能需要添加更多的节点到集群。甚至整个数据中心都不能工作。不管出于什么原因，重启策略允许的操作远远少于我们本来可能需要的操作。因此，我们需要一个更健全的系统来应对所有这些情况，现已在创造它的路上。我们建立的流程比简单的重启策略要强大很多，它已经涵盖 Docker 重启策略可以解决的问题。其实，现在还涵盖了更多的路。我们使用 Docker Swarm执行容器编排，以确保将服务部署到集群内最适合的节点。我们使用 Ansible 持续进行部署配置集群，从而确保整个基础设施处于正确的状态。我们使用 Consul 并结合 Registrator 和 Consul Template 进行服务发现，以确保所有服务的注册表始终是最新的。最后，Consul 健康检查正在不断地监测集群的状态，如果发生故障，就向 Jenkins 发送请求，启动适当的纠正措施。

我们遵循 Docker 的适可而止原则，根据需求来扩展系统。

将 On-Premise 与云节点结合
Combining On-Premise with Cloud Nodes

我不会讨论是使用 on-premise 内部部署服务器还是使用云托管。二者都有其优点和缺点，决定使用什么取决于个人需求。此外，这个讨论更适合集群和扩展章节。然而，有个用例是明显适合云托管的，至少非常符合本章一个场景的需求。

当我们需要临时增加集群容量时，云托管就会脱颖而出，我们虚构的新年前夕促销活动场景就是一个很好的例子。我们需要在这一天里提高系统的容量。如果你已经在云端托管了所有服务器，那么这个场景需要创建更多的节点，并在负载降低到原来的大小后销毁这些节点。另一方面，如果你使用的是内部部署服务器，那么也可以只针对那些额外要添加的节点与云托管签订合约。购买一组仅在短期内使用的新服务器代价很昂贵，特别是考虑到成本不仅包含硬件的价格，还包括维护成本。如果在这种情况下使用云端节点，那么只有在使用这些节点的时候才需要付账（假设在之后销毁它们的话）。由于我们有配置和部署服务的所有脚本，所以安装这些节点几乎毫不费力。

就个人而言，我更喜欢 on-premise 和云托管的组合。我的 on-premise 服务器已充分考虑到最小容量的需求，每当需要暂时增加容量时，就创建云托管节点（并在之后销毁它们）。请注意，这种组合只是我个人的喜好，可能不适用于你的用例。

重要的是，你从本书中学到的一切同样适用于这两种情况（on-premise 或云端）。唯一不同的是，你不应该在生产服务器上使用 Vagrant。我们只有在笔记本电脑上快速创建虚拟机才会使用它。如果你想要查找与 Vagrant 类似的在生产环境上创建虚拟机的方式，我建议你研究另一种名为 Packer 的 HashiCorp 产品。

15.6　自我修复系统（到目前为止）总结
Self-Healing Summary (So Far)

到目前为止，我们所构建的东西在某些方面与 Kubernetes 和 Mesos 提供的现成功能很接近，而其他方面则超出其提供的功能。我们开发系统的真正优势在于它能够根据你的需求进行调整。这不是说不应该使用 Kubernetes 和 Mesos，而是应该至少熟悉它们。不要想当然地相信任何人的话（甚至包括我的话）。尝试一下，并得出自己的结论。有多少项目就有多少用例，每个用例都与其他的不同。在某些情况下，虽然我们建立的系统会提供很好的基础，但还有其他情况，如 Kubernetes 或 Mesos 可能更合适。我不能在一本书中详细介绍所有可能适合的组合，那样本书的范畴就大到无法掌控。

相反，我选择探索如何构建高度可扩展的系统。现在我们使用的几乎任何部分都可以扩展，或者用另一个替代。我觉得这种方法为你提供了更多的采用示例来满足自己需求的可能性，同时，不仅要学习它们是如何工作的，还要明白我们为什么选择它。

虽然我们从本书不起眼的开头做了很多延伸，但这不意味着到此为止。自我修复系统的研究还要继续。然而，首先要把注意力转移到如何搜集集群内信息。

由于自我修复系统课程的第一部分即将结束，现在让我们摧毁虚拟机，开始新篇章。

你应该知道接下来会发生什么。现在会销毁我们所做的一切，第 16 章从零开始介绍。

```
exit
```

```
vagrant halt
```

第 16 章

集中日志和监控
Centralized Logging and Monitoring

我的生活太混乱了，现在已变得正常。你要对它们习以为常。你只需要放松、冷静、深呼吸，然后试试看你能不能把事情搞定，而不是抱怨它们有多么不合理。

——汤姆·威林

对 DevOps 实践和工具的探索引导我们走向集群和扩展。因此，我们开发了一个系统，可以以一种简单且高效的方式将服务部署到集群。结果是在可能由许多服务器组成的集群上运行的容器数量不断增加。监控一个服务器很简单，但在一个服务器上监控许多服务有些困难，而在许多服务器上监控许多服务则需要一种全新的思维方式和一套全新的工具。在你开始拥抱微服务、容器和集群的思维后，部署的容器数目会急剧增加。这同样适用于组成集群的服务器。我们不能再登录到一个节点上查看日志，因为有太多的日志要查看。最重要的是，它们分布在许多服务器之间。前一天在一台服务器上部署了两个服务实例，但后一天可能将八个实例部署到六台服务器上，对于监控来说也如此。旧工具，如 Nagios，不能适应运行服务器和服务的不断变化。我们使用 Consul，它提供一种不同的（不能说新的）方法，以在达到阈值时进行近乎实时的监控和反应管理。但是，这还不够。

虽然实时监控信息有价值，但它不能提供失败发生的原因；虽然知道服务没有响应，但是不知道为什么。

我们需要系统的历史信息。这个信息的形式可以是日志、硬件利用率、健康检查，等等。存储历史数据这个需求不算新颖，但它已经存在很长时间。然而，随着时间的变化，信息传播的方向也发生了变化。而过去，大多数解决方案都是基于集中式数据收集器的，现在，由于服务和服务器的极度动态化，因此，我们倾向于将数据收集器分散化。

集群日志记录和监视所需要做的是将分散的数据信息发送到集中的解析服务器上。有很多专门为满足这一要求而设计的产品，从内部部署到云解决方案，以及介于二者之间的产品。我们可以使用诸多解决方案，例如 FluentD、Loggly、GrayLog、Splunk 和 DataDog。我选择通过 ELK 协议栈（ElasticSearch、LogStash 和 Kibana）向你展示这些概念，它具有免费、文档充分、效率高和使用广泛的优点。ElasticSearch 是实时搜索和分析的最佳数据库之一，它是分布式的、可扩展的、高可用的，并提供了一个复杂的 API。LogStash 允许我们集中数据处理，它可以很容易地扩展成自定义数据格式，并提供大量的几乎满足任何需要的插件。Kibana 是一个分析和可视化平台，具有直观的界面，位于 ElasticSearch 之上。使用 ELK 协议栈并不意味着它是最好的解决方案，这都取决于具体用例和特定需求。我将介绍使用 ELK 协议栈进行集中日志记录和监控的原理。一旦理解了这些原理，你可以在选择其他栈的时候也应用这些原理。

我们改变了讨论问题的顺序，在讨论集中日志的需求之前，先选择了工具。下面补救一下。

16.1　集中日志的需求
The Need for Centralized Logging

大多数情况下，日志信息会被写入文件中。这并不是说写入文件是唯一的方法，也不是说它是最有效的存储日志的方法。然而，由于大多数团队正在以某种形式使用基于文件的日志，所以我暂时假设你的情况也是如此。

如果幸运的话，每个服务或应用程序只有一个日志文件。然而，通常情况下，服务输出信息有多个文件。大多数时候，我们不在乎日志中写的内容。当事情运作良好时，不需要把宝贵的时间花在浏览日志上。日志不是我们用来消磨时间的小说，也不是一本我们花时间来提高知识的技术书。日志是在当某些事情发生错误时，它能提供有价值的信息。

情况看起来很简单。我们将信息写入日志、忽略大部分时间，当出现问题时，我们会及时查询日志并找到问题发生的原因，至少很多人都是这么认为的。现实要比这复杂多了。除了最简单的系统外，调试过程要复杂得多。应用程序和服务几乎总是相互关联的，通常不容易知道是哪一个导致出现了问题。虽然可能问题显示在一个应用程序中，但调查原因往往表明在另一个应用程序上。例如，服务可能无法实例化。花了一段时间读日志后，可能就会发现原因在数据库，该服务无法连接到它并且无法启动。虽然知道了症状，但还是不知道原因，所以需要切换到数据库日志来找到它。有了这个简单的例子，现在已经明白只看一个日志是不够的。

随着集群上分布式服务的运行，情况的复杂度呈指数增长。哪个服务实例出现故障？它运行在哪个服务器上？启动请求的上游服务是什么？罪魁祸首所在节点的内存和硬盘使用情况如何？正如你可能已经猜到的一样，要成功发现原因，寻找、收集和过滤信息往往非常困难。系统越大，就越难。即使是单块应用程序，事情也容易失控。如果采用（微）服务的方式，这些问题就越多。除了最简单的最小的系统外，集中式日志记录是必需的。相反，我们许多人，当出现问题时，开始从一个服务器跑到另一个服务器，从一个文件跳到另外一个文件，像一只没头的鸡——没有方向地奔跑。我们倾向于接受日志给我们带来的混乱，并将其视为我们专业性的一部分。

我们从集中式日志中寻求什么？

集中式日志带来的诸多好处中，最重要的如下。

- 一种解析数据并将其近乎实时地发送到中心数据库的方法。

- 数据库处理近乎实时数据查询和分析的能力。

- 通过过滤后的图表、仪表板等呈现数据的可视化。

我们已经选择了能够满足所有这些要求（以及更多）的工具。ELK 协议栈（LogStash、ElasticSearch 和 Kibana）可以做到这些。就像探索的所有其他工具一样，这个协议栈很容易扩展，以满足我们设定的特殊需求。

现在我们对想要完成什么工作、用什么工具来完成有了一个模糊的认识，下面探讨一些可以使用的日志策略。我们将从最常用的场景开始，并且会慢慢采用更复杂和更高效的方式来制定日志策略。

无需进一步讨论，现在来创建将用于实验集中式日志记录并稍后将用于监控的环境。我们会创建三个节点。你应该已经熟悉 cd 和 prod 虚拟机。第一个节点主要用于配置，第二个节点用来充当生产服务器。我们将介绍一个叫日志记录的新的虚拟机，模拟一个旨在运行所有日志记录和监视工具的生产服务器。理想情况下，我们将在比如 Swarm 集群上来运行案例，而不是在单个生产服务器（prod）上。这会让我们看到更多生产环境的好处。然而，由于前几章已经突破了在单个笔记本电脑上运行的限制，我不想冒险，所以仍然选择使用单个虚拟机。话虽如此，所有的例子同样适用于一个、十个、百个或千个服务器。把它们扩展到整个集群也应该没有问题：

```
vagrant up cd prod logging
vagrant ssh cd
```

16.2 向 ElasticSearch 发送日志条目
Sending Log Entries to ElasticSearch

首先使用 ELK 协议栈（ElasticSearch、LogStash 和 Kibana）配置日志记录服务器。现在继续使用 Ansible 进行配置，它是我们最喜欢的配置管理工具。

让我们运行 elk.yml playbook，在它执行的过程中对它做一些研究：

```
ansible-playbook /vagrant/ansible/elk.yml \
  -i /vagrant/ansible/hosts/prod \
  --extra-vars "logstash_config=file.conf"
```

这个 playbook 的定义如下：

```
- hosts: logging
  remote_user: vagrant
  serial: 1
  roles:
    - common
    - docker
    - elasticsearch
    - logstash
    - kibana
```

前面已经使用过 common 和 docker role 很多次，这次可以略过它们，直接跳到 roles/elasticsearch/tasks/main.yml 文件定义的 elasticsearch 任务，代码如下：

```
- name: Container is running
  docker:
    name: elasticsearch
    image: elasticsearch
    state: running
    ports:
      - 9200:9200
    volumes:
      /data/elasticsearch:/usr/share/elasticsearch/data
  tags: [elasticsearch]
```

感谢 Docker，现在所要做的就是运行官方的 elasticsearch 镜像，它通过端口 9200 暴露其 API，并且定义用于在主机中保留数据的单个卷。

下一行是 logstash role。在 roles/logstash/tasks/main.yml 文件中设置的任务如下：

```
- name: Directory is present
  file:
    path: "{{ item.path }}"
    recurse: yes
    state: directory
    mode: "{{ item.mode }}"
  with_items: directories
  tags: [logstash]

- name: File is copied
  copy:
    src: "{{ item.src }}"
    dest: "{{ item.dest }}"
  with_items: files
  tags: [logstash]

- name: Container is running
docker:
    name: logstash
    image: logstash
    state: running
    expose:
      - 5044
      - 25826
      - 25826/udp
      - 25827
      - 25827/udp
    ports:
      - 5044:5044
      - 5044:5044/udp
      - 25826:25826
      - 25826:25826/udp
      - 25827:25827
      - 25827:25827/udp
    volumes:
      - /data/logstash/conf:/conf
      - /data/logstash/logs:/logs
    links:
      - elasticsearch:db
    command: logstash -f /conf/{{ logstash_config }}
  tags: [logstash]
```

虽然比 elasticsearch 任务重得多，但它们还是挺直观的。它们会创建一个目录，复制在本章中使用的几个配置文件，并运行官方的 logstash 镜像。由于我们会尝试好几个场景，因此需要公开及定义不同的端口。这个role公开了两个卷。第一个卷用来保存配置文件，而第二个卷将作为目录放置一些日志。最后，任务创建到 elasticsearch 容器的链接，并指定 command 应该使用变量中定义的配置文件启动 logstash。用于运行 playbook 的命令包含设置为 file.conf 的

logstash_config 变量。让我们快速看一看，如下：

```
input {
  file {
    path => "/logs/**/*"
  }
}

output {
  stdout {
    codec => rubydebug
  }
  elasticsearch {
    hosts => db
  }
}
```

LogStash 配置包括三个主要部分：输入、输出和过滤器。现在将跳过过滤器，专注于其他两个。

输入部分定义一个或多个日志源。这种情况下，定义输入应该通过文件插件处理，path 设置为/logs/**/*。一个星号表示任何文件或目录，连续两个表示任何目录或子目录中的任何文件。/logs/**/*值可以描述为/log/目录或其任何子目录中的任何文件。请记住，尽管这里我们只指定了一个输入，但可以有并且经常有多个输入。有关所有支持的输入插件的更多信息，请参阅官方输入插件页面。

输出部分定义了输入收集的日志条目目的地。在这种情况下，我们设定两个输出。第一个输出是使用 stdout 输出插件，使用 rubydebug 将所有内容打印到标准输出。请注意，使用 stdout 仅供演示目的，以便我们快速查看结果。在生产环境中，出于性能原因，你最好删除它。第二个输出比较有意思，它使用 ElasticSearch 输出插件将所有日志条目发送到数据库。请注意，hosts 变量设置为 db。由于链接了 logstash 和 elasticsearch 容器，所以 Docker 在/etc/hosts 文件中创建了 db 条目。有关所有支持输出插件的详细信息请参阅 https://www.elastic.co/guide/en/logstash/current/outputplugins.html。

这个配置文件可能是我们可以着手的最简单的文件。在开始研究它之前，我们来看看 ELK 协议栈中的最后一个元素。Kibana 将提供可用于与 ElasticSearch 交互的用户界面。kibana 的 role 任务定义在 roles/kibana/tasks/main.yml 里。它包含备份还原任务，我们现在先跳过它，只集中在运行容器的部分，代码如下：

```
- name: Container is running
  docker:
    image: kibana
    name: kibana
    links:
      - elasticsearch:elasticsearch
    ports:
      - 5601:5601
  tags: [kibana]
```

就像 ELK 协议栈的其余部分一样，Kibana 具有 Docker 的官方镜像。我们所要做的就是将容器链接到 elasticsearch，并公开将用于访问 UI 的端口 6501。我们会很快看到 Kibana。

在模拟一些日志条目之前，需要进入运行 ELK 协议栈的 logging 节点：

```
exit
```

```
vagrant ssh logging
```

由于/data/logstash/logs 卷与容器共享，并且 LogStash 正在监视其中的所有文件，所以可以创建一个带有单个条目的日志：

```
echo "my first log entry" \
    >/data/logstash/logs/my.log
```

现在来看看 LogStash 的输出发生了什么：

```
docker logs logstash
```

请注意，在处理第一个日志条目之前可能需要几秒钟，因此，如果 docker logs 命令没有返回任何内容，请重新执行。相同文件的新条目会处理得更快一些：

输出如下：

```
{
           "message" => "my first log entry",
          "@version" => "1",
        "@timestamp" => "2016-02-01T18:01:04.044Z",
              "host" => "logging",
              "path" => "/logs/my.log"
}
```

如你所见，LogStash 处理了 my first log entry，并添加了一些附加信息。我们得到了时间戳、主机名和日志文件的路径。

再添加一些新的条目：

```
echo "my second log entry" \
   >>/data/logstash/logs/my.log

echo "my third log entry" \
   >>/data/logstash/logs/my.log

docker logs logstash
```

命令 docker logs 的输出如下：

```
{
        "message" => "my first log entry",
       "@version" => "1",
     "@timestamp" => "2016-02-01T18:01:04.044Z",
           "host" => "logging",
           "path" => "/logs/my.log"

}
{
        "message" => "my second log entry",
       "@version" => "1",
     "@timestamp" => "2016-02-01T18:02:06.141Z",
           "host" => "logging",
           "path" => "/logs/my.log"
}
{
        "message" => "my third log entry",
       "@version" => "1",
     "@timestamp" => "2016-02-01T18:02:06.150Z",
           "host" => "logging",
           "path" => "/logs/my.log"
}
```

正如所预期的那样，三个日志条目都由 LogStash 处理了，现在是通过 Kibana 进行可视化的时候。请从浏览器打开 http://10.100.198.202:5601/。由于这是第一次运行 Kibana，所以它会要求我们先配置一个索引模式。幸运的是，它已经确定了索引格式是(logstash-*)，以及哪个字段包含时间戳（@timestamp）。请点击

Create 按钮，然后点击顶部菜单中的 Discover，如图 16-1 所示。

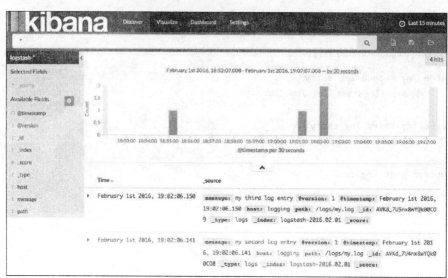

图 16-1　Kibana Discover 页面显示有一些日志条目

默认情况下，"Discover"页面将显示过去 15 分钟内 ElasticSearch 中生成的所有条目。我们将在稍后生成更多日志时研究这个页面提供的功能。现在，请点击其中一个日志条目最左侧的箭头。你将看到 LogStash 生成并发送到 ElasticSearch 的所有字段。目前，由于我们不使用任何过滤器，所以这些字段仅限于表示整个日志条目的 message，以及 LogStash 生成的几个通用字段。

我们使用的示例很简单，甚至看起来不像日志条目。现在来增加日志的复杂性。我将使用自己准备的几个条目。示例日志位于/tmp/apache.log 文件中，它包含遵循 Apache 格式的几个日志条目。其内容如下：

```
127.0.0.1 - - [11/Dec/2015:00:01:45 -0800] "GET /2016/01/11/the-devops-
2-0-toolkit/ HTTP/1.1" 200 3891 "http://technologyconversations.com"
"Mozilla/5.0 (Macintosh; Intel Mac OS X 10.9; rv:25.0) Gecko/20100101
Firefox/25.0"
127.0.0.1 - - [11/Dec/2015:00:01:57 -0800] "GET /2016/01/18/clustering-
and-scaling-services/ HTTP/1.1" 200 3891 "http://technologyconversations.
com" "Mozilla/5.0 (Macintosh; Intel Mac OS X 10.9; rv:25.0)
Gecko/20100101 Firefox/25.0"
127.0.0.1 - - [11/Dec/2015:00:01:59 -0800] "GET /2016/01/26/self-
healing-systems/ HTTP/1.1" 200 3891 "http://technologyconversations.com"
```

```
"Mozilla/5.0 (Macintosh; Intel Mac OS X 10.9; rv:25.0) Gecko/20100101
Firefox/25.0"
```

由于 LogStash 希望在/data/logstash/logs/目录中找到日志文件，因此可以

复制示例：

```
cat /tmp/apache.log \
    >>/data/logstash/logs/apache.log
```

现在来看看 LogStash 产生的输出：

```
docker logs logstash
```

LogStash 可能需要几秒钟才能检测到有一个新的文件需要监视。如果 docker

logs 输出不显示任何新内容，则请重复执行该命令。输出应类似于以下内容：

```
{
        "message" => "127.0.0.1 - - [11/Dec/2015:00:01:45 -0800] \"GET
    /2016/01/11/the-devops-2-0-toolkit/ HTTP/1.1\" 200 3891 \"http://
    technologyconversations.com\" \"Mozilla/5.0 (Macintosh; Intel Mac OS X
    10.9; rv:25.0) Gecko/20100101 Firefox/25.0\"",
        "@version" => "1",
      "@timestamp" => "2016-02-01T19:06:21.940Z",
            "host" => "logging",
            "path" => "/logs/apache.log"
}
{
        "message" => "127.0.0.1 - - [11/Dec/2015:00:01:57 -0800] \"GET
    /2016/01/18/clustering-and-scaling-services/ HTTP/1.1\" 200 3891
    \"http://technologyconversations.com\" \"Mozilla/5.0 (Macintosh; Intel
    Mac OS X 10.9; rv:25.0) Gecko/20100101 Firefox/25.0\"",
      "@version" => "1",
      "@timestamp" => "2016-02-01T19:06:21.949Z",
            "host" => "logging",
            "path" => "/logs/apache.log"
}
{
        "message" => "127.0.0.1 - - [11/Dec/2015:00:01:59 -0800]
    \"GET /2016/01/26/self-healing-systems/ HTTP/1.1\" 200 3891 \"http://
    technologyconversations.com\" \"Mozilla/5.0 (Macintosh; Intel Mac OS X
    10.9; rv:25.0) Gecko/20100101 Firefox/25.0\"",
        "@version" => "1",
      "@timestamp" => "2016-02-01T19:06:21.949Z",
            "host" => "logging",
            "path" => "/logs/apache.log"
}
```

从运行在 http://10.100.198.202:5601/ 上的 Kibana 可以观察到同样的数据。

刚刚开始我们就已经取得了巨大的进步。当服务器发生故障时，无需知道哪个服务失败，也无需知道其日志在哪里。我们可以从一个地方获取这个服务器的所有日志条目。任何人，无论是开发人员、测试人员、操作员还是任何其他角色，都可以打开在该节点上运行的 Kibana，并检查所有服务和应用程序的所有日志。

Apache 日志的最后一个例子比我们的第一个例子更偏向生产环境一点。但是，条目仍然存储为一个长消息。虽然 ElasticSearch 几乎可以搜索任何格式，但我们还是应该帮点忙，试着将日志分割成多个字段。

解析文件条目
Parsing Log Entries

之前提到 LogStash 配置包括三个主要部分：输入、输出和过滤器。以前的例子只用到了输入和输出，现在是介绍第三部分的时候了。我已经准备好在 roles/logstash/files/file-with-filters.conf 文件中找到一个示例配置，其内容如下：

```
input {
file {
    path => "/logs/**/*"
  }
}

filter {
  grok {
   match =>{ "message" => "%{COMBINEDAPACHELOG}" }
  }
  date {
   match => [ "timestamp" , "dd/MMM/yyyy:HH:mm:ss Z" ]
  }
}

output {
```

```
    stdout {
      codec => rubydebug
    }
    elasticsearch {
      hosts => db
    }
  }
```

输入和输出部分与以前相同，不同之处在于添加了过滤器。与输入和输出一样，可以使用一个或多个过滤器插件。在本例中，我们指定应该使用 grok 过滤器插件。若没有其他原因，grok 插件的官方描述都应该促使你至少尝试一下。

Grok 是目前 logstash 中将最杂乱的非结构化日志数据解析为结构化和可查询的最佳方式。

Grok 基于正则表达式，LogStash 已经有很多模式，可以在 https://github.com/logstash-plugins/logstash-patterns-core/blob/master/patterns/grok-patterns 代码库中找到。在我们的例子中，由于使用的日志与已经包含的 Apache 格式相匹配，所以必须告诉 LogStash 使用 COMBINEDAPACHELOG 模式来解析消息。接下来将会看到如何组合不同的模式，但现在，我们还是会使用 COMBINEDAPACHELOG 模式。

我们使用的第二个过滤器是通过 date 插件定义的，它会将日志条目的时间戳变换为 LogStash 格式。

请仔细研究过滤器插件，你可能会发现一个或多个适合你的需求的过滤器插件。

现在使用 file-with-filters.conf 文件替换 file.conf，重新启动 LogStash，看看它的表现如何：

```
sudo cp /data/logstash/conf/file-with-filters.conf \
    /data/logstash/conf/file.conf
```

```
docker restart logstash
```

使用新的 LogStash 配置，可以添加更多的 Apache 日志条目：

```
cat /tmp/apache2.log \
    >>/data/logstash/logs/apache.log

docker logs logstash
```

docker logs 命令输出的最后一个条目如下：

```
{
        "message" => "127.0.0.1 - - [12/Dec/2015:00:01:59 -0800]
\"GET /api/v1/books/_id/5 HTTP/1.1\" 200 3891 \"http://cadenza/xampp/
navi.php\" \"Mozilla/5.0 (Macintosh; Intel Mac OS X 10.9; rv:25.0)
Gecko/20100101 Firefox/25.0\"",
      "@version" => "1",
    "@timestamp" => "2015-12-12T08:01:59.000Z",
          "host" => "logging",
          "path" => "/logs/apache.log",
      "clientip" => "127.0.0.1",
         "ident" => "-",
          "auth" => "-",
     "timestamp" => "12/Dec/2015:00:01:59 -0800",
          "verb" => "GET",
       "request" => "/api/v1/books/_id/5",
   "httpversion" => "1.1",
      "response" => "200",
         "bytes" => "3891",
      "referrer" => "\"http://cadenza/xampp/navi.php\"",
         "agent" => "\"Mozilla/5.0 (Macintosh; Intel Mac OS X 10.9;
rv:25.0) Gecko/20100101 Firefox/25.0\""
}
```

正如你所看到的，原始消息依然存在。此外，这一次还多了一些其他字段。clientip、verb、referrer、agent，以及其他数据都已正确分离。这样能够更有效地过滤日志。

现在打开 Kibana 的运行地址 http://10.100.198.202:5601/。你会注意到，我们刚刚明明解析了三个日志条目，Kibana 却声称它没有找到任何结果。背后的原因在于第二个过滤器将日志的时间戳转换为 LogStash 格式了。默认情况下，由于 Kibana 显示的是最近 15 分钟的日志，而日志条目是在 2015 年 12 月之前进行的，所以它们确实超出了最近 15 分钟之外。点击屏幕右上角的 Last 15 minutes 按钮，选择 Absolute，选择从 2015 年 12 月 1 日至 12 月 31 日之前的时间范围，应该可以提供 2015 年 12 月的所有日志。

　　单击 Go 按钮，观察我们刚通过 LogStash 发送到 ElasticSearch 的三个日志已显示在屏幕上。你会注意到右侧菜单中有许多新字段，稍后会在探索 Kibana 过滤器时使用。现在需要注意的是，这次我们在把日志条目发送到 ElasticSearch 之前对它们进行了解析。

　　通过使用 LogStash 过滤器，我们改进了存储在 ElasticSearch 中的数据。这个解决方案要求整个 ELK 协议栈安装在同一台服务器上，这样才能看到从单个界面（Kibana）中拖出的所有日志。问题在于解决方案仅限于单个服务器。例如，如果我们有 10 台服务器，则需要安装 10 个 ELK 协议栈，这会带来相当大的资源开销。ElasticSearch 占用很多内存，LogStash 可能会获取比我们期望更多的 CPU。同样重要的是，虽然现有的解决方案是一个进步，但是还远远达不到理想状态。当尝试交叉引用不同的服务和应用程序时，仍然需要知道哪个服务器出现了问题，并且可能会从一个 Kibana 找到另一个 Kibana，如图 16-2 所示。

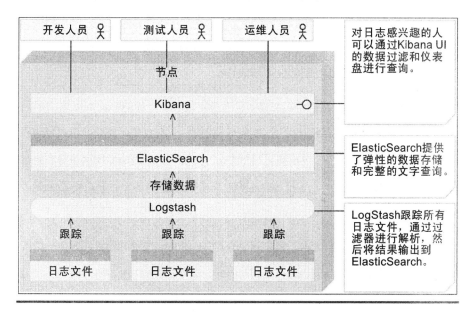

图 16-2　运行在单个服务器上的 ELK 协议栈

在介绍分散式日志和集中式日志解析的概念之前，让我们删除 LogStash 实例并回到 cd 节点：

```
docker rm -f logstash

exit

vagrant ssh cd
```

发送日志条目到集中式 LogStash
Sending Log Entries to a Central LogStash Instance

我们现在所做的事情到目前为止是有所裨益的，但它仍然不能解决所有日志都存放在一个地方的问题。目前，我们仍然把单个服务器上的所有日志放在单个位置。要怎么改呢？

一种简单的解决方案是在每个服务器上安装 LogStash，并将其配置为条目发送到远程 ElasticSearch。至少，这是我工作过的大多数企业的解决办法。那么我们也要这么做吗？答案是不。问题在于 LogStash 本身。虽然它是收集、解析和输出日志的绝佳解决方案，但是它使用的资源太多。在每个服务器上安装 LogStash 会导致巨大的浪费。所以，我们将使用 Filebeat。

Filebeat 是一个轻量级的日志文件传输工具，代表下一代的 LogStash 转发器。就像 LogStash 一样，它会记录日志文件。不同的是，它被优化为只记录和发送日志，不做任何解析。另一个区别是它是用 Go 语言编写的。这两点区别使得它的资源效率更高，占用空间小，这样可以在所有服务器上安全地运行它，而不会显著增加内存和 CPU 消耗。

在实际了解 Filebeat 之前，我们需要先对 LogStash 配置的输入部分做一些改动。新配置位于 roles/logstash/files/beats.conf 文件中，内容如下：

```
input {
  beats {
    port =>5044
  }
```

```
}

output {
  stdout {
    codec => rubydebug
  }
  elasticsearch {
    hosts =>db }
}
```

如你所见，唯一的区别在于输入部分。它使用了 beats 插件，并设置为监听端口 5044。使用这个配置，可以运行单个 LogStash 实例，并让所有其他服务器将其日志发送到这个端口。

让我们使用这些设置来部署 LogStash：

```
ansible-playbook /vagrant/ansible/elk.yml \
    -i /vagrant/ansible/hosts/prod \
    --extra-vars "logstash_config=beats.conf"
```

LogStash 现在运行在 logging 服务器中，并在端口 5044 上监听 beats 数据包。在把 Filebeat 部署到比如 prod 节点之前，让我们先快速浏览 prod3.yml playbook：

```
- hosts: prod
  remote_user: vagrant
  serial: 1
  roles:
    - common
    - docker
    - docker
    - compose
    - consul
    - registrator
    - consul-template
    - nginx
    - filebeat
```

唯一增加的是 roles/filebeat role。它的任务定义在 roles/filebeat/tasks/main.yml 文件中，具体如下：

```
- name: Download the package
  get_url:
    url: https://download.elastic.co/beats/filebeat/filebeat_1.0.1_amd64. deb
    dest: /tmp/filebeat.deb
  tags: [filebeat]
```

```
- name: Install the package
  apt:
    deb: /tmp/filebeat.deb
  tags: [filebeat]

- name: Configuration is present
  template:
    src: filebeat.yml
    dest: /etc/filebeat/filebeat.yml
  tags: [filebeat]

- name: Service is started
  service:
    name: filebeat
    state: started
  tags: [filebeat]
```

这些任务将下载 filebeat 软件包，安装它，复制配置，最后，运行这个服务。

值得一提的是 roles/filebeat/templates/filebeat.yml 配置文件：

```
filebeat:
  prospectors:
    -
      paths:
        - "/var/log/**/*.log"

output:
  logstash:
      hosts: ["{{ elk_ip }}:5044"]
```

filebeat 部分指定用于定位和处理日志文件的探测器列表。每个探测器项以破折号（-）开头，并指定特定于探测器的配置选项，包括查找日志文件的爬虫路径列表。在我们的例子中，只有一个路径设置为/var/log/**/*.log。启动时，Filebeat 将查找位于/var/log/*目录或其任何子目录中的以.log 结尾的所有文件。由于这恰好是大多数 Ubuntu 日志所在的位置，所以会有相当多的日志条目需要进行处理。

输出部分用于将日志条目发送到各个目的地。在这个例子中，我们指定了 LogStash 作为唯一的输出。由于当前的 LogStash 配置没有任何过滤器，所以可以将 ElasticSearch 设置为输出，结果虽相同，但开销更少。然而，由于很可能会在将来添加一些过滤器，所以将输出设置为 logstash。

请注意，过滤器是一把双刃剑。一方面，它们允许我们将日志条目分解成易于管理的字段。另一方面，如果日志格式差异太大，你可能会不停地编写解析器。无论你是使用过滤还是依赖于 ElasticSearch 无需专门字段的过滤功能，这完全取决于你。我倾向于两条路都走。如果日志包含重要信息（如下面的示例之一），则必须过滤日志记录。如果日志条目是没有分析价值的通用消息，就不过滤它们了。经过一点练习后，你就可以建立自己的规则了。

有关配置选项的更多信息，可以参阅 https://www.elastic.co/guide/en/beats/filebeat/current/filebeat-configuration-details.html 页面。

下面运行这个 playbook 来实际了解 Filebeat。

```
ansible-playbook /vagrant/ansible/prod3.yml \
    -i /vagrant/ansible/hosts/prod
```

既然 Filebeat 在 prod 节点中运行，现在可以查看在 logging 服务器上运行的 LogStash 生成的日志。

```
docker -H tcp://logging:2375 \
    logs logstash
```

docker logs 命令的最后几行输出如下：

```
...
{
          "message" => "ttyS0 stop/pre-start, process 1301",
        "@version" => "1",
      "@timestamp" => "2016-02-02T14:50:45.557Z",

            "beat" => {
          "hostname" => "prod",
              "name" => "prod"
        },
           "count" => 1,
          "fields" => nil,
      "input_type" => "log",
          "offset" => 0,
          "source" => "/var/log/upstart/ttyS0.log",
            "type" => "log",
            "host" => "prod"
}
```

FileBeats 将所有日志条目从 prod 节点的/var/log/目录发送到在 logging 服务器中运行的 LogStash。不费吹灰之力，FileBeats 把超过 350 个日志条目存储在了 ElasticSearch 中。好吧，350 个日志条目没什么好吹嘘的，但如果有 350000 个日志条目，它也还是会毫不费力地做到。

我们确认一下日志已经到达了 Kibana。请打开 http://10.100.198.202:5601/
网址查看。如果你没有看到任何条目，这意味着超过 15 分钟了，你需要点击页面
右上角的 time selector 来增加时间。

请注意，每次在 ElasticSearch 索引中添加新的字段类型
时，我们应该重新创建该模式。可以通过导航到 Settings 页面
并单击 Create 按钮来做到。

我们再次把解决方案改进了一点。日志在一个集中的地方解析（LogStash）、
存储（ElasticSearch）和展示（Kibana）。可以在任何数量的服务器中运行 Filebeat，
它可以用来记录日志并将其发送给 LogStash，如图 16-3 所示。

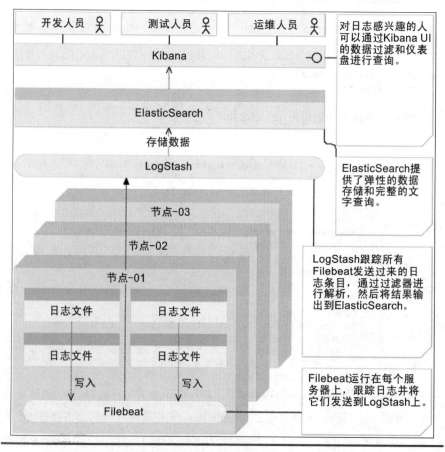

图 16-3　ELK 协议栈运行在单个服务器上，Filebeat 分布在整个集群上

我们再进一步把学到的东西应用到 Docker 容器。由于要更改 LogStash 配置，所以删除正在运行的实例来结束本节：

```
docker -H tcp://logging:2375 \
    rm -f logstash
```

发送 Docker 日志条目到集中式 LogStash 实例
Sending Docker Log Entries to a Central LogStash Instance

由于我们正在使用容器，所以可以使用卷共享服务写入其日志的目录来运行它们。要这么做吗？答案是否定的，在这个时候，你可能会认为我不断地把你从一种错误的解决方案引入到另一种错误的解决方案。我真正想做的是逐步构建解决方案，同时给你展示可能选择的不同路径。你不一定要接受我喜欢的解决方案。你的选择越多，就越能够做出更明智的决定。

让我们回到将日志写入文件并发送到 LogStash 的话题。我很主观地认为，无论如何打包我们的服务，所有的日志都应该发送到标准输出或错误（stdout 或 stderr）。这个看法有很多实践上的原因，不过，话尽于此，我不会详谈。我已经收到了不少人的电子邮件，声称我的观点和做法太激进（我给大多数人的回复是，世道在十五年前就变了）。为了避免在普遍意义上的写日志的主题上再次发生争吵，我直接跳到了当服务部署在容器内部时不把日志写入文件的原因。只有两个人仍然坚持己见。首先，我们使用的卷越少，容器对它们运行所在的主机的依赖性就越少，也越容易移动它们（在出现故障或扩展的情况下）。第二个原因是 Docker 的日志驱动希望日志能发送到 stdout 和 stderr。通过不把日志写入文件，可以避免与服务器或特定日志记录技术的耦合。

如果你打算给我发一封恐吓信，说日志文件是天堂的恩典，请注意，我指的是日志在容器内部生成时的输出目的地。

除了将存有日志的容器目录显示为卷之外，还有什么替代方法？Docker 在 1.6 版本中引入了日志驱动功能。虽然它几乎没怎么受到关注，但这其实是一个非常酷的功能，而且是为 Docker 环境管理日志的全面周全方案路上的一大步。此后，除了默认的 json 文件驱动，我们有了 syslog、journald、gelf、fluentd、splunk 和 awslogs。当你读本书的时候，新的驱动也可能已经出现。

现在我们决定使用 Docker 的日志驱动，问题就出来了，选择哪一个呢？GELF 驱动写入消息使用的是 LogStash 支持的 Greylog Extended Log Format。一方面，如果我们需要的只是存储容器生成的日志，这是一个很好的选择。另一方面，如果我们不仅要在容器内部运行的服务生成日志，还要从系统的其余部分生成日志，那么可以选择使用 JournalD 或 syslog。这种情况下，我们将获得发生所有事情的真实且（几乎）完整的信息，不仅在容器级别，而且在整个操作系统级别。当 ElasticSearch 存在大量可用内存（更多的日志等于更多的内存消耗）时，后面的选项（JournalD 或 syslog）更好，这是我们将要深入探讨的选项。不要因为 ElasticSearch 需要大量内存而感到害怕。旧数据的清理也可以轻易缓解这个问题点。我们会跳过 JournalD 和 syslog 哪个更好的辩论，直接选择 syslog。你喜欢哪个都行，因为它们的原理相同。

这次，我们会使用 roles/logstash/files/syslog.conf 文件作为 LogStash 的配置文件。现在把每个部分都过一遍。

```
input {
  syslog {
    type => syslog
    port => 25826
  }
}
```

输入部分应该是不言自明的。我们使用的 syslog 插件有两个设置。第一个为输入处理的所有事件添加一个 type 字段，它可以帮助我们把来自 syslog 的日志从其他方法生成的日志区分开来。端口设置声明 LogStash 应该在 25826 上监听 syslog 事件。

配置文件的过滤器部分有点复杂。我用它主要是为了显示过滤器作用的冰山一角。

```
    filter {
      if "docker/" in [program] {
        mutate {
          add_field => {
            "container_id" => "%{program}"
          }
        }
        mutate {
          gsub => [
            "container_id", "docker/", ""
          ]
        }
        mutate {
          update => [
            "program", "docker"]
  }
      }
      if [container_id] == "nginx" {
        grok {
          match => [ "message" , "%{COMBINEDAPACHELOG}
%{HOSTPORT:upstream_address} %{NOTSPACE:upstream_response_time}"]
        }
        mutate {
          convert => ["upstream_response_time", "float"]
    }
  }
}
```

它以一条 if 语句开始。Docker 将日志的 program 字段设置为 docker/
[CONTAINER_ID]格式并将日志发送到 syslog。我们正在利用这一点区分来自 Docker
的日志条目以及其他方式生成的条目。在 if 语句中，我们执行了一些 mutation。
第一个 mutation 是添加一个名为 container_id 的新字段，现在，它与程序字段的
值相同。第二个 mutation 是移除这个值的 docker/部分，这样就只剩下容器 ID。最
后，我们将程序字段的值更改为 docker。

变量名、变动前的值和变动后的值如下表所示。

变量名	变动前的值	变动后的值
program	docker/[CONTAINER_ID]	docker
container_id	/	[CONTAINER_ID]

第二个条件语句从检查 container_id 是否设置为 nginx 开始。如果是，就使用我们在操作中看到的 COMBINEDAPACHELOG 模式来解析消息，其中添加了两个新字段，名为 upstream_address 和 upstream_response_time。这两个字段也使用预定义的 grok 模式 HOSTPORT 和 NOTSPACE。如果你想更深入了解并查看这些模式的详细信息，请参阅 https://github.com/logstash-plugins/logstash-patterns-core/blob/master/patterns/grok-patterns 代码库。如果你熟悉正则表达式，这应该是很容易理解的（与 RegEx 一样简单）。

否则，你可能需要依赖声明的名称来找出所需的表达式（至少在你学习正则表达式之前）。事实上，RegEx 是一门非常强大的解析文本的语言，但同时也很难掌握。

我的妻子声称，我的头发大约是我工作在一个需要相当多的正则表达式的项目上时变白的。这是我们少有的达成共识的几件事情之一。

最后，nginx 条件语句中的 mutation 将 upstream_response_time 字段从 string（默认）转换为 float。稍后会使用这个信息，并需要它是一个数字。

配置文件的第三个同时也是最后一个部分是输出：

```
output {
  stdout {
    codec => rubydebug
  }
  elasticsearch {
    hosts => db
  }
}
```

与之前的相同，我们将过滤后的日志条目发送到标准输出和 ElasticSearch。

现在已经了解了配置文件，或者至少假装了解了，下面可以通过 Ansible playbook elk.yml 再次部署 LogStash：

```
ansible-playbook /vagrant/ansible/elk.yml \
  -i /vagrant/ansible/hosts/prod \
  --extra-vars "logstash_config=syslog.conf"
```

　　现在已经启动及运行 LogStash，并配置为使用 syslog 作为输入。删除当前正在运行的 nginx 实例，将 Docker 日志驱动设置为 syslog 之后再次运行它。在此期间，同时在 prod 节点配置 syslog。我们要使用的 playbook prod4.yml 如下所示：

```
- hosts: prod
  remote_user: vagrant
  serial: 1
  vars:
    - log_to_syslog: yes
  roles:
   - common
   - docker
   - docker-compose
   - consul
   - registrator
   - consul-template
   - nginx
   - rsyslog
```

　　如你所见，这个 playbook 与我们用于配置 prod 服务器的操作类似。区别在于 log_to_syslog 变量，而且添加了 rsyslog role。

　　roles/nginx/tasks/main.yml 文件中定义的 nginx 任务相关部分如下：

```
- name: Container is running
  docker:
    image: nginx
    name: nginx
    state: running
    ports: "{{ ports }}"
    volumes: "{{ volumes }}"
    log_driver: syslog
    log_opt:
      syslog-tag: nginx
  when: log_to_syslog is defined
  tags: [nginx]
```

　　区别在于添加了 log_driver 和 log_opt 声明。前者将 Docker 日志驱动设置为 syslog。log_opt 可用于指定与驱动相关的额外的日志记录选项。有 log_opt 的情况下，相当于我们正在指定标签。没有 log_opt 的情况下，Docker 将使用容器 ID 来标识发送到 syslog 的日志。也就是说，查询 ElasticSearch 时，会更容易找到 nginx 条目。roles/rsyslog/tasks/main.yml 文件中定义的 rsyslog 任务如下：

```
- name: Packages are present
  apt:
```

```
      name: "{{ item }}"
      state: latest
      install_recommends: no
    with_items:
      - rsyslog
      - logrotate
    tags: [rsyslog]

  - name: Config file is present
    template:
      src: 10-logstash.conf
      dest: /etc/rsyslog.d/10-logstash.conf
    register: config_result
    tags: [rsyslog]

  - name: Service is restarted
    shell: service rsyslog restart
    when: config_result.changed
    tags: [rsyslog]
```

它会确保已安装 rsyslog 和 logrotate 软件包，复制配置文件 10-logstash.conf，并重新启动服务。roles/rsyslog/templates/10-logstash.conf 模板如下：

```
*.* @@{{ elk_ip }}:25826
```

请注意，这个文件是一个 Ansible 模板，{{elk_ip}}要替换成 IP 地址。这个配置很容易。所有发送到 syslog 的内容都会重新发送到指定的 IP 和端口上运行的 LogStash。现在准备删除当前正在运行的 nginx 容器并运行下面这个 playbook：

```
docker -H tcp://prod:2375 \
    rm -f nginxa

nsible-playbook /vagrant/ansible/prod4.yml \
    -i /vagrant/ansible/hosts/prod
```

现在来看看发送给 LogStash 的是什么：

```
docker -H tcp://logging:2375 \
    logs logstash
```

你应该看看系统生成的 syslog 条目。其中一个条目可能是这样：

```
{
            "message" => "[55784.504413] docker0: port 3(veth4024c56)
    entered forwarding state\n",
            "@version" => "1",
          "@timestamp" => "2016-02-02T21:58:23.000Z",
```

```
          "type" => "syslog",
          "host" => "10.100.198.201",
      "priority" => 6,
     "timestamp" => "Feb  2 21:58:23",
     "logsource" => "prod",
       "program" => "kernel",
      "severity" => 6,
      "facility" => 0,
"facility_label" => "kernel",
"severity_label" => "Informational"
}
```

通过在 http://10.100.198.202:5601/ 上运行的 Kibana 可以看到同样的数据。

看看当我们将服务打包到容器中后会发生什么。首先进入运行 books-ms 服务的 prod 节点：

```
exit
```

```
vagrant ssh prod
```

```
git clone https://github.com/vfarcic/books-ms.git
```

```
cd books-ms
```

部署 books-ms 服务之前，快速浏览 docker-compose-logging.yml 文件：

```
app:
  image: 10.100.198.200:5000/books-ms
  ports:
    - 8080
  links:
    - db:db
  environment:
    - SERVICE_NAME=books-ms
  log_driver: syslog
  log_opt:
    syslog-tag: books-ms

db:
  image: mongo
  log_driver: syslog
  log_opt:
    syslog-tag: books-ms
```

如你所见，它遵循与我们使用 Ansible 配置 nginx 相同的逻辑。唯一的区别是，在这种情况下，它是 Docker Compose 的配置。它包含相同的 `log_driver` 和 `log_opt` 键。

现在已经了解了需要添加到 Docker Compose 配置的改动，下面可以部署服务：

```
docker-compose -p books-ms \
    -f docker-compose-logging.yml \
    up -d app
```

我们列出和过滤 Docker 进程，确认它确实在运行中：

```
docker ps --filter name=booksms
```

现在，服务使用 syslog 日志驱动已启动并运行，我们应该验证日志条目确实发送到 LogStash：

```
docker -H tcp://logging:2375 \
    logs logstash
```

一部分输出如下：

```
{
        "message" => "[INFO] [02/03/2016 13:28:35.869]
[routingSystem-akka.actor.default-dispatcher-5]
[akka://routingSystem/user/IO-HTTP/listener-0] Bound to /0.0.0.0:8080\n",
        "@version" => "1",
      "@timestamp" => "2016-02-03T13:28:35.000Z",
            "type" => "syslog",
            "host" => "10.100.198.201",
         "priority" => 30,
        "timestamp" => "Feb  3 13:28:35",
        "logsource" => "prod",
          "program" => "docker",
              "pid" => "11677",
         "severity" => 6,
         "facility" => 3,
    "facility_label" => "system",
    "severity_label" => "Informational",
      "container_id" => "books-ms"
}
```

服务日志确实发送到 LogStash 了。请注意，LogStash 过滤器完成了我们要它做的工作，它把程序字段从 docker/books-ms 转换成了 docker，并创建了一个名为 container_id 的新字段。由于定义仅在 container_id 为 nginx 时进行消息解析，因此它仍然维持原状。

现在确认来自 nginx 的日志条目确实正常解析。我们需要向代理发送一些请求，所以要先配置好：

```
cp nginx-includes.conf \
    /data/nginx/includes/books-ms.conf

consul-template \
    -consul localhost:8500 \
    -template "nginx-upstreams.ctmpl:\
/data/nginx/upstreams/books-ms.conf:\
docker kill -s HUP nginx" \
    -once
```

你已经用过 nginx 配置和 Consul Template，所以这里就没必要对这些命令再次进行说明。

现在服务开始运行、集成、发送日志到 LogStash 了，还可以发送一些请求来生成一些 nginx 日志条目。

```
curl -I localhost/api/v1/books

curl -H 'Content-Type: application/json' -X PUT -d \
    "{\"_id\": 1,
    \"title\": \"My First Book\",
    \"author\": \"John Doe\",
    \"description\": \"Not a very good book\"}" \
    localhost/api/v1/books | jq '.'

curl http://prod/api/v1/books | jq '.'
```

我们来看看 LogStash 这次接收到了什么：

```
docker -H tcp://logging:2375 \
    logs logstashdocker logs
```

命令的部分输出如下：

```
{
                "message" => "172.17.0.1 - - [03/Feb/2016:13:37:12
+0000] \"GET /api/v1/books HTTP/1.1\" 200 269 \"-\" \"curl/7.35.0\"
10.100.198.201:32768 0.091 \n",
               "@version" => "1",
             "@timestamp" => "2016-02-03T13:37:12.000Z",
                   "type" => "syslog",
                   "host" => "10.100.198.201",
               "priority" => 30,
              "timestamp" => [
        [0] "Feb  3 13:37:12",
        [1] "03/Feb/2016:13:37:12 +0000"
    ],
              "logsource" => "prod",
                "program" => "docker",
                    "pid" => "11677",
               "severity" => 6,
               "facility" => 3,
         "facility_label" => "system",
         "severity_label" => "Informational",
           "container_id" => "nginx",
               "clientip" => "172.17.0.1",
                  "ident" => "-",
                   "auth" => "-",
                   "verb" => "GET",
                "request" => "/api/v1/books",
            "httpversion" => "1.1",
               "response" => "200",
                  "bytes" => "269",
               "referrer" => "\"-\"",
                  "agent" => "\"curl/7.35.0\"",
       "upstream_address" => "10.100.198.201:32768",
  "upstream_response_time" => 0.091
}
```

这一次，不仅存储了来自容器的日志，也对它们做了解析。解析 nginx 日志主要是为了 upstream_response_time 字段。你猜得到原因吗？在你考虑这个字段用法的同时，让我们仔细观察 Kibana 中 Discover 页面的一些功能。因为生成了足够多的日志，所以可以开始使用 Kibana 过滤器。请打开 http://10.100.198.202:5601/。请通过点击右上角的按钮将时间更改为比如 24 小时，这样就有足够的时间研究生成的这些日志。在开始研究过滤器之前，请转到

"Setting"页面，然后单击"Create"。这样索引模式会刷新，以包含新的字段。完成后，请返回到"Discover"页面。

现在从左边的菜单开始好了，它包含在给定时间内日志匹配了的所有可用字段。点击任何一个字段，可以看到这个字段的值的列表。例如，container_id 字段的值包含 books-ms 和 nginx。值的旁边是放大镜的图标，带有加号的图标可以用来过滤出包含这个值的条目。同理，带有减号的图标可用于排除记录，点击 nginx 旁边的加号图标。如你所见，现在仅显示了来自 nginx 的日志条目。应用过滤器的结果是位于上方的水平条上。悬停在其中一个过滤器（在本例中为 container_id: "nginx"）上，可以使用其他选项来启用、禁用、固定、不固定、反转、切换和删除该过滤器，如图 16-4 所示。

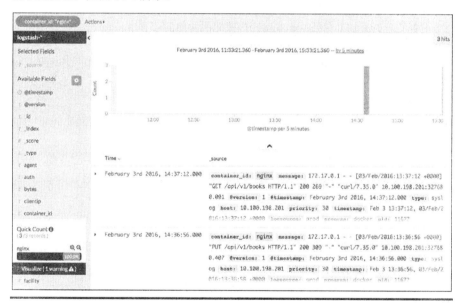

图 16-4　Kibana 的 Discover 页面，显示 container_id 为 nginx 的日志

在主框架的顶部是一个在指定时间内分发的日志数量的图，下面是一个包含日志条目的表。默认情况下，它会显示 Time 和 *_source* 列。请点击某行左侧的箭头图标，并展开该行以显示该日志条目中的所有可用字段。它们是由 LogStash 生成的数据与通过其配置分析的数据的组合。每个字段都有与我们在左侧菜单中找到的

图标相同的图标。

使用这些图标，可以过滤出某个值或者过滤掉某个值。第三个按钮由一个类似于两列单行列表的图标表示，可用于在表中切换该列。由于默认列即使说不上无聊，但也不是很有用，所以可以切换为 `logsource`、`request`、`verb`、`upstream_address` 和 `upstream_response_time`。再次点击箭头，隐藏字段。刚刚我们得到了一个很好的表格，显示了一些来自 nginx 的最重要的信息。我们可以看到请求的服务器（`logsource`）、请求的地址（`request`）、请求的类型（`verb`）、接收响应所需的时间（`upstream_response_time`）以及请求被代理分发到哪里（`upstream_address`）。如果你认为创建的搜索有用，那么可以通过单击位于屏幕右上角部分的"Save Search"按钮进行保存。

紧挨着它的是"Load Saved Search"按钮，如图 16-5 所示。

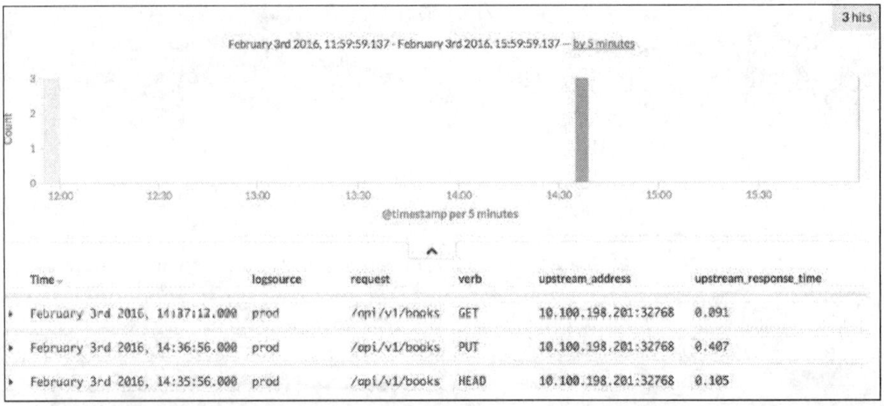

图 16-5　Kibana 的 Discover 界面，显示 container_id 为 nginx 以及自定义的日志

稍后将探讨"Visualize"和"Dashboard"页面。

下面总结一下现在的流程。

- 容器部署的 Docker 日志驱动设置为 `syslog`。通过这样的配置，Docker 将发送到标准输出的所有内容（或 `stdout/stderr`）重定向到 `syslog`。

- 所有日志条目，无论是通过其他方法部署的容器或进程，都从 syslog 重定向到 LogStash。

- LogStash 接收 syslog 事件，应用过滤器和转换，并将其重新发送到 ElasticSearch。

- 找到特定的日志变得如此轻而易举，每个人都很开心，因为工作时间之内的生活变得更简单了。

ELK 协议栈运行在单个服务器上，容器的日志指向 syslog，如图 16-6 所示。

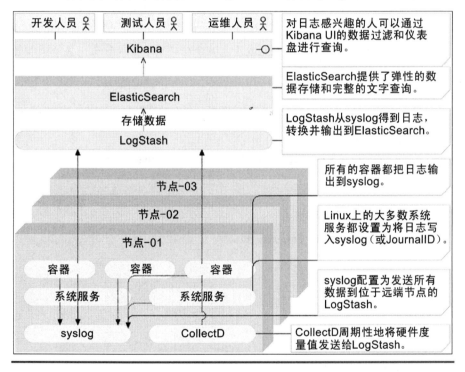

图 16-6 ELK 协议栈运行在单个服务器上，容器的日志指向 syslog

16.3 基于软件数据的自修复系统
Self-Healing Based on Software Data

让我们好好利用一下通过 nginx 记录的响应时间。由于数据存储在 ElasticSearch 中，所以可能会使用它的 API 执行一些快速示例。例如，可以检索存储在 logstash 索引中的所有条目：

```
curl 'http://logging:9200/logstash-*/_search' \
  | jq '.'
```

Elastic search 返回前十个条目（默认页面大小）以及一些其他信息，如记录总数。检索出所有条目没有多少用处，所以让我们尝试缩小它。例如，可以请求 container_id 值为 nginx 的所有记录：

```
curl 'http://logging:9200/logstash-*/_search?q=container_id:nginx' \
  | jq '.'
```

结果是从 LogStash 日志观察到的三个相同的条目。它们还是没有多大用处。如果这是一个生产系统，就会得到成千上万个这样的结果（分布在多个页面之间）。

这一次，让我们尝试一下真正有用的东西。现在分析数据，例如，检索 nginx 日志的平均响应时间：

```
curl 'http://logging:9200/logstash-*/_search?q=container_id:nginx' \
  -d '{
 "size": 0,
 "aggs": {
   "average_response_time": {
     "avg": {
       "field": "upstream_response_time"
     }
   }
 }
}' | jq '.'
```

最后一条命令的输出如下：

```
{
  "aggregations": {
    "average_response_time": {
      "value": 0.20166666666666666
    }
  },
  "hits": {
    "hits": [],
    "max_score": 0,
    "total": 3
  },
  "_shards": {
```

```
      "failed": 0,
      "successful": 10,
        "total": 10
    },
    "timed_out": false,
    "took": 26
  }
```

可以使用类似这样的请求扩展自修复系统，比如，获取上个小时某服务的平
均响应时间。如果平均响应时间较慢，就扩展服务。同理，如果平均响应时间很
快，就缩减服务。

现在来过滤这些结果，只保留上一个小时内由 nginx 生成的发送到
/api/v1/books（服务的地址）的日志。一旦数据过滤完毕，就会收集这些结果，
并获得 upstream_response_time 字段的平均值。

上次通过 nginx 发送请求到这个服务可能不是一个小时以前的事情了。如果是
这种情况，这个值的结果会是 null，因为没有日志符合这个过滤器。很容易就能
修复这个问题，只需发出比如一百个新请求。

```
for i in {1..100}; do
  curl http://prod/api/v1/books | jq '.'
done
```

现在有了最新的数据，可以让 ElasticSearch 给我们提供平均响应时间：

```
curl 'http://logging:9200/logstash-*/_search' \
    -d '{
  "size": 0,
  "aggs": { "last_hour": {
    "filter": {
      "bool": { "must": [ {
        "query": { "match": {
          "container_id": {
            "query": "nginx",
            "type": "phrase"
          }
        } } }
      }, {
        "query": { "match": {
          "request": {
          "query": "/api/v1/books",
```

```
                "type": "phrase"
              }
          } }
        }, {
          "range": { "@timestamp": {
            "gte": "now-1h",
            "lte": "now"
          } }
        } ] }
        },
        "aggs": {
          "average_response_time": {
            "avg": {
              "field": "upstream_response_time"
            }
          }
        }
      } }
}' | jq '.'
```

在后台使用的 ElasticSearch API 和 Lucene 引擎内容非常广泛，需要一本书才能说清楚，所以对它们的讲解不在本书范畴之内。你可以在 https://www.elastic.co/guide/en/elasticsearch/reference/current/docs.html 页面中查找详细信息。

请求的输出结果因不同用例而异。我的结果如下：

```
{
  "aggregations": {
    "last_hour": {
      "average_response_time": {
        "value": 0.005744897959183675
      },
      "doc_count": 98
    }
  },
  "hits": {
    "hits": [],
    "max_score": 0,
    "total": 413
  },
  "_shards": {
    "failed": 0,
```

```
    "successful": 10,
    "total": 10
  },
  "timed_out": false,
  "took": 11
}
```

现在可以采用这个响应时间，根据设置的规则，扩展、收缩或不做任何事情。现在有了扩展自修复系统的所有要素，有了在 ElasticSearch 和 API 中存储响应时间以分析数据的过程。可以再创建一个 Consul watch，定期查询 API，如果需要采取行动，请向 Jenkins 发送请求以防止事态扩大。我把它作为练习留给你们。

练习：如果响应时间过长，则扩展服务

创建一个新的 Consul watch，它将使用我们创建的 ElasticSearch 请求，当平均响应时间太长时，调用扩展服务的 Jenkins 作业。同理，如果响应时间太短，并且有两个以上的实例正在运行（少于两个会有停机时间的风险），则对服务进行收缩。

可以尝试其他类型的未来预测而不引入更高的复杂度。例如，可以通过观察前一天来预测未来。

练习：通过观察过去来预测未来

使用不同的分析重复上述练习中的过程。

变量：

- T：当前时间。
- AVG1：前一天 T 和 T+1 小时之间的平均业务量。
- AVG2：前一天 T+1 和 T+2 小时之间的平均业务量。

任务：

- 计算 AVG1 和 AVG2 之前的业务增长或减少。
- 决定是扩展是收缩还是什么都不做。

我们不需要仅基于前一天的数据进行分析，也可以评估前一周，过去一个月甚至过去一年的这一天。每月第一天的业务量是否有所增加？去年的圣诞节发生了什么事？暑假后人们是否访问商店的频率降低？妙就妙在，不仅有数据来回答这些问题，还可以将分析纳入系统并定期运行。

请记住，一些分析作为 Consul watch 运行更好，而其他更适合 Jenkins。需要以相同频率定期运行的任务适合 Consul。一方面，虽然它们也可以轻松地使用 Jenkins 运行，但 Consul 更轻量级，占用资源更少，比如每小时或每 5 分钟一次。另一方面，Consul 没有比较好的调度程序。如果想要在特定时间运行分析，Jenkins 与其类似 cron 的调度程序是更好的选择，比如每天午夜，每月的第一天，圣诞节前两周等。你应该为每个给定的案例评估 Consul 和 Jenkins，选择更加适合的那个。还有一种方案是把所有的分析全都放在 Jenkins 上运行，这样所有的东西都会放在一个地方。那么再一次，你可能会选择一套完全不同的工具。我把选择权留给你。重要的是，要理解我们完成的过程和目标。

请注意，我提供了一个可以用作自修复过程的例子。我们不是非得只做响应时间分析不可。看看你可以收集的数据，决定哪些有用，哪些没用，然后处理其他类型的数据。收集你需要的一切，但不要过多。不要陷入存储你可以想到的所有却不使用它们的陷阱。这是在浪费内存、CPU 和硬盘空间。不要忘记设置定期清理数据的程序。你应该不需要一年前的所有日志。嗨，你十有八九不需要大多数一个月以前的日志。如果某个问题在 30 天内都没有出现，很有可能是没有这个问题，即使有这个问题，也涉及一个不再运行的旧版本。如果读完本书后你的发行周期还是持续数月之久，也不打算缩短这个周期，那就是我的失败。请不要给我发电子邮件确认有这回事，这只会让我感到沮丧。

刚刚暂时绕过了本章的主题（日志和监测）。由于本书主要基于实践的例子，没有数据我没法阐述基于历史数据的自修复系统，因此，这里仅仅做了一些讨论。在本章的剩余部分中，我们还会讨论一个可能属于第 15 章的主题。现在，让我们回到日志和监测。

由于我们拥有集群过去和现在状态的所有信息，所以这一刻，我猜测，你——亲爱的读者，心里在犯嘀咕，软件日志并不是集群的所有信息。只有软件（日志）和硬件数据（指标）一起，才能算得上接近完整的集群信息。那么重申一遍，我的想象可能（而且经常）并不代表现实。你可能没有思考，甚至没有注意到硬件的缺失。

如果是这样，说明你并没有好好关注我写的内容，你应该好好睡一觉，或者至少喝一杯咖啡。说实话，Consul 里虽有硬件信息，但只有当前状态。我们无法分析这些数据，查看趋势，找出事情发生的原因，也不能预测未来。如果你仍然清醒，现在来看看如何记录硬件状态。

继续之前，先删掉当前运行的 LogStash 实例，然后退出 prod 节点。

```
docker -H tcp://logging:2375 \
    rm -f logstash

exit
```

硬件状态日志
Logging Hardware Status

当开始学习在计算机上工作时，我们学会的第一件事是在硬件上运行软件。没有硬件，软件无法运行，没有软件，硬件没有意义。由于它们彼此依赖，所以在收集系统信息时需要把两者都包括进去。现在我们探索了收集软件数据的一些方法，所以下一步要尝试用硬件来实现类似的结果。

我们需要一个工具，它将收集关于运行系统的统计信息，并且可以将该信息发送到 LogStash。一旦找到这样的工具并部署之，就可以开始使用它提供的统计信息找到过去的和当前的性能瓶颈，并预测未来的系统需求。由于 LogStash 会把从该工具收集到的信息发送到 ElasticSearch，所以可以创建公式来执行性能分析和容量规划。

CollectD 就是这样的工具。它是使用 C 语言编写的免费开源项目，性能好，可移植性强。它可以轻松处理数十万个数据集，并附带了不止 90 个插件。

好在 LogStash 拥有 CollectD 输入插件，现在可以通过 UDP 端口接收 CollectD 的事件。下面使用(roles/logstash/files/syslog-collectd. conf)[https://github. com/vfarcic/ms-lifecycle/blob/master/ansible/roles/logstash/files/syslog-collectd.conf]文件来配置 LogStash 并接受 CollectD 输入。它是(roles/logstash/files/syslog.conf) 的 副 本 [https://github.com/vfarcic/ms-lifecycle/blob/master/ansible/roles/logstash/files/syslog.conf]，再加上额外的输入定义。

现在来看看它的输入部分，如下：

```
input {
  syslog {
    type => syslog
    port => 25826  }
  udp {
    port => 25827
    buffer_size => 1452
    codec => collectd { }
    type => collectd}
}
```

如你所见，我们所做的只是添加一个新的输入，监听 UDP 端口 25827，设置缓冲区大小。定义应该使用 collectd 编解码器，并添加一个称为 type 的新字段。使用 type 字段的值，就可以将 syslog 日志与 collectd 日志区分开来。现在运行 playbook，它将在 logging 服务器上配置 LogStash，以及将其设置为同时接受 syslog 和 collectd 作为输入：

```
vagrant ssh cd

ansible-playbook /vagrant/ansible/elk.yml \
    -i /vagrant/ansible/hosts/prod \
    --extra-vars "logstash_config=syslog-collectd.conf restore_
backup=true"
```

你可能已经注意到 restore_backup 变量的用法。Kibana 的任务之一是使用 Kibana Dashboards 的定义恢复 ElasticSearch 备份，后面会详细讨论。可以通过 vfarcic/elastic-dump 容器恢复备份，该容器包含一个由 taskrabbit 编写的名为 elasticsearch- dump（通过 taskrabbit）的小工具，它可用于创建和还原 ElasticSearch 备份。

现在 LogStash 被配置为接受 CollectD 输入，让我们把注意力转移到 prod 服务器，安装 CollectD。现在将使用 prod5.yml playbook，除了以前使用的工具，还包含 collectd role。这些任务在（roles/collectd/tasks/main.yml）[https://github.com/vfarcic/ms-lifecycle/tree/master/ansible/roles/collectd/tasks/main.yml]中定义。其内容如下：

```
- name: Packages are installed
  apt:
    name: "{{ item }}"
  with_items: packages
  tags: ["collectd"]

- name: Configuration is copied
  template:
    src: collectd.conf
    dest: /etc/collectd/collectd.conf
  register: config_result
  tags: ["collectd"]

- name: Service is restarted
  service:
    name: collectd
    state: restarted
  when: config_result|changed
  tags: ["collectd"]
```

这时，你应该把自己看成 Ansible 的专家，不需要任何对 role 的解释。唯一值得注意的是表示 CollectD 配置的 roles/collectd/files/collectd.conf 模板。其内容如下：

```
Hostname "{{ ansible_hostname }}"
FQDNLookup false

LoadPlugin
cpuLoadPlugin df
LoadPlugin interface
LoadPlugin network
LoadPlugin memory
LoadPlugin swap

<Plugin df>
        Device "/dev/sda1"
        MountPoint "/"
        FSType "ext4"
        ReportReserved "true"
```

```
</Plugin>

<Plugin interface>
        Interface "eth1"
        IgnoreSelected false
</Plugin>

<Plugin network>
        Server "{{ elk_ip }}" "25827"
</Plugin>

<Include "/etc/collectd/collectd.conf.d">
        Filter ".conf"
</Include>
```

首先，它通过 Ansible 变量 ansible_hostname 定义主机名，然后加载将要使用的插件。从插件的名字就可以看出它们是干什么的。最后，有少部分插件有额外的配置。有关配置格式，可以使用的所有插件及其配置的详细信息，请参阅 https://collectd.org/documentation.shtml 文档。让我们来运行这个 playbook，如下：

```
ansible-playbook /vagrant/ansible/prod5.yml \
    -i /vagrant/ansible/hosts/prod
```

现在 CollectD 运行起来，可以给它几秒钟的时间，然后看看 LogStash 日志：

```
docker -H tcp://logging:2375 \
    logs logstash
```

一些条目如下：

```
{
            "host" => "prod",
      "@timestamp" => "2016-02-04T18:06:48.843Z",
          "plugin" => "memory",
    "collectd_type" => "memory",
    "type_instance" => "used",
           "value" => 356433920.0,
        "@version" => "1",
            "type" => "collectd"
}
{
            "host" => "prod",
      "@timestamp" => "2016-02-04T18:06:48.843Z",
```

```
                "plugin" => "memory",
         "collectd_type" => "memory",
         "type_instance" => "buffered",
                 "value" => 31326208.0,
              "@version" => "1",
                  "type" => "collectd"
    }
    {
                  "host" => "prod",
            "@timestamp" => "2016-02-04T18:06:48.843Z",
                "plugin" => "memory",
         "collectd_type" => "memory",
         "type_instance" => "cached",
                 "value" => 524840960.0,
              "@version" => "1",
                  "type" => "collectd"
    }
    {
                  "host" => "prod",
            "@timestamp" => "2016-02-04T18:06:48.843Z",
                "plugin" => "memory",
         "collectd_type" => "memory",
         "type_instance" => "free",
                 "value" => 129638400.0,
              "@version" => "1",
                  "type" => "collectd"
    }
```

从这个输出结果可以看到，CollectD 发送了有关内存的信息。第一个条目包含已使用的，二级缓存的，三级缓存的，而第四个表示可用内存。从其他插件可以看到类似的条目。CollectD 将定期重复这个过程，从而让我们能够分析历史和目前实时的趋势与问题。

由于 CollectD 生成了新的字段，所以可以通过打开 http://10.100.198.202:5601/重新创建索引模式，导航到 Settings 页面，然后单击 Create 按钮。

虽然有很多理由通过 Kibana 的 Discover 页面查看软件日志，但只有少数日志（如果有的话）能用于 CollectD 指标，所以主要还是看 Dashboards。话虽如此，即使不打算使用该页面上的硬件数据，我们仍然需要创建可视化所需的搜索。这里有一个搜索的示例，它使用内存插件获取 collectd 中的 prod 主机的日志：

`type: "collectd" AND host: "prod" AND plugin: "memory"`

可以把这条日志写在（或粘贴到）Discover 页面的 search 字段，它会返回符合过滤条件的所有数据以及页面右上角设置的时间。我们的备份包含一些已经保存了的搜索，可以使用屏幕右上角的 Open Saved Search 按钮打开。有了这些搜索，就可以进行可视化了。作为例子，请打开保存的 prod-df 搜索。

Kibana Dashboards 由一个或多个可视化构成。可以通过点击 Visualize 按钮访问它们。当打开 Visualize 页面时，你会看到不同类型的图标，可以选择它们来创建新的可视化文件。我已经准备好了几个可视化的备份，你可以通过点击页面底部的"open a saved visualization"来进行加载。请注意，此页面仅显示第一次，在这之后，可以通过位于页面右上角的 Load Saved Visualization 按钮来完成相同的操作。继续试试 Kibana 可视化。完成后，转到 Dashboard。

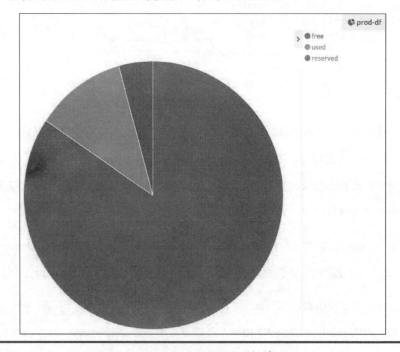

图 16-7 Kibana 的硬盘使用率可视化图

Dashboard 可以从顶部菜单打开。我们恢复的备份包含一个，可以用它来查看 CollectD。请单击 Dashboard 按钮，然后单击 Load Saved Dashboard 图标，再选择 prod 面板。它将显示一个（和唯一）CPU（prod-cpu-0）、硬盘（prod-df）和 prod VM 内存（prod-memory）的使用。CollectD 提供的插件比我们用到的要多得多。随着更多的信息进入，这个面板会变得更加丰富多彩，虽说不见得有用。

然而，尽管我们创建的面板没有太多的活动，但是你可以想象一下，如何将其转变为监视集群状态不可或缺的工具。每个服务器可能有一个单独的面板，还有一个面板用于整个集群等，如图 16-8 所示。

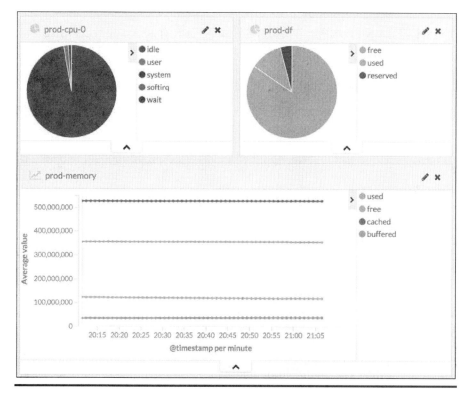

图 16-8　带有 CPU、硬盘、内存使用率的 Kibana 面板

这是你未来硬件监控面板的基础。硬件信息还可以做什么（除了展示在面板上）？

基于硬件数据的自修复系统
Self-Healing Based on Hardware Data

使用硬件数据进行自我修复与使用软件数据进行自我修复一样重要。既然二者数据都有，那么可以对系统做进一步扩展。由于我们已经经历了这些系统所需的所有工具和实践，所以没有必要再在硬件环境中进行这些操作。因此，下面我只会给你一些想法。

Consul 已经在监控硬件利用率。使用 ElasticSearch 中的历史数据，不仅可以预测什么时候达到了警告阈值（例如 80%），还可以预测什么时候达到危险阈值（例如 90%）。我们可以通过分析数据，例如，可以看到在过去 30 天内，磁盘利用率平均增长率为 0.5%，这意味着我们离达到临界状态还有 20 天。也可以得出结论，即使达到警告阈值，这也是一次性的，可用空间不再缩小。

可以把软件和硬件指标结合起来。只有软件数据，我们可能就会得出结论，在高峰时段，当流量增加时，需要扩展我们的服务；在有了硬件信息之后，我们可能会改变主意，意识到实际问题在于网络不能支持这样的负载。

我们可以创建出无限的分析组合，创建公式的数量将随着时间和经验的增长而增长。每次经过一扇门，另一扇门也会打开。

最后的想法
Final Thoughts

这是我最喜欢的一章。它把我们在本书中学到的大部分做法结合为一个盛大的终场。发生在服务器上的几乎所有事情，无论是软件还是硬件，系统程序还是部署的程序，都被发送到 LogStash，并从 LogStash 发送到 ElasticSearch。不只是一个服务器。使用简单的 `rsyslog` 和 `collectd` 配置应用于所有节点，整个集群将发送（几乎）所有的日志和事件。你会知道谁做了什么，哪个进程开始运行，哪些进程被停止。你会清楚添加了什么，删除了什么。当某个服务器上的 CPU 使用率过低时，某个服务器的磁盘快满时，你都会收到警报消息。你将获得有关部署或删除的每项服务的信息。你会知道什么时候容器是扩展还是收缩。

我们创建了一个日志和监控系统，可以通过图 16-9 进行描述。

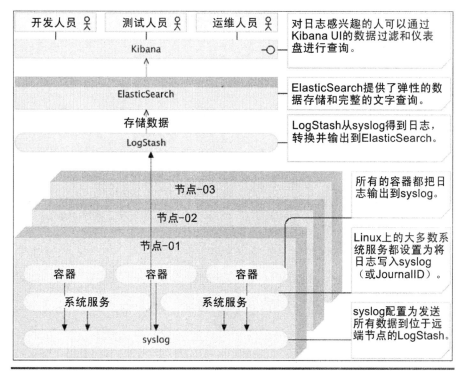

图 16-9　日志与监控系统

知道所有信息是一个值得努力的目标，通过我们设计的系统，你离实现这个目标又近了一步。在知道关于过去和现在的所有信息的基础上，你迈向了知道未来的第一步。如果你把本章的实践与第 15 章中学到的实践结合起来，那么你的系统将能够从故障中恢复，并且在许多情况下可以防止故障发生。

现在做一些清除工作来结束这一切：

```
exit

vagrant destroy -f
```

第 17 章

结语
Farewell

你不能只学会遵守规则行事。你应从做中学，从跌倒中学习。

——理查德·布兰森

按照惯例，在一本书的结尾要做一个总结。我不打算打破这个传统。我们涉及了如此多的实践和工具，总结出来需要相当大的篇章。毕竟，在这一点上，如果你还需要总结所学到的东西，这只能意味着你没有学到如我期望的那么多东西。那么，我会觉得我很失败，很郁闷，然后再也不写书了。

我没打算把本书写成一本全面的工具书，我没有详述可以用 Docker 做多少事，我也没有向你展示 Ansible 所有的强大之处。事实上，我没有进入任何工具的细节中去，不然需要为每个工具都写上一本书。市面上的工具书太多了，我想写一些不同的东西，我想写一本连接不同实践和工具之间的点的书。我想向你们展示应用的一些流程背后的逻辑。然而，由于我是一个非常喜欢动手的人，我的学习逻辑和学习过程需要很多练习和花很多精力。因此，本书有许多动手实例。我认为最好的办法是通过实践来学习。我希望我完成了自己的目标。我希望我打开了一些你可能不知道存在或者你不知道如何通过的门。

我们不要在此就结束我们的旅程。让我们以更为直接的方式继续前进。如果你想讨论本书的任何方面，请使用 Disqus 的 DevOps 2.0 Toolkit 频道。如果你卡在某个地方，没有理解某个东西，或者不同意我的某个观点（甚至是所有的观点），那么你尽管在频道上发帖。我在写下最后这些话时创建了这个频道。一方面，问题是没有人想要成为第一个在空的地方发贴的人，我鼓励你成为第一个人，其他人将从我们的讨论中获益，并加入我们。另一方面，如果你更喜欢一对一的对话，请通过 viktor@farcic.com 给我发送电子邮件，或者通过 HangOuts 或 Skype 与我联系（我的用户名为 vfarcic），或者来巴塞罗那请我喝一杯啤酒。

如果你想获得关于本书更新的通知，那么请订阅邮件列表：http://technology-yconversations.us13.list-manage1.com/subscribe?u=a7c76fdff8ed9499bd43a66cf&id=94858868c7。

我将继续在我的博客 www.TechnologyConversations.com 上写文章，直到有勇气再写一本新书。也许可能会是 DevOps 3.0 Toolkit，或者可能会是完全不一样的。时间会告诉我们答案。

坚持学习，不断探索，不断改进工作方式。这是我们在业务中前进的唯一途径。

晚安，好运。

Viktor Farcic

巴塞罗那

附录 A

Docker Flow

Docker Flow 是一个旨在创建易于使用的持续部署流程的项目。它依赖于 Docker Engine、Docker Compose、Consul 和 Registrator。这些工具中的每一个都很有价值，并推荐用于任何 Docker 部署。如果你读了本书，就应该对这些工具以及我们即将探索的过程都非常熟悉。

该项目的目标是添加 Docker 生态系统中目前缺少的功能和流程。目前这个项目解决了蓝绿部署、相对缩放以及代理服务发现和重新配置的问题。许多附加功能即将添加上去。

这些功能如下。

- 蓝绿部署。

- 相对缩放。

- 代理重新配置。

最新的版本在 `https://github.com/vfarcic/docker-flow/releases/tag/v1.0.2`。

A.1 背景
The Background

当使用不同的客户端以及编写本书的例子时，我意识到我最终会编写不同的脚本。有些使用 Bash 编写，一些使用 Jenkins Pipeline 编写，还有一些使用 Go 语言编写，等等。因此，我一写完本书，就决定开始一个项目，包含我们探索的许多实践。其结果是 Docker Flow 项目。

标准搭建环境
The Standard Setup

现在将从研究典型的 Swarm 集群设置开始，讨论将其用作集群编排时可能会遇到的一些问题。如果你已经很熟悉 Docker Swarm，那么完全可以跳过本节并直接进入"问题"这一节。

至少，Swarm 集群中的每个节点都必须运行 Docker Engine 容器和 Swarm 容器。Swarm 容器应该当成一个节点。在集群顶部，至少需要一个作为主服务器运行的 Swarm 容器，所有的 Swarm 节点都应该向其宣布它们的存在。

Swarm 主节点和普通节点的组合是最基本的配置，大多数情况下，这还远远不够。集群的最佳利用意味着我们不再受人为控制，而是由 Swarm 来控制。Swarm 会决定容器运行在哪个节点上最合适。这种策略可以像一个拥有最少数量的容器运行的节点一样简单，或者也可以基于一个更复杂的计算，包括可用 CPU、可用内存、硬盘类型、亲和度等。不管选择什么策略，事实是我们不知道容器运行的位置。除此之外，还不应该指定我们的服务要公开的端口。"硬编码"端口降低了扩展服务的能力，而且可能导致冲突。毕竟，两个不同的进程不能监听同一个端口。长话短说，一旦采用 Swarm，服务的 IP 和端口就是未知的了。因此，搭建 Swarm 集群的下一步是创建一种机制，以检测已部署的服务并将其信息存储在分布式 registry 中，以便信息易于使用。

Registrator 是用来监视 Docker Engine 事件并将已部署或已停止的有关容器的信息发送到服务注册表的一种工具。虽然可以使用许多不同的服务 registry，但 Consul 证明是目前最好的。请阅读第 8 章了解更多信息。

使用 Registrator 和 Consul，可以获取运行在 Swarm 群集中的任何服务的有关信息。讨论的环境搭建图如图 A-1 所示。

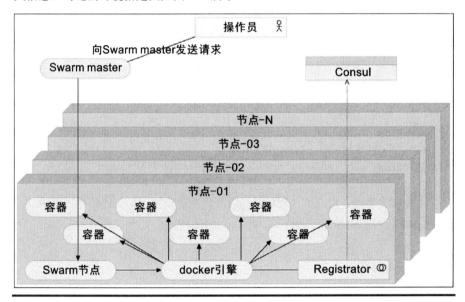

图 A-1 带基本服务发现功能的 Swarm Cluster

请注意，除非是极小的集群，任何一个集群都将拥有多个 Swarm 主节点和多个 Consul 实例，从而防止信息丢失或其中一个故障引起的停机时间。

在这样搭建的环境中部署容器的过程如下。

- 操作员向 Swarm master 发送了在一个或者多个容器内部署服务的请求。可以通过在 Docker CLI 定义 DOCKER_HOST 环境变量为 Swarm master 的 IP 和端口来发送这个请求。

- 根据请求中发送的标准（CPU、内存、亲和度等），Swarm master 决定在哪个节点上运行容器，并将请求发送到所选的 Swarm 节点。

- Swarm 节点接收到运行（或停止）容器的请求，调用本地 Docker Engine，Docker Engine 会运行（或停止）该容器，并将结果作为事件发布出去。

- Registrator 会监控 Docker Engine，并在检测到新事件后，将信息发送给 Consul。

- 若对集群中运行的容器数据感兴趣，都可以通过查询 Consul 得到。

与过去运行集群的方式相比，虽然这个过程已经是一个巨大的进步，但它还远远没有完成，而且产生了很多需要待解决的问题。

问题
The Problems

本章我将重点介绍三个主要问题，或者更准确地说，是上述搭建过程中缺少的功能。

零停机时间部署

启动新版本时，运行 `docker-compose up` 会停止运行旧版本的容器，并运行新版本。这种方法存在的问题是停机时间。在停止旧版本并运行新版本之前的这段时间，存在停机时间。无论是一毫秒还是一分钟，新的容器启动需要时间，容器内的服务初始化也需要时间。

可以通过搭建具有健康检查的代理来解决这个问题。不过，还是需要运行多个服务实例（你肯定应该有多个）。首先，停止一个实例并将新版本放在这个实例的位置上。在该实例停止期间，代理会将请求重定向到其他实例。然后，当第一个实例运行新的版本并且其内部的服务被初始化时，我们继续再在其他实例上重复这个过程。这个过程可能会变得非常复杂，但你无法使用 Docker Compose 的 `scale` 命令。

一种更好的解决方案是使用蓝绿部署来部署新版本。如果你不熟悉，请阅读第 13 章的相关内容。简言之，蓝绿部署与旧版本并行地部署新版本。在整个过程中，代理应继续将所有请求发送到旧版本。一旦部署完成并且容器内的服务被初始化，就重新配置代理将所有请求发送到新版本，并停止旧版本。通过这样的过程，可以避免停机时间。问题是 Swarm 不支持蓝绿部署。

用相对数扩展容器

Docker Compose 使得将服务扩展到固定数量变得非常容易。我们可以指定要运行多少个容器实例，然后见证奇迹的发生。与 Docker Swarm 相结合，可以得到管理集群内容器的一种简单方法。根据已经运行的实例数量，Docker Compose 会增加（或减少）运行容器，从而达到期望的结果。

问题在于 Docker Compose 总是期望有一个固定的数字作为参数。在处理生产环境部署时这会很受限制。大多数情况下，我们不想知道有多少个实例已经在运行，只想发送一个信号来增加（或减少）系统能力。例如，我们可能会增加流量，并希望通过三个实例来增加容量。同理，如果对某些服务的需求减少，也可能希望运行实例的数量减少，这样可为其他服务和流程释放资源。当我们学习自治和自动化的第 15 章"自我修复系统"，即将人类的交互作用减少到最小时，这种必要性甚至更加明显。

在缺乏相对扩展的情况下，Docker Compose 不知道在部署新容器时如何维护相同数量的正在运行的实例。

新版本测试之后重新配置代理

动态重新配置代理的需求在我们采用了微服务架构之后变得更加明显。容器让我们可以把它们打包成不可变的实体，而 Swarm 让我们可以在集群中部署它们。通过容器和像 Swarm 这样的集群编排器来实现不变性，大大提升了微服务器的利润和使用率，与此同时，也增加了部署频率。单块应用使得我们无法频繁部署，而现在可以经常部署了。即使你不采取持续部署（每次提交都部署到生产环境），也可能会更频繁地部署微服务器。可能是每周一次，每天一次，或每天多次。无论频率如何，每次部署新版本时，都需要重新配置代理。Swarm 将在集群内的某个地方运行容器，代理需要重新配置以将请求重定向到新版本的所有实例。这种重新配置需求是动态的。这意味着必须有一个进程从服务 registry 检索信息，更改代理的配置，最后重新加载它。

这个问题有几种常用的解决方法。

显然，不应该手动重新配置代理。频繁部署意味着操作员没有时间手动更改配置。即使时间不是本质问题，手动重新配置也为过程增加了"人为因素"，我们知道这会增加错误。

有些工具可以监控 Docker 事件或条目到 registry，并在运行新容器或停止旧容器时重新配置代理。这些工具的问题是，它们没有给我们足够的时间来测试新版本。如果有错误或功能不完整，用户就会受折磨了。只有在运行一组测试后才能执行代理重新配置，并且验证新版本。

可以在我们的部署脚本中使用 `Consul Template` 或 `ConfD` 等工具。两者都很好用，但需要相当多的探索才能真正融入部署过程中。

解决问题

Docker Flow 项目就是用来解决问题的。其目标是提供 Docker 生态系统当前无法提供的功能。它不是取代任何生态系统的功能，而是建立在生态系统之上。

Docker Flow 漫谈
Docker Flow Walkthrough

接下来的示例将使用 Vagrant 来模拟 Docker 集群。这并不意味着 Docker Flow 的使用仅限于 Vagrant。把它用在单个 Docker Engine 或者以任何其他方式设置的 Swarm 集群都可以。

基于 Docker Machine（在 Linux 和 OS X 上测试）的类似示例，请阅读该项目（https://github.com/vfarcic/docker-flow）。

搭建

在开始示例学习之前，请确认已经安装了 Vagrant。你不需要其他东西了，因为即将运行的 Ansible Playbook 会确保所有的工具都已经正确配置。

```
git clone https://github.com/vfarcic/docker-flow.git

cd docker-flow
```

请从 vfarcic/docker-flow 代码库克隆代码：

```
git clone https://github.com/vfarcic/docker-flow.git

cd docker-flow
```

代码下载后，就可以运行 Vagrant 并创建在本章要使用的集群：

```
vagrant plugin install vagrant-cachier

vagrant up master node-1 node-2 proxy
```

创建和配置虚拟机后，搭建过程与"标准搭建环境"一节所述相同。主服务器将包含 Swarm 主节点，而节点 1 和节点 2 将组成集群。这些节点中的每个节点的 Registrator 都指向代理服务器中运行的 Consul 实例，如图 A-2 所示。

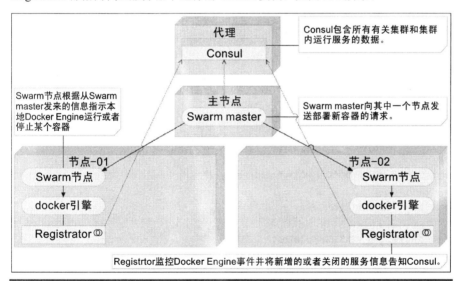

图 A-2　通过 Vagrant 搭建起来的 swarm cluster

请注意，这个搭建过程仅用于演示目的。虽然在生产环境中也应该采用同样的原则，但是你的目标应该是使用多个 Swarm master 和 Consul 实例，以避免在其中一个失败时发生潜在的停机时间。

一旦 vagrant up 命令执行完成，就可以进入代理虚拟机并查看 Docker Flow：

```
vagrant ssh proxy
```

我们将在代理服务器运行所有示例。但是，在生产环境中，你应该从单独的机器（甚至笔记本电脑）运行部署命令。

docker-flow 二进制文件的最新版本已经下载并可以使用，且/books-ms 目录包含将在下面示例中使用的 docker-compose.yml 文件。

让我们进入这个目录下：

```
cd /books-ms
```

部署后重新配置代理

Docker Flow 需要 Consul 实例的地址以及代理正（或将要）在其上运行的节点的信息。它允许使用三种方法提供必要的信息。我们可以将 docker-flow.yml 文件中的参数作为环境变量或命令行参数。在这个例子中，我们将使用所有三种输入方法，以便你可以熟悉它们，并选择适合你需要的组合。

我们先从使用环境变量定义代理和 Consul 数据开始：

```
export FLOW_PROXY_HOST=proxy

export FLOW_CONSUL_ADDRESS=http://10.100.198.200:8500

export FLOW_PROXY_DOCKER_HOST=tcp://proxy:2375

export DOCKER_HOST=tcp://master:2375

export BOOKS_MS_VERSION=":latest"
```

FLOW_PROXY_HOST 变量是代理所在的主机的 IP，而 FLOW_CONSUL_ADDRESS 表示 Consul API 的完整地址。FLOW_PROXY_DOCKER_HOST 是 Docker Engine 运行所在的主机，也是代理容器（或将要）运行所在的服务器。最后一个变量（DOCKER_HOST）是 Swarm master 的地址。Docker Flow 设计为同时在多台服务器上执行操作，因此需要提供执行其任务所需的所有信息。在我们正在研究的示例中，Docker Flow 将在 Swarm 集群上部署容器，使用 Consul 实例来存储和检索信息，并在每次部署新服务时对代理进行重新配置。最后，将环境变量 BOOKS_MS_VERSION 设置为 latest。docker-compose.yml 使用这个环境变量来确定我们要运行的版本。

现在已经准备好部署我们的示例服务的第一个版本，代码如下：

```
docker-flow \
    --blue-green \
    --target=app \
    --service-path="/api/v1/books" \
    --side-target=db \
    --flow=deploy --flow=proxy
```

可以指示 docker-flow 使用蓝绿部署，目标（在 docker-compose.yml 中定义）是 app。还可以告诉 docker-flow，该服务在 address/api/v1/books 上公开了一个 API，它需要一个次要目标 db。最后，通过 --flow 参数，可以指定希望它部署目标并重新配置代理。这个命令的执行做了很多事情，所以下面将更详细地研究结果。

现在来看看服务器发生了什么。下面从 Swarm 集群开始：

```
dockerps --format "table {{.Names}}\t{{.Image}}"
```

命令 ps 的输出如下：

```
NAMES                           IMAGE
node-2/dockerflow_app-blue_1    vfarcic/books-ms
node-1/books-ms-db              mongo
...
```

Docker Flow 将主要目标 app 和名为 books-ms-db 的次要目标一起运行。这两个目标都定义在 docker-compose.yml 中。容器名称取决于许多不同的因素，一些取决于 Docker Compose 项目本身的设置（默认为当前目录，如在目标为 app 的情况下），或者可以在 docker-compose.yml 中通过 container_name 参数指定（参见 db 目标的例子）。你可能会注意到的第一个区别是 Docker Flow 将 blue 添加为容器名称。原因在于 --blue-green 参数。如果这个参数存在，Docker Flow 将使用蓝绿部署过程来运行主要目标。由于这是第一次部署，所以 Docker Flow 决定将其称为

blue。如果你对蓝绿部署过程不太熟悉，请阅读第 13 章的相关内容。

我们再看看 proxy 节点。

```
export DOCKER_HOST=tcp://proxy:2375
```

```
dockerps --format "table {{.Names}}\t{{.Image}}"
```

ps 命令的输出如下：

```
NAMES                    IMAGE
docker-flow-proxy        vfarcic/docker-flow-proxy
consul                   progrium/consul
```

Docker Flow 检测到在这个节点上没有代理，于是为我们运行了代理。docker-flow-proxy 容器包含 HAProxy 和每次运行新服务时重新配置的自定义代码。有关 Docker Flow:Proxy 的更多信息，请阅读项目（https://github.com/vfarcic/docker-flow-proxy）。

虽然可以指示 Swarm 在集群内的某个地方部署服务，但无法预知 Swarm 会选择哪个服务器。在特定的这个例子里，服务最终选择在节点 2 内部运行。此外，为了避免潜在的冲突，更易扩展，我们没有指定服务应该暴露哪个端口。换句话说，服务的 IP 和端口都没有提前定义。除此之外，Docker Flow 可以通过运行 Docker Flow:Proxy 来解决这个问题，并指示它使用容器运行后收集的信息进行重新配置。可以通过向新部署的服务发送 HTTP 请求来确定代理重新配置确实是成功的：

```
curl -I proxy/api/v1/books
```

curl 命令的输出如下：

```
HTTP/1.1 200 OK
Server: spray-can/1.3.1
Date: Thu, 07 Apr 2016 19:23:34 GMT
Access-Control-Allow-Origin: *
Content-Type: application/json; charset=UTF-8
Content-Length: 2
```

事件流如下。

（1）Docker Flow 查看 Consul，以便找出下一个应该部署的版本（蓝色或绿色）。由于这是第一次部署，没有当前版本正在运行，所以决定将其部署为蓝色。

（2）Docker Flow 发送将蓝色版本部署到 Swarm Master 的请求，Swarm Master 又决定在节点 2 中运行该容器。Registrator 检测到 Docker Engine 创建了新事件，并在 Consul 中注册了服务信息。类似地，部署次要目标 db 的请求也已发送。

（3）Docker Flow 从 Consul 检索服务信息。

（4）Docker Flow 检查应该运行代理的服务器，然后发现代理并未运行，并部署代理。

（5）Docker Flow 将服务信息更新到 HAProxy。

通过 Docker Flow 进行第一次部署的流程图如图 A-3 所示。

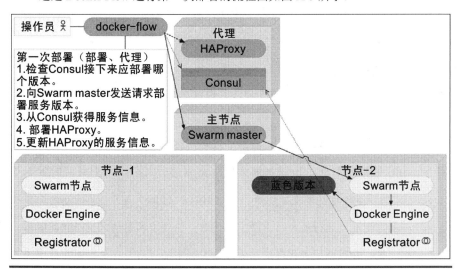

图 A-3　通过 Docker Flow 进行第一次部署

即使服务在 Swarm 所选择的一个服务器中运行，并且暴露了一个随机端口，由于代理已经重新配置，因此，用户可以通过固定的 IP 访问服务，而不需要一个端口（更准确地说，通过标准的 HTTP 端口 80 或 HTTPS 端口 443），如图 A-4 所示。

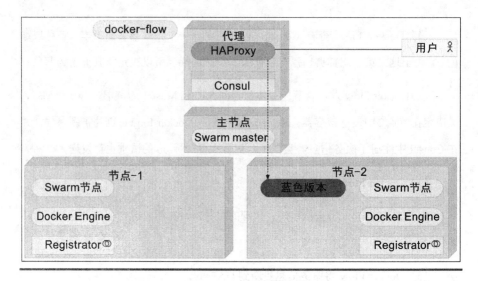

图 A-4 用户可以通过代理访问服务

让我们看看当部署第二个版本时会发生什么。

零停机时间部署新版本
Deploying a New Release without Downtime

一段时间后，开发人员提交一段新的代码，然后想要部署新版本的服务。我们不想有任何停机时间，所以将继续使用蓝绿部署过程。由于目前的版本是 blue，因此新版本将会被命名为 green。通过旧版本（blue）与新版本（green）并行运行，并且完全启动运行后，再重新配置代理，以便将所有请求发送到新版本，避免停机。只有在重新配置代理后，才停止旧版本的运行，释放它正在使用的资源。可以通过运行 docker-flow 命令来实现所有这些。不过，这一次，我们会利用以前使用的已经带了一些参数的 docker-flow.yml 文件。

docker-flow.yml 的内容如下：

```
target: app
side_targets:
  - db
```

```
blue_green: true
service_path:
  - /api/v1/books
```

现在来运行新版本：

```
export DOCKER_HOST=tcp://master:2375

docker-flow \
  --flow=deploy --flow=proxy --flow=stop-old
```

如前所述，观察 Docker 进程，查看结果：

```
dockerps -a --format "table {{.Names}}\t{{.Image}}\t{{.Status}}"
```

ps 命令的输出结果如下：

```
NAMES                          IMAGE                 STATUS
node-1/booksms_app-green_1     vfarcic/books-ms      Up 33 seconds
node-2/booksms_app-blue_1      vfarcic/books-ms      Exited (137) 22
seconds ago
node-1/books-ms-db             mongo                 Up 41 minutes
...
```

从输出可以看出，新版本（green）正在运行，旧版本（blue）被停止。旧版本只是停止而不是完全删除的原因在于，如果稍后发现了问题，那么可能需要快速回滚。

我们再次确认代理是否已经重新配置好。

```
curl -I proxy/api/v1/books
```

curl 命令的输出如下：

```
HTTP/1.1 200 OK
Server: spray-can/1.3.1
Date: Thu, 07 Apr 2016 19:45:07 GMT
Access-Control-Allow-Origin: *
Content-Type: application/json; charset=UTF-8
Content-Length: 2
```

事件流如下。

（1）Docker Flow 检查 Consul，以便找出下一个应该部署哪个版本（是 blue 还是 green）。由于以前的版本是 blue，所以它决定将其部署为 green。

（2）Docker Flow 将部署绿色版本的请求发送给 Swarm Master，接着决定在节点 1 中运行容器。Registrator 检测到 Docker Engine 创建了新事件，并在 Consul 中注册了服务信息。

（3）Docker Flow 从 Consul 检索到了服务信息。

（4）Docker Flow 把服务信息更新到 HAProxy。

（5）Docker Flow 停止了旧版本。

通过 Docker Flow 进行第二次部署的流程图如图 A-5 所示。

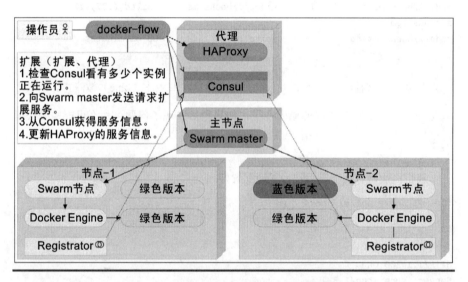

图 A-5　通过 Docker Flow 进行第二次部署

在执行流程的前三个步骤的过程中，HAProxy 继续将所有请求发送到旧版本。因此，用户并不知道此时部署正在进行，如图 A-6 所示。

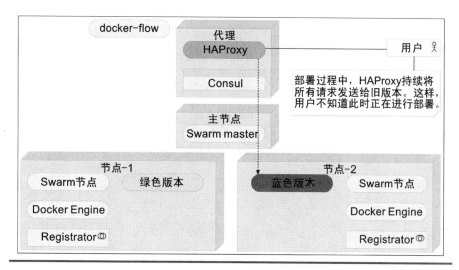

图 A-6　部署过程中，用户继续与旧版本进行交互

　　只有在部署完成之后，HAProxy 才会重新配置，用户才会被重定向到新版本。这样，部署没有造成任何停机时间，如图 A-7 所示。

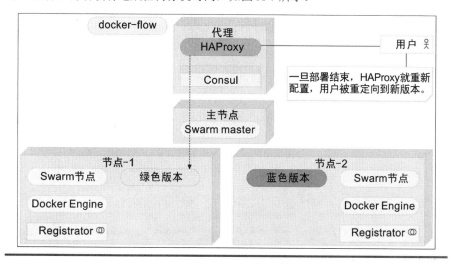

图 A-7　部署完成后，用户被重定向到新版本

　　现在有了一种安全的方式部署新版本，让我们把注意力转向相对扩展。

扩展服务

　　Docker Compose 提供的一个好处就是扩展。可以使用 Docker Compose 扩展到任何数量的实例，但是，它只允许绝对扩展，而无法使用 Docker Compose 应用相对扩展，这使得一些进程的自动化变得困难。例如，我们可能会增加流量，这需要将实例数量增加两个。在这种情况下，自动化脚本将需要获取当前正在运行的实例数量，进行一些简单的数学运算以获得所需的数字，并将结果传递给 Docker Compose。除此之外，代理仍然需要重新配置。Docker Flow 让这个过程变得更加容易。

现在来实际看看：

```
docker-flow \
    --scale="+2" \
    --flow=scale --flow=proxy
```

扩展结果可以通过列出正在运行的 Docker 进程看到：

```
dockerps --format "table {{.Names}}\t{{.Image}}\t{{.Status}}"
```

ps 结果的输出如下：

NAMES	IMAGE	STATUS
node-2/booksms_app-green_2	vfarcic/books-ms:latest	Up 5 seconds
node-1/booksms_app-green_3	vfarcic/books-ms:latest	Up 6 seconds
node-1/booksms_app-green_1	vfarcic/books-ms:latest	Up 40 minutes
node-1/books-ms-db	mongo	Up 53 minutes

实例数量增加了两个。如果只有两个实例，那么现在有三个了。

同样，代理也重新进行了配置，从现在开始，它将对这三个实例之间的所有请求进行负载平衡。

事件流如下。

（1）Docker Flow 检查 Consul，以便获得当前运行的实例数量。

（2）由于只有一个实例正在运行，而且指定我们要将该数量增加两个，因此，Docker Flow 将请求发送给 Swarm master，将 green 版本扩展到三个，接着，在节点 1 上运行一个容器，在节点 2 上运行另一个容器。Registrator 检测到了 Docker Engine 创建的新事件，并在 Consul 注册了两个新实例。

（3）Docker Flow 从 Consul 获取服务信息。

（4）Docker Flow 将服务信息更新到 HAProxy，并将其设置为在所有三个实例之间执行负载平衡。

Docker Flow 的相对扩展如图 A-8 所示。

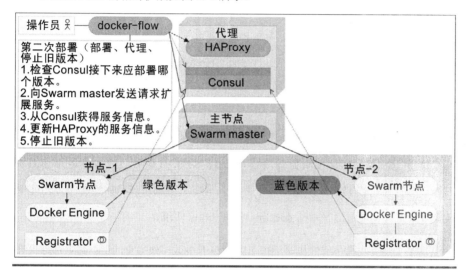

图 A-8 Docker Flow 的相对扩展

从用户的角度来看，他们继续接收当前版本的响应，但是这次他们的请求在服务的所有实例之间进行负载均衡，如图 A-9 所示。因此，服务性能得到改善。

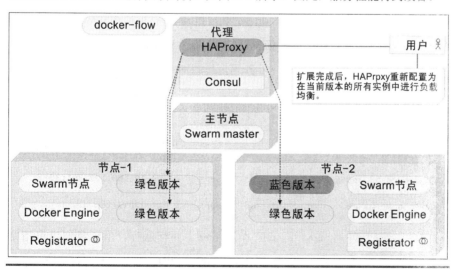

图 A-9 用户请求在服务的所有实例中负载平衡

我们可以在 `--scale` 参数的值前面加上负号（−），使用相同的方法来缩减实例的数量。遵循相同的例子，当流量恢复到正常水平时，可以通过运行以下命令将实例数量缩减为原始数量：

```
docker-flow \
    --scale="-1" \
    --flow=scale --flow=proxy
```

生产环境部署测试

现在运行的代理示例的主要缺点是无法在重新配置代理之前测试发行版本。理想情况下，我们应该使用蓝绿流程，与旧版本并行部署新版本，运行一组测试，以验证所有内容都按预期工作，并且只有在所有测试成功的情况下才能重新配置代理。可以通过运行两次 `docker-flow` 来轻松实现。

许多工具旨在提供零停机时间部署，但只有少数（如果有的话）部署考虑到在重新配置代理之前应该运行一组测试。

首先，我们应该部署新版本：

```
docker-flow \
    --flow=deploy
```

现在列出 Docker 进程：

```
dockerps --format "table {{.Names}}\t{{.Status}}\t{{.Ports}}"
```

ps 命令的输出如下：

```
node-1/booksms_app-blue_2        Up 8 minutes         10.100.192.201:32773-
>8080/tcp
node-2/booksms_app-blue_1        Up 8 minutes         10.100.192.202:32771-
>8080/tcp
node-2/booksms_app-green_2       Up About an hour     10.100.192.202:32770-
>8080/tcp
node-1/booksms_app-green_1       Up 2 hours           10.100.192.201:32771-
>8080/tcp
node-1/books-ms-db               Up 2 hours           27017/tcp
```

此时，新版本（blue）与旧版本（green）并行运行。由于我们没有指定 `--flow=proxy` 参数，所以代理保持不变，仍然重定向到旧版本的所有实例。这意味着服务的用户仍然可以看到旧版本，而我们就有机会运行测试了。我们可以运行集成测试、功能测试或任何其他类型的测试，并验证新版本确实符合我们的期望。虽然在生产环境进行测试不排除在其他环境（如 staging）的测试，但这种方法可以在与用户场景相同的情况下验证软件，从而具有更高的可信度，同时部署过程也不会影响用户（用户仍然不知道新版本的存在）。

 请注意，即使没有指定应该部署的实例数量，Docker Flow 也会部署新版本，并将其缩放到与之前相同数量的实例。

事件流程如下。

（1）Docker Flow 检查 Consul，以便获得当前版本的颜色以及当前运行的实例数量。

（2）由于旧版本（green）的两个实例正在运行，而且没有指定我们想要更改的实例数量，Docker Flow 将请求发送给 Swarm Master 以部署新版本（蓝色）并将其扩展到两个实例。

无重新配置代理的部署如图 A-10 所示。

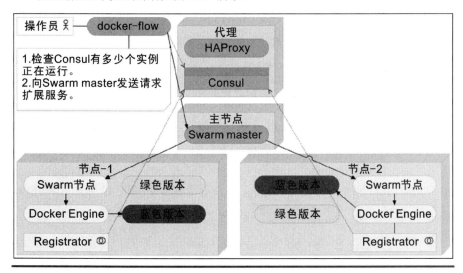

图 A-10　无重新配置代理的部署

从用户的角度来看，他们继续收到来自旧版本的响应，因为我们没有指定要重新配置代理，如图 A-11 所示。

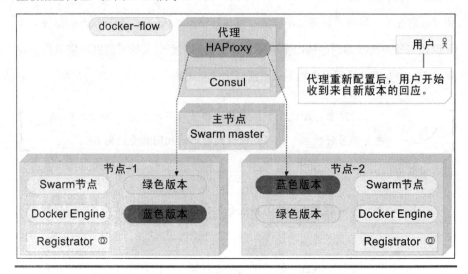

图 A-11　用户请求仍然被重定向到旧版本

从这一刻起，你可以根据新版本在生产中运行测试。假设你不会让服务器超载（例如做压力测试），测试可以在任何时间段运行，都不会影响用户。

测试完成后，我们面临两个可能。一方面，如果其中一个测试失败，那么可以停止新版本并解决问题。由于代理仍将所有请求重定向到旧版本，因此，用户不会受到故障的影响，我们可以专心致志地解决问题。另一方面，如果所有测试都成功，那么可以运行剩余的流程来重新配置代理并停止旧版本：

```
docker-flow \
  --flow=proxy --flow=stop-old
```

这条命令重新配置了代理，并停止了旧版本。事件的流程如下。

（1）Docker Flow 检查 Consul，以便获取当前版本的颜色以及运行的实例数量。

（2）Docker Flow 使用服务信息更新代理。

（3）Docker Flow 停止了旧版本。

无部署的代理重新配置如图 A-12 所示。

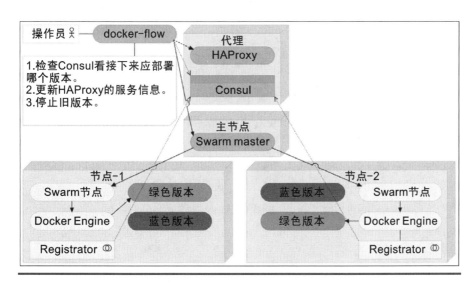

图 A-12 无部署的代理重新配置

从用户的角度来看，所有新请求都将重定向到新版本，如图 A-13 所示。

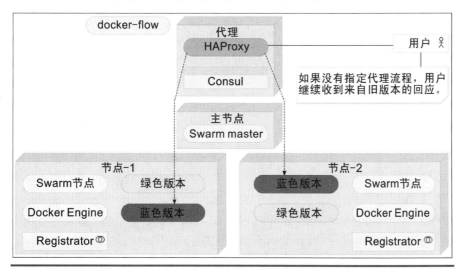

图 A-13 用户请求重定向到新版本

以上就是 Docker Flow 提供的一些功能的快速展示。

更多详细信息请查看"用法"一节。

索引

Index

翻译审校名单

章节	翻译	审校
前言	任发科	袁诗瑶
第1章	任发科	袁诗瑶
第2章	任发科	袁诗瑶
第3章	任发科	袁诗瑶
第4章	任发科	袁诗瑶
第5章	何腾欢	袁诗瑶
第6章	何腾欢	袁诗瑶
第7章	汪欣	袁诗瑶
第8章	汪欣	袁诗瑶
第9章	汪欣	袁诗瑶
第10章	袁诗瑶	汪欣
第11章	袁诗瑶	汪欣
第12章	袁诗瑶	汪欣
第13章	袁诗瑶	何腾欢
第14章	袁诗瑶	何腾欢
第15章	袁诗瑶	何腾欢
第16章	袁诗瑶	何腾欢
第17章	袁诗瑶	何腾欢
附录	袁诗瑶	何腾欢